認定年月日	昭和61年9月5日
訓練の種類	普通職業訓練
訓練課程	普通課程
改定承認年月日	令和7年3月31日
教材認定番号	第59192号

三訂
溶接法

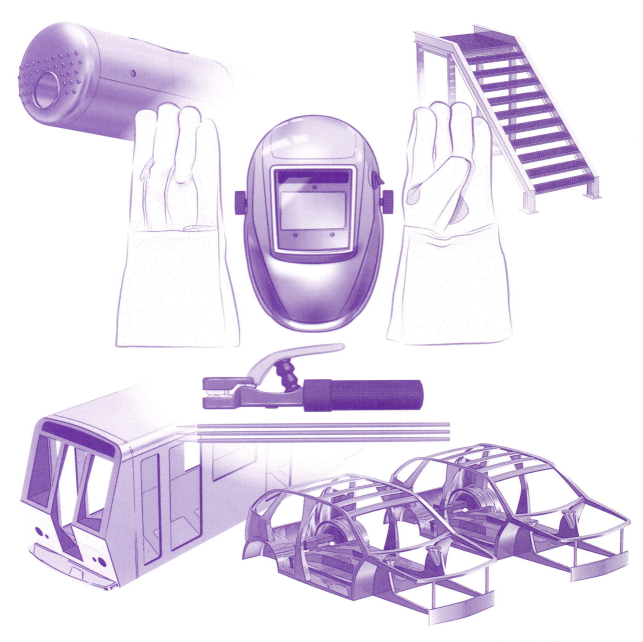

独立行政法人 高齢・障害・求職者雇用支援機構
職業能力開発総合大学校 基盤整備センター 編

は　し　が　き

　本書は職業能力開発促進法に定める普通職業訓練に関する基準に準拠し,「金属加工系」系基礎学科「溶接法」の教科書として編集したものです。

　作成にあたっては,内容の記述をできるだけ平易にし,専門知識を系統的に学習できるように構成してあります。

　本書は職業能力開発施設での教材としての活用や,さらに広く金属加工分野の知識・技能の習得を志す人々にも活用していただければ幸いです。

　なお,本書は次の方々のご協力により作成したもので,その労に対して深く謝意を表します。

〈監修委員〉

| 髙　橋　潤　也 | 職業能力開発総合大学校 |
| 中　島　　　均 | 職業能力開発総合大学校 |

〈改定執筆委員〉

有　村　昌　樹	東京都立城南職業能力開発センター大田校
小　嶋　　　純	独立行政法人労働者健康安全機構　労働安全衛生総合研究所
齋　藤　琢　磨	千葉職業能力開発促進センター高度訓練センター
鈴　木　　　仁	関東職業能力開発促進センター

（委員名は五十音順,所属は執筆当時のものです）

令和7年3月

独立行政法人 高齢・障害・求職者雇用支援機構
職業能力開発総合大学校 基盤整備センター

目　　　次

第1章　溶接及び切断

第1節　金属の接合 …………………………………………………………………………… 1
第2節　溶接の歴史 …………………………………………………………………………… 1
第3節　溶接方法の分類 ……………………………………………………………………… 2
第4節　溶接の利用と特徴 …………………………………………………………………… 3
第5節　金属の熱切断 ………………………………………………………………………… 5
　　5.1　熱切断の分類(5)　5.2　各種熱切断(5)

第2章　被覆アーク溶接

第1節　被覆アーク溶接の原理 ……………………………………………………………… 7
第2節　被覆アーク溶接機 …………………………………………………………………… 8
　　2.1　アークの特性(8)　2.2　アーク溶接機(9)　2.3　アーク溶接機の付属機器(14)
第3節　被覆アーク溶接棒 …………………………………………………………………… 17
　　3.1　溶接棒(17)　3.2　心線(18)　3.3　被覆剤(18)
　　3.4　被覆アーク溶接棒の分類(19)　3.5　軟鋼用被覆アーク溶接棒(20)
　　3.6　被覆アーク溶接棒の保管と乾燥(22)
第4節　溶接作業法 …………………………………………………………………………… 22

第3章　ティグ溶接

第1節　ティグ溶接 …………………………………………………………………………… 25
　　1.1　ティグ（TIG）溶接の原理(25)　1.2　長所と短所(25)　1.3　極性の選択(26)
第2節　ティグ溶接装置 ……………………………………………………………………… 27
　　2.1　ティグ溶接装置の構成(27)　2.2　機能について(27)
第3節　溶接作業法 …………………………………………………………………………… 29
　　3.1　トーチと運棒について(30)　3.2　タングステン電極の選定と形状(31)
　　3.3　ティグ溶接条件例(32)　3.4　活性化ティグ（A-TIG）溶接(32)

第4章　マグ溶接

第1節　マグ溶接 ……………………………………………………………… 35
　1.1　特徴(35)　1.2　ワイヤ溶融金属の移行現象(36)　1.3　特殊な溶接の方法(38)
第2節　マグ溶接装置 ………………………………………………………… 39
第3節　溶接作業法 …………………………………………………………… 41
　3.1　溶接ワイヤ及びシールドガス(41)　3.2　溶接条件(42)
　3.3　ビード形成に及ぼすその他の要因(42)　3.4　実作業での留意点(45)

第5章　ミグ溶接

第1節　ミグ溶接 ……………………………………………………………… 47
第2節　溶接装置と適応作業 ………………………………………………… 47
第3節　溶接作業法 …………………………………………………………… 48

第6章　ガス溶接

第1節　利用される各種ガス ………………………………………………… 51
　1.1　酸素(51)　1.2　アセチレン(52)
　1.3　液化石油（LP：Liquefied Petroleum）ガス（プロパン，ブタンなど）(53)
第2節　ガス溶接装置 ………………………………………………………… 54
　2.1　ガス容器（ボンベ）(54)　2.2　ガス集合装置(56)　2.3　圧力調整器(57)
　2.4　導管(59)　2.5　手動ガス溶接器（溶接吹管）(60)　2.6　安全器(62)

第7章　その他のアーク溶接

第1節　セルフシールドアーク溶接 ………………………………………… 67
　1.1　原理と特徴(67)　1.2　溶接装置(67)　1.3　溶接作業法(68)
第2節　サブマージアーク溶接 ……………………………………………… 69
　2.1　原理と特徴(69)　2.2　溶接装置(69)　2.3　溶接作業法(70)
第3節　プラズマ溶接 ………………………………………………………… 71
　3.1　プラズマ溶接の原理(71)　3.2　プラズマ発生方式(71)
　3.3　プラズマ溶接の特徴(72)

第 4 節　エレクトロガスアーク溶接 ……………………………………………………… 72

第 8 章　圧　　　接

第 1 節　圧接法 …………………………………………………………………………… 75
第 2 節　抵抗溶接法 ……………………………………………………………………… 75
　2.1　重ね抵抗溶接法(76)　2.2　突合せ抵抗溶接法(80)　2.3　摩擦圧接法(82)
　2.4　超音波圧接法(83)　2.5　ガス圧接法(84)

第 9 章　その他の溶接

第 1 節　レーザ溶接 ……………………………………………………………………… 85
　1.1　レーザ溶接の概要と種類(85)　1.2　レーザ溶接装置(86)
　1.3　レーザ溶接作業(87)
第 2 節　電子ビーム溶接 ………………………………………………………………… 88
　2.1　電子ビーム溶接の概要(88)　2.2　電子ビーム溶接の特徴(89)
第 3 節　摩擦かくはん接合（FSW）……………………………………………………… 90
　3.1　摩擦かくはん接合の原理(90)　3.2　摩擦かくはん接合の装置と適応例(91)
　3.3　摩擦かくはん接合の利点(92)
第 4 節　ろう接 …………………………………………………………………………… 92
　4.1　概要と分類(92)　4.2　ろう及びフラックス(96)　4.3　各種金属のろう付(97)
　4.4　マイクロソルダリング(98)
第 5 節　エレクトロスラグ溶接 ………………………………………………………… 100
　5.1　エレクトロスラグ溶接(100)　5.2　原理と特徴(100)
第 6 節　ロボット溶接 …………………………………………………………………… 102
　6.1　溶接用ロボットの原理(102)　6.2　溶接用ロボットの種類(102)
　6.3　ロボット溶接の特徴(103)　6.4　ロボット溶接作業(103)

第10章　熱　切　断

第 1 節　ガス切断 ………………………………………………………………………… 109
　1.1　概要(109)　1.2　手動ガス切断器（切断吹管）(109)　1.3　自動ガス切断機(111)
　1.4　ガス切断作業法(112)　1.5　切断面の品質(116)

第2節　プラズマ切断 …………………………………………………………………… 117
　2.1　原理(117)　2.2　プラズマ切断の分類(118)
　2.3　各種材料のプラズマ切断方法(118)　2.4　プラズマ切断作業の要点(119)
　2.5　安全衛生(120)

第3節　レーザ切断 ……………………………………………………………………… 121
　3.1　原理(121)　3.2　切断条件(122)　3.3　切断要素(122)　3.4　安全対策(123)

第11章　各種金属の溶接

第1節　炭素鋼の溶接 …………………………………………………………………… 125
　1.1　炭素鋼の種類と性質(125)　1.2　低炭素鋼（軟鋼）の溶接(126)
　1.3　中・高炭素鋼の溶接(128)　1.4　炭素鋼の溶接施工上の注意(129)

第2節　高張力鋼の溶接 ………………………………………………………………… 131
　2.1　高張力鋼の種類と特徴(131)　2.2　高張力鋼の溶接性(134)
　2.3　高張力鋼の溶接(136)

第3節　クロムモリブデン鋼の溶接 …………………………………………………… 137
　3.1　クロムモリブデン鋼の種類と特徴(137)　3.2　クロムモリブデン鋼の溶接(138)

第4節　ステンレス鋼の溶接 …………………………………………………………… 145
　4.1　ステンレス鋼の種類と特徴(145)　4.2　ステンレス鋼の溶接(155)

第5節　鋳鉄の溶接 ……………………………………………………………………… 158
　5.1　ねずみ鋳鉄のガス溶接(158)　5.2　鋳鉄の被覆アーク溶接(160)

第6節　アルミニウム及びその合金の溶接 …………………………………………… 163
　6.1　アルミニウム及びその合金の特徴(163)　6.2　アルミニウム合金の分類(163)
　6.3　アルミニウム合金の表示と性質(166)
　6.4　アルミニウム及びアルミニウム合金の溶接(169)
　6.5　ティグ及びミグ溶接の作業標準(171)

第7節　チタン及びその合金の溶接 …………………………………………………… 176
　7.1　チタンの物理的性質(176)　7.2　チタン及びチタン合金の種類と特徴(177)
　7.3　チタン及びチタン合金の溶接(181)

第8節　銅及び銅合金の溶接 …………………………………………………………… 186
　8.1　銅及び銅合金の性質(186)　8.2　銅及び銅合金の種類と特徴(187)
　8.3　銅及び銅合金の溶接(187)

第12章　溶接施工

第1節　溶接施工法 ……………………………………………………………… 193
　1.1　施工一般(193)　1.2　溶接継手と開先形状(193)　1.3　各種継手の溶接(195)
　1.4　施工前の検討(197)　1.5　タック溶接と溶接ジグ(198)
　1.6　本溶接における確認事項(200)

第2節　溶接欠陥とその防止方法 ………………………………………………… 200
　2.1　欠陥の種類(200)　2.2　欠陥の発生原因と防止方法(201)

第3節　溶接ひずみ及び残留応力 ………………………………………………… 203
　3.1　溶接ひずみ及び残留応力(203)　3.2　溶接による変形の種類(204)
　3.3　溶接ひずみの軽減(206)　3.4　溶接ひずみのきょう正(209)
　3.5　残留応力の低減(210)

第13章　溶接部の試験・検査

第1節　破壊試験 ……………………………………………………………………… 213
　1.1　破壊試験の種類(213)　1.2　引張試験(214)　1.3　曲げ試験(214)
　1.4　衝撃試験(215)　1.5　疲労試験(216)　1.6　硬さ試験(216)
　1.7　金属組織試験(216)　1.8　溶接割れ試験(217)

第2節　非破壊試験 …………………………………………………………………… 218
　2.1　非破壊試験の種類(218)　2.2　放射線透過試験（RT：Radiographic Testing）(218)
　2.3　超音波探傷試験（UT：Ultrasonic Testing）(218)
　2.4　磁粉探傷試験（MT：Magnetic particle Testing）(219)
　2.5　浸透探傷試験（PT：Penetrant Testing）(219)
　2.6　外観試験（VT：Visual Testing）(220)

第14章　溶接作業の安全衛生

第1節　アーク溶接における災害と安全衛生 …………………………………… 223
　1.1　電撃とその防止(223)　1.2　アーク光による障害とその防止(225)
　1.3　溶接ヒュームによる健康障害とその防止(227)　1.4　その他の障害とその防止(238)
　1.5　爆発(238)　1.6　火炎加工作業の安全衛生(240)

【資　料】……………………………………………………………………………243

【練習問題の解答】…………………………………………………………………247

【索　引】……………………………………………………………………………248

第1章　溶接及び切断

　溶接と切断は，船舶，航空機などの輸送用機器，ビル，橋などの大型構造物，電気製品，家庭用品などさまざまな工業製品を生産する過程で広く使用されている。ここでは，その歴史や分類法などについて述べる。

第1節　金属の接合

　金属と金属を接合する方法を接合面の状態によって分類すると，**機械的締結（接合）法**，**接着剤接合法**及び**冶金的接合法**がある。

　機械的締結法とは，二つの材料をボルト，リベット，折込み，キー，焼ばめなど機械的に結合する方法で，接着剤接合法は接着剤を用いて結合する方法である。冶金的接合法とは，接合部が材料的均一性をもつように融合させるか，または加熱状態において圧力を加えて金属間の原子間引力により接合させる方法で，溶接がその代表的なものである。

第2節　溶接の歴史

　溶接は，現代の生産活動に広く応用されている重要な接合技術の一つである。溶接の中で最も古いのは鍛接で，紀元前約3000年古代エジプト王の装飾品にみられている。近代の溶接では，1800年イギリスのデービーがアークの放電現象を発見，1880年フランスのデ・メリテンが炭素アークを溶接に応用し，その後ロシア（旧ソ連）のスラビノフが金属アーク溶接法を発明している。

　1900年代に入ると，電子ビーム溶接，プラズマ溶接さらにレーザ溶接などの各種の溶接方法が発明され現在に至っている。

　溶接方法の開発の概略的な歴史を表1－1に列記した。

表1－1　溶接方法開発の歴史

溶接の方法（名称）	年	国	溶接の方法（名称）	年	国
炭素アーク溶接方法	1885	ソ連	冷間圧接方法	1948	イギリス
電気抵抗溶接方法	1886	アメリカ	高周波抵抗溶接方法	1951	アメリカ
金属アーク溶接方法	1892	ソ連	エレクトロスラグ溶接方法	1953	ソ連
テルミット溶接方法	1895	ドイツ	炭酸ガスアーク溶接方法	1953	アメリカ
酸素アセチレンガス溶接方法	1901	フランス	超音波溶接方法	1956	アメリカ
金属溶射方法	1909	スイス	電子ビーム溶接方法	1956	フランス
原子水素溶接方法	1927	アメリカ	摩擦圧接方法	1957	ソ連
高周波誘導加熱溶接方法	1928	アメリカ	プラズマ溶接方法	1957	アメリカ
不活性ガスアーク溶接方法	1930	アメリカ	爆発圧接方法	1963	アメリカ
潜弧溶接方法（ユニオンメルト溶接方法）	1935	アメリカ	レーザ溶接方法	1965	アメリカ

第3節　溶接方法の分類

溶接とは，二つ以上の部材を局部的に結合させる一つの方法であり，現代の生産活動では様々な溶接方法が用いられている。それらの方法の溶接形態による分類を表1－2に示す。

表1－2　溶接の形態による分類

- 溶接の形態による分類
  - 融接
    - ガス溶接
    - アーク溶接
      - 被覆アーク溶接
      - アークスポット溶接
      - アークスタッド溶接
      - ガスシールドアーク溶接
        - ティグ(TIG)溶接
        - プラズマアーク溶接
        - マグ(MAG)溶接
          - 炭酸ガスアーク溶接
          - 混合ガスアーク溶接
        - ミグ(MIG)溶接
        - エレクトロガスアーク溶接
      - セルフシールドアーク溶接
      - サブマージアーク溶接
      - プラズマ溶接
    - エレクトロスラグ溶接
    - 電子ビーム溶接
    - レーザ溶接
    - 光ビーム溶接
    - テルミット溶接
  - 圧接
    - 鍛接
    - ガス圧接
    - 抵抗溶接
      - 重ね抵抗溶接
        - スポット溶接
        - プロジェクション溶接
        - シーム溶接
      - 突合せ抵抗溶接
        - アプセット溶接
        - 高周波誘導圧接
        - 突合せプロジェクション溶接
        - フラッシュ溶接
        - バットシーム溶接
    - パーカッション溶接
    - 磁気駆動アークバット溶接
    - 摩擦圧接
    - 常温圧接
    - 超音波圧接
    - 爆発圧接
    - 拡散接合
    - マイクロ接合
  - ろう接
    - ろう付(硬ろう付)
    - はんだ付(軟ろう付)

表1－2では主に融接，圧接，ろう接の三つに分類できる。

融接とは接合部を局部的に溶融状態にして結合した方法であり，代表的な溶接法はアーク溶接になる。

圧接とは加熱した接合部に圧力を加えて結合する方法であり，代表的な溶接法にはガス圧接や抵抗溶接などがある。

ろう接とは金属を溶かさずに接合部のすき間にフラックス（ろう剤）を流し込み毛細管現象を利用して浸透させる接合法であり，代表的な方法にはろう付けやはんだ付けがある。

また，表1－3に溶接のエネルギー源によって分類したものを示す。

第4節　溶接の利用と特徴

表1－2に示すように溶接方法は多種多様であり，各種溶接方法はそれぞれの特徴に応じて，建築，橋りょう（梁），船舶，車両，ボイラ，圧力容器，機械類などの溶接構造物に用いられ，最近では電子機器のような微小な部品の接合にも利用されている。

このような溶接の利点は，リベットやボルトによる機械的締結（接合）と比べた場合，特徴として

① 構造物の重量軽減及び材料と工程の節約ができる。
② 継手効率が高く，水密・気密性に優れている。
③ 広範囲の板厚の接合ができる。
④ 大型構造物の製作が容易となり，製作期間を短縮することができる。
⑤ 機械作業などの騒音が少ない。

などが挙げられる。一方，欠点として

① 局部的加熱によるひずみや残留応力を発生する。
② 継手に応力集中を発生しやすい。
③ 継手に欠陥を発生する危険性を有し，非破壊試験など特別な検査を必要とする。
④ 継手の材質が変化し，溶接部がもろくなることがある。
⑤ 溶接に際し，適切な安全・衛生対策を必要とする。

などが挙げられる。これらの利点，欠点を十分に理解して，健全な溶接継手を得られるよう注意する必要がある。

溶 接 法

表1-3 溶接のエネルギー源による分類

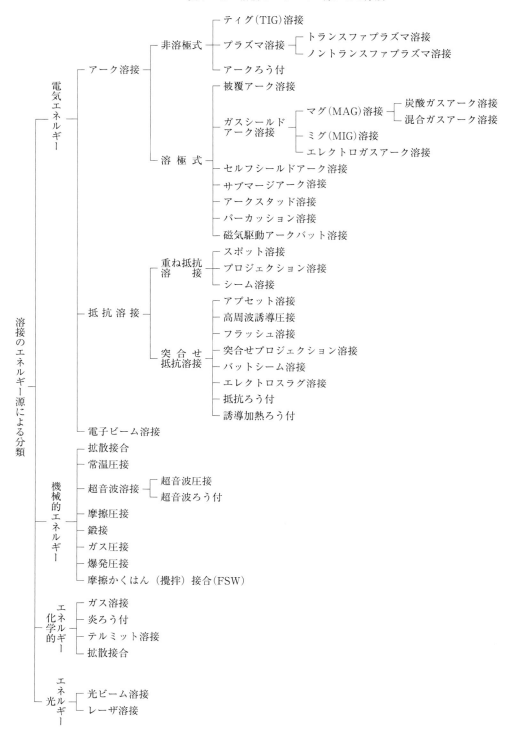

第5節　金属の熱切断

5.1　熱切断の分類

表1-4　熱切断の分類

```
熱切断の分類 ─┬─ 酸素切断 ─┬─ ガス切断 ─┬─ 酸素アセチレン切断
              │              │              ├─ 酸素プロパン切断
              │              │              └─ 酸素水素切断
              │              ├─ 酸素アーク切断
              │              └─ パウダ切断
              ├─ プラズマ切断 ─┬─ 酸素プラズマ
              │                 ├─ 空気プラズマ
              │                 ├─ 窒素プラズマ
              │                 ├─ ウォータインジェクションプラズマ
              │                 └─ アルゴン水素プラズマ
              ├─ ワイヤカット放電切断
              └─ レーザ切断 ─┬─ 炭酸ガスレーザ
                              └─ ファイバレーザ
```

5.2　各種熱切断

　熱切断は熱を用いて材料を局部的に加熱または溶融させて切断する方法である。熱切断の分類を表1-4に示す。酸素切断，プラズマ切断及びレーザ切断などが多く用いられている。このほか，酸素切断にはガス切断以外に酸素アーク切断やパウダ切断などがある。

　ガス切断はガス炎で鋼を予熱し，鉄の酸化反応による燃焼熱を利用して切断する方法であり，酸素アセチレン切断，酸素プロパン切断及び酸素水素切断がある。ガス切断は炭素鋼，高張力鋼及び低合金鋼の切断に用いられ，プラズマ切断やレーザ切断に比べ厚みのある板に対する切断能力は極めて優れている。

　プラズマ切断はプラズマアーク*の熱及び気流（水流）を利用して切断する方法である。酸素プラズマ，空気プラズマ，窒素プラズマ，ウォータインジェクションプラズマ，アルゴン（Ar）・水素プラズマなどがある。なお，プラズマ切断は炭素鋼，ステンレス鋼及びアルミニウムの切断に用いられ，切断可能な板厚は炭素鋼で 0.5 mm～50 mm，ステンレス鋼で 0.5 mm～150 mm，アルミニウムで 0.5 mm～100 mm 程度である。

　ワイヤカット放電切断は油などの絶縁体の加工液中で細いワイヤの電極と加工物の間に生じる放電現象を利用して加工を行う放電切断である。プログラムされた形状どおりに切断でき，少量生産に用いられる。

---

*　プラズマアーク：プラズマ柱を持つアークで，高密度の熱エネルギーを発生させる。またプラズマとは固体，液体，気体に続く第4の状態と呼ばれ高温下で物質が正イオンと電子に分れ，全体として電気的中性を保つ状態をいう。

溶接法

レーザ切断は材料がレーザを吸収して生ずる熱を利用して切断する方法である。金属及びプラスチックや木材など非金属材料の切断には，炭酸ガスレーザ，ファイバレーザなどが用いられ，例えば出力 6 kW までの炭酸ガスレーザ切断の場合，切断可能な板厚は炭素鋼で約 30 mm，ステンレス鋼で約 20 mm，アルミニウム合金で約 16 mm である。集光レンズの焦点距離などにより，スポット径が変化するため，板厚が薄いほど精度は上がる。

酸素アーク切断は母材と電極の間に発生するアークの熱で母材を溶融し，そこに酸素を吹き付けて切断する方法であり，ガス切断では切断が困難なステンレス鋼，鋳鉄，耐熱鋼などの切断に用いられている。

パウダ切断は酸素噴流中に微細な鉄粉を連続的に供給し，鉄粉の燃焼熱により被切断材を溶融，切断する方法である。この方法は，鋳鉄・高合金鋼・非金属材料にも適用できる。

第1章の学習のまとめ

溶接と切断は，歴史の中で様々な方法が研究開発されてきた。ここでは溶接と切断をそれぞれ分類し，それらの特徴を述べた。

【練習問題】

次の各問に答えなさい。
（1） 金属同士を接合する形態は三つに分類することができるが，次のうち間違いはどれか。
　　① 機械的接合法　　② 接着剤接合法　　③ ろう付接合法
（2） 次の溶接方法で圧接に含まれるものはどれか，正しいものを選びなさい。
　　① ティグ溶接　　② ろう付　　③ スポット溶接
（3） 溶接の利点は次のうちどれか，正しいものを選びなさい。
　　① 大型構造物の製作が容易となり，製作期間を短縮することができる。
　　② 継手に応力集中を生じやすい。
　　③ 局部的加熱によるひずみが発生しやすい。
（4） アークを利用した切断方法はどれか，正しいものを選びなさい。
　　① レーザ切断　　② ガス切断　　③ プラズマ切断

第2章　被覆アーク溶接

　被覆アーク溶接は，多種多様なアーク溶接方法の中で最も基本的な溶接方法である。ここでは，アーク溶接方法全般に共通な重要項目であるアークの特性と被覆アーク溶接機の構造，被覆アーク溶接棒など被覆アーク溶接法の概要を述べる。

第1節　被覆アーク溶接の原理

　被覆アーク溶接は，図2－1(a)に示すように，被覆アーク溶接棒（電極）と被溶接物（母材）の間にアークを発生させることにより溶接棒と母材を溶融して結合する方法である。図2－1(b)はその原理である。高温のアークにより母材の一部が溶け，これに溶接棒の先端から溶融金属が溶滴となって移行し，溶融池が形成される。溶接位置の移動につれて溶融と凝固が繰り返されビードを形成し，その表面は波形の模様を呈する。溶接時，被覆剤はシールドガスを発生し溶融池を大気から保護するとともに，凝固スラグとなり溶接金属の急冷を防ぐ機能を有する。被覆アーク溶接棒のように電極自体の溶融を伴う溶接法を**消耗電極方式**と

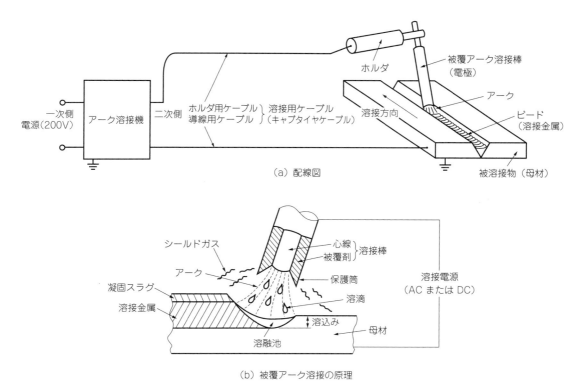

図2－1　被覆アーク溶接法の概略

いう。また被覆アーク溶接は一般に溶接作業者が溶接棒を挟んだホルダを手に持って操作をすることから，手溶接とも呼ばれている。

被覆アーク溶接において，溶接結果は溶接作業者の技量に大きく左右される。しかし，適切な被覆剤の溶接棒と比較的安価な溶接機で信頼性の高い溶接継手を手軽に得られる。このようなことから，鉄鋼材料を中心に非鉄金属材料などの溶接にも広く適用されている。

第2節　被覆アーク溶接機

2.1　アークの特性

気体中の放電現象には，アーク溶接に応用されているアーク放電のほか，蛍光灯などのグロー放電，稲妻のコロナ放電などがある。これらの放電の電圧－電流特性を図2－2に示す。

アーク溶接では，電気エネルギーが高温のプラズマを仲介して熱エネルギーに変換され，この熱で溶接部は溶かされる。

図からもわかるように，アーク放電は低い電圧と高い電流の放電であり，非常に強

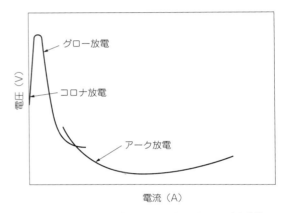

図2－2　気体中の各種放電現象の電圧－電流特性

い光と熱を発生する。そのためアークを直接肉眼で見ることは有害となるので，その観察にはフィルタプレート（JIS T 8141：2016）及び液晶プレートを透さなければならない。溶接におけるアークとは，溶接棒先端と母材間の気体の放電であり，その温度は周囲のガスの種類や電極物質などにより変化し，炭素鋼では約5000℃から6000℃以上の高温になる。このアーク中の電圧降下の分布は，図2－3に示すように，**陽極降下電圧**（V_A），**アーク柱電圧**（V_P），**陰極降下電圧**（V_K）と呼ばれる三つの部分で構成されており，これらの和（$V_A + V_P + V_K$）がアーク溶接時のアーク電圧である。

図2－4はアーク電圧と溶接電流の関係を示したもので，小電流の範囲では，電流が増加するとアーク電圧は減少する。このような特性を**アークの負抵抗特性**という。そして，電流をさらに増加していくと電流の増加につれてアーク電圧はやや上昇する傾向を示す。また，同じ電流値においては，アーク電圧はアーク長に比例して大きくなる特徴がある。

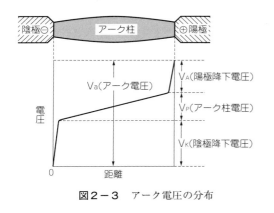
図2-3　アーク電圧の分布

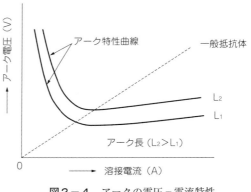
図2-4　アークの電圧－電流特性

2.2　アーク溶接機

(1)　アーク溶接機の種類

アーク溶接機は，商用電源からの電力によりアークを発生し，溶接に必要な熱エネルギーを安定して供給することのできる溶接専用の電源である。

アーク溶接機には，直流アークを発生させる直流アーク溶接機と交流アークを発生させる交流アーク溶接機がある。また，交直両用のアーク溶接機も市販されている。これらのアーク溶接機の一般的な分類を表2-1に示す。

表2-1　アーク溶接機の分類

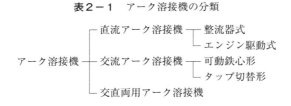

溶接機にとってアークを発生していない状態を無負荷といい，このときの溶接棒と母材間の電圧を**無負荷電圧**または開路電圧という。被覆アーク溶接では，作業中のアーク電圧は20Vから40V程度であるが，アークを発生させるためにはそれらの値よりも高い無負荷電圧が必要である。無負荷電圧は，直流では50Vから65V，交流では80Vから100Vが適当とされ，それ以下ではアークが不安定となり，溶接作業が困難となる場合がある。

図2-5はアーク溶接機の溶接電流，端子電圧の関係を示したもので曲線PQRSは**垂下特性**と呼ばれる。アーク発生中の電流，電圧はこの曲線上で表されるが，図2-4のアーク特性曲線L_1，L_2を重ねることで得られるR_1，R_2が動作点となる。図2-5からわかるとおり垂下特性の溶接機は，溶接作業者の手振れによりアーク長（アーク電圧）が変化しても溶接電流の変動を少なくする特性がある。

図2-6は各種計器類とそれらの接続方法を示したもので，電流計は負荷に直列に，電圧

溶接法

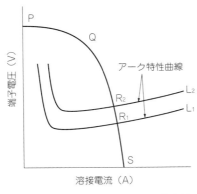

図2-5　垂下特性とアーク特性曲線

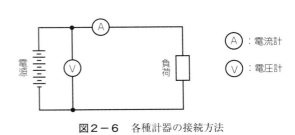

図2-6　各種計器の接続方法

計は負荷に並列に接続する。

　一般に被覆アーク溶接機（交流・直流）に要求される性質は，次のとおりである。
① 構造ならびに取扱いが簡単であること。
② 構造は堅ろうで，また絶縁は湿気や高温に対して完全であること。
③ 無負荷電圧はできるだけ低いこと。
④ 溶接電流は細かく容易に調整でき，溶接中の電流変化も小さいこと。
⑤ アークの発生とその保持が容易なこと。
⑥ 短絡したときに流れる電流はあまり大きくならないこと。
⑦ 使用中の温度上昇は小さいこと。
⑧ 電力（電流×電圧）の損失は少ないこと。特に交流アーク溶接機では効率のよいこと。
⑨ 価格は安く，使用中の経費の少ないこと。

　溶接機には**使用率**（アーク発生時間と全使用時間との比率）などの数値が表示されているので，それらの値を守って正しく使用しなければならない。

（2）　交流アーク溶接機

　我が国では特別な溶接棒を用いる場合を除き，交流アーク溶接機が最も広く使用されている。表2-2にその種類，定格及び特性を示す。これらのアーク溶接機は，アークの特性に適応した溶接用の変圧器で構成されている。変圧器とは，交流電圧を高くしたり低くしたりすることができる電気機器で，図2-7(a)に示すように薄い鉄板を積み重ねた鉄心に，互いに絶縁された二つのコイルを巻いた構造となっている。これらは図2-7(b)のような電気回路の図記号で表され，電源に接続するコイルを一次コイル（P），一方のコイルを二次コイル（S）という。一次コイルPに交流電圧 E_1 を加えると，図2-7(a)の破線で示す磁束が変化して，二次コイルSには**電磁誘導作用**により交流電圧 E_2 が生じる。ここで，一次電流を I_1，二次電流を I_2，一次巻数を n_1，二次巻数を n_2 とすると，次のような関係がある。

$$\frac{E_1}{E_2} = \frac{n_1}{n_2} \quad (\frac{n_1}{n_2}\text{を巻数比という}) \quad \cdots\cdots (2.1)$$

$$E_1 \cdot I_1 = E_2 \cdot I_2 \quad \cdots\cdots (2.2)$$

表2-2 交流アーク溶接機の種類,定格及び特性（JIS C 9300-1：2020 引用）

種　類			小形交流アーク溶接電源			交流アーク溶接電源		
			定格出力電源によって，下欄のように種類分けする。					
			150 A機	180 A機	250 A機	300 A機	400 A機	500 A機
定格出力電流		A r.m.s	150	180	250	300	400	500
定格使用率		%	20/25/30			30/40		60
出力電流の範囲	最大値	I_{2max} A r.m.s	定格出力電流の 100% 以上 110% 以下					
	最小値	I_{2min} A r.m.s	45 以下	55 以下	75 以下	定格出力電流の 20% 以下		
最高無負荷電圧		U_{0max} V r.m.s	75 以下			85 以下		95 以下
定格負荷電圧 標準負荷電圧の形式検査の試験値 U_2 V r.m.s			a) 被覆アーク溶接電源に対する式　$U_2 = 20 + 0.05 I_2$ b) TIG溶接電源に対する式　$U_2 = 16 + 0.02 I_2$ 　　　　ここに，I_2：標準出力電流。					(1)
使用可能な溶接棒の径 (2)		mm	2.0〜4.0	2.6〜4.0	3.2〜5.0	2.6〜6.0	3.2〜8.0	4.0〜8.0

注(1) a) 被覆アーク溶接電源に対する式　50Hzの場合：$U_2 = 20 + 0.04 I_2 + j (I_2/500) \times 10$
　　　　　　　　　　　　　　　　　　　　60Hzの場合：$U_2 = 20 + 0.04 I_2 + j (I_2/500) \times 12$
　　b) TIG溶接電源に対する式：$U_2 = 16 + 0.02 I_2$
　　　　　　　　　　　ここに，I_2：標準出力電流。
(2) 使用可能な溶接棒の径は，被覆アーク溶接棒について参考値を示す。

　一般の電力用変圧器は，なるべく電力損失を少なくするために，一次コイルで発生した磁束が全部二次コイルを貫通することが理想である。しかし，図2-7(a)に示すように二次コイルを貫通しない磁束を生じる場合があり，この磁束を**「漏れ磁束」**と呼んでいる。

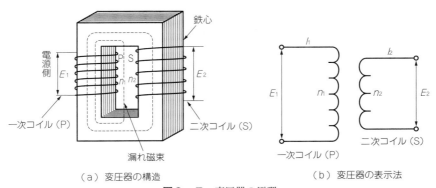

（a）変圧器の構造　　　　　　　（b）変圧器の表示法
図2-7　変圧器の原理

　代表的な**可動鉄心形交流アーク溶接機**では，この漏れ磁束の量を変化させることで，溶接電流を調整する。その構造は図2-8に示すように，固定鉄心に一次コイルと二次コイルを上部と下部に分けて巻き，これらのコイルの間に可動鉄心を配置する。

溶 接 法

　図2−9は，溶接変圧器の動作原理を示し，無負荷の状態では一次コイルにより鉄心M_1に生じた磁束ϕ_1はほとんど鉄心M_2を通り，二次コイルには巻数比に比例した高い無負荷電圧を生じる。しかし，図2−9(b)に示すように負荷（アーク）電流が流れると，この電流の作用により二次コイルには磁束が通りにくくなるため，磁束の一部ϕ_2が図のように可動鉄心M_3を通るようになり，二次電圧は低下する。

図2−8　可動鉄心形交流アーク溶接機の構造

　可動鉄心を通る漏れ磁束ϕ_2は，図2−10(a)に示す可動鉄心M_3と固定鉄心M_1,M_2との空隙（ギャップ）の大きさで左右される。この漏れ磁束と溶接電流の増減の関係は同図(a)から(c)に示すように，ギャップが大きく，可動鉄心M_3を通る漏れ磁束の量が少ないとき，溶接電流は大きい値となる。そして，ギャップを小さくするに従い，可動鉄心M_3を通る漏れ磁束は増加するため溶接電流が減少する。このように，漏れ磁束の量を変化させることで電流調整が行われる。

図2−9　溶接変圧器の動作原理

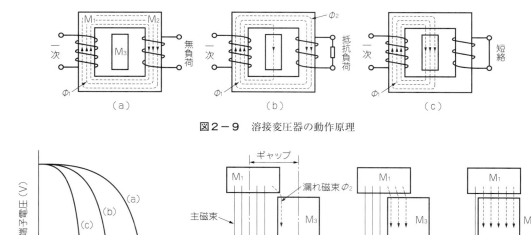

図2−10　漏れ磁束の変化に伴う電流の増減と垂下特性の関係

　交流アーク溶接機の取扱いには，次の項目に十分注意して使用しなければならない。
① 溶接機に表示されている電源電圧の数値などを確認し，一次入力線を接続する。
② 締付け部の緩みや接続部の絶縁の状態を確認する。
③ 接地（アース）は完全かどうかを確認する。
④ 各スイッチの開閉，タップの切換えなどは，完全に接触していることを確認する。

⑤　可動鉄心やその駆動部に異常な振動などのないことを確認する。
⑥　溶接通電中は，タップを切り換えてはならない。
⑦　溶接作業を中止する場合は，必ず溶接機と電源のスイッチを切る。
⑧　溶接機は，雨露のかからない通風のよい場所に設置する。
⑨　定期的に溶接機内部のほこりを清掃した後，ハンドルの回転部や可動鉄心のしゅう動面にグリスを給脂する（使用するグリスについては各溶接機の取扱い説明書を参考のこと）。

（3）　直流アーク溶接機

　直流アーク溶接機には，交流を直流に変換する方式によって整流器式とエンジン駆動式の2種類がある。被覆アーク溶接に用いられる溶接機は，いずれも垂下特性を有しており，電力供給の安定している工場内の溶接においては，電気的特性や騒音，価格及び保守の面で優れている整流器式が一般に使用されている。一方，電源の得られない屋外工事では，エンジン駆動式が広く用いられている。

（4）　交流アーク溶接機と直流アーク溶接機の比較

　被覆アーク溶接には交流アーク溶接機を一般的に使用する。これは，直流アーク溶接機に比べて低価格で，溶接棒が交流でも十分な性能を得られるように改善されたためである。しかし，安定したアークを必要とする薄板の溶接やステンレス鋼の溶接などでは，直流アーク溶接機を多く使用する。表2－3は交流アーク溶接機と直流アーク溶接機の特徴を比較したものである。交流及び直流のアーク溶接機の長所と短所を十分に理解して，溶接物に適した溶接機を選択することが重要である。

表2－3　交流アーク溶接機と直流アーク溶接機の比較

項目	交流アーク溶接機	直流アーク溶接機
無負荷電圧	高い	低い
電撃の危険性	大きい	小さい
アークの安定性	やや劣る	良好
極性の選択	不可能	可能
磁気吹き	ほとんど起こらない	起こりやすい
構造	簡単	複雑
故障	少ない	エンジン駆動式では多い
騒音	静か	エンジン駆動式では大
価格	安価	高価

　表中の「**磁気吹き**」とは，電流が母材，アーク，溶接棒の順に流れることによってその周囲に生じる磁界が溶接物の形状やアースの位置などによりアークに対して非対称となり，アークが一方向に強く吹かれて不安定になる現象をいう。この現象は，200A以上の直流

アークでよく認められ，溶接作業中にアークが乱れて溶接欠陥を生じる原因にもなる。したがって，直流アーク溶接機を用いる場合には，二次側のケーブルの接続は極性に注意して行う。一方，交流アークでは「磁気吹き」はほとんど起こらない。

2.3　アーク溶接機の付属機器

（1）交流アーク溶接電源用電撃防止装置

交流アーク溶接電源用電撃防止装置は，交流アーク溶接機での溶接作業において，アークを未発生の場合には無負荷電圧を電撃の恐れのない25 V以下にし，アーク発生時には85 Vから95 Vの無負荷電圧に切り換え，溶接作業が安全に支障なく行えることを目的に装備される。表2－4に交流アーク溶接電源用**電撃防止装置**の種類及び特性を示す。

表2－4　交流アーク溶接電源用電撃防止装置の種類及び特性（JIS C 9311：2011）

種類の区分		種類の記号	特性			
取付方式による区分	始動感度による区分		始動感度 Ω	安全電圧 V	始動時間 秒	遅動時間 秒
外付け形	低抵抗始動形	SP－3A4－L SP－5A6－L SP－3B4－L SP－5B6－L SP－3C4－L SP－5C6－L	2未満	25以下	0.06以下	1.0 ± 0.3
外付け形	高抵抗始動形	SP－3A4－H SP－5A6－H SP－3B4－H SP－5B6－H SP－3C4－H SP－5C6－H	2～260	25以下	0.06以下	1.0 ± 0.3
内蔵形	低抵抗始動形	SPB－□A□－L SPB－□B□－L SPB－□C□－L	3未満	25以下	0.06以下	1.0 ± 0.3
内蔵形	高抵抗始動形	SPB－□A□－H SPB－□B□－H SPB－□C□－H	3～260	25以下	0.06以下	1.0 ± 0.3

種類の記号は，次による。
a）記号SPの次の数字，または記号SPBの次の"□"は，出力側の定格電流の百の位の値を示す。例えば，3は300 A，5は500 Aを示し，250 Aの場合は，2.5と示す。
b）次の記号Aは，溶接電源に内蔵されている力率改善用コンデンサの有無に関係なく用いる防止装置，記号Bはコンデンサを内蔵しない溶接電源に用いる防止装置，記号Cはコンデンサ内蔵形溶接電源に用いる防止装置を示す。
c）A，B及びCの次の数字または"□"は，定格使用率（％）の十の位の値を示す。

法規（労働安全衛生規則第332条）では，周囲を導体で囲まれた狭い場所または墜落により溶接作業者に危険を及ぼす恐れのある高さ2 m以上の場所で，溶接作業者が導体に接触

する恐れのある場所において交流アーク溶接作業を行う場合，電撃防止装置の使用を義務付けている。

しかし，このような法規に定められている場所以外でも，交流アーク溶接機には電撃防止装置をできるかぎり装備すべきである。

(2) 溶接棒ホルダ

溶接棒ホルダには，棒操作を容易に行えるように軽量で，かつ感電の危険性の少ない絶縁形のホルダを使用しなければならない。絶縁形ホルダは，図2-11に示すように溶接棒を挟む導電部分Aを除いて，その外側はすべて絶縁物で覆われ，溶接中の温度上昇に耐えられなくてはならない。

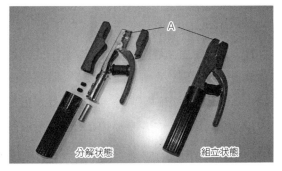

図2-11 溶接棒ホルダの構造

(3) 溶接用ケーブル，コネクタ及びクランプ

a．溶接用ケーブル

溶接用ケーブルは，主にアーク溶接機の二次側に用いられ，ホルダ用ケーブルと導線用ケーブルとがある。（図2-1(a)参照）

図2-12に溶接用ケーブルの構造を示す。作業の性質上，乱雑に取り扱われる場合が多いので，被覆は耐熱性，耐久性に優れた材料が使用されている。

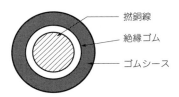

図2-12 溶接用ケーブルの構造

表2-5に溶接用ケーブルの長さ，断面積と許容溶接電流の関係を示す。

溶接用ケーブルは過大な溶接電流が流れると過熱し危険なため，定格出力電源に応じて適切に選定しなければならない。

表2-5 溶接用ケーブルの電流と長さに応じた太さ（断面積 mm²）

電流（A） \ 長さ（m）	20	30	40	50	60	70	80	90	100
100	38	38	38	38	38	38	38	50	50
150	38	38	38	38	50	50	60	80	80
200	38	38	38	50	60	80	80	100	100
250	38	38	50	60	80	80	100	125	125
300	38	50	60	80	100	100	125	125	
350	38	50	80	80	100	125			
400	38	60	80	100	125				
450	50	80	100	125	125				
500	50	80	100	125					
550	50	80	100	125					
600	80	100	125						

（注）本表は直流を用い，電圧降下4V以下の寸法（mm²）であり，交流の場合は一段上の寸法を使用する。

溶接法

b．コネクタ

溶接を行うために長い溶接用ケーブルを必要とする場合には，ケーブルの取扱いやすさやむだを省くため，ケーブルを継ぎ合わせて使用する。このケーブルの接続には，図2－13に示すようなケーブルコネクタを用いる。

図2－13　ケーブルコネクタの例

c．クランプ（導線用クランプ）

溶接機二次側の導線用ケーブルの接続には，溶接作業台などにボルトで半恒久的に取り付け，これに母材を固定する方法が一般に行われている。しかし，現場溶接では，作業をする間だけ導線用ケーブルを母材などに直接取り付ける方法が多く用いられている。この場合，電気的に完全に接触させることが必要で，図2－14に示すようなクランプにより導線用ケーブルを接続する。クランプには万力形のものや，取り付け，取り外しが能率よく行えるトグル形及びマグネット形がある。

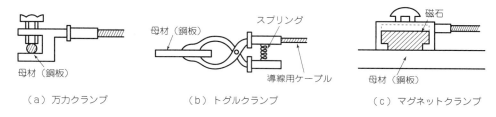

（a）万力クランプ　　　　（b）トグルクランプ　　　　（c）マグネットクランプ

図2－14　各種クランプによる接続例

（4）　溶接機の接地及び漏電遮断器

溶接作業では，大電流を使用するとともに，電気回路がすべて作業者と完全に絶縁されているとは限らないので，常に感電の危険に対して，注意しなければならない。したがって，作業者が誤って導電部に接触しても，感電を生じさせない防止対策を必要とする。そのためには，次のような対策をとらなければならない。

a．接地（アース）

接地は，図2－15に示すように溶接機外箱に対する保護設置と母材またはこれと電気的に接続される作業台などに対する母材の接地を別々に正しく行わなければならない。また，接地は直接大地に対して行い，建物の鉄骨などには行ってはならない。

接地用ケーブルの太さは定格入力電流の大きさで異なるが，一般的には14 mm^{2}以上の断面積のものを使用しなければならない。

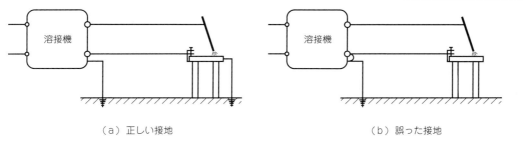

（a）正しい接地　　　　　　　　　（b）誤った接地

図2-15　接地の接続例

b．漏電遮断器

漏電遮断器とは，電路と大地の間の絶縁が異常に低下し，アークや導電性物質により絶縁が破壊されることで電路または機器の外部が危険な電流や電圧状態になったとき，自動的に電路を遮断する器具をいう。

溶接機用の漏電遮断器は，図2-16に示すように溶接機の一次側に設置し，定格入力電流や電圧に応じた高感度で高速度形のものを使用しなければならない。

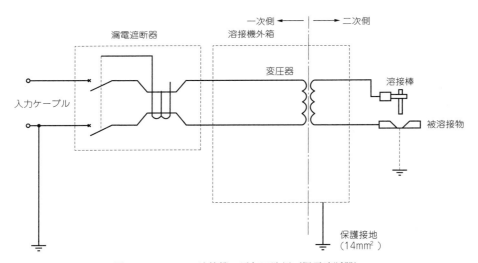

図2-16　アーク溶接機の電気回路例（漏電遮断器）

第3節　被覆アーク溶接棒

3.1　溶接棒

溶接棒は，ルート間隔（溶接する材料間に設ける隙間）や開先（溶接する材料の端面の形状）の加工により生じる間げき（隙）を充てんし，両部材を接合するためのもので，アーク溶接やガス溶接に限らず溶接結果に影響を及ぼす重要な溶接材料である。

被覆アーク溶接棒は，図2-17に示すような簡単な構造で，金属の細い棒の周囲に無機

溶接法

物や有機物などを混合した薬剤を均一に塗布された棒状の形状である。この金属の細い棒を心線，周囲に塗った薬剤を被覆剤（**フラックス**）という。

溶接棒には，それぞれの用途に応じて軟鋼用，高張力鋼用，ステンレス鋼用，銅合金用，硬化肉盛用，鋳鉄用などがある。作業性に難のある低水素系被覆アーク溶接棒の先端部にはアーク発生剤を塗布するなど工夫が施されている。

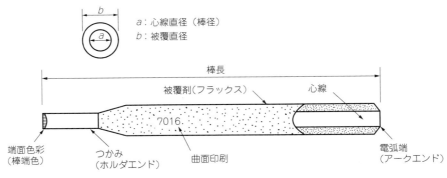

図2－17　被覆アーク溶接棒の構造

3.2　心線

一般的な低炭素鋼（軟鋼）用の被覆アーク溶接棒用心線の化学成分は，表2－6のようにJIS　G　3523で定められており，表中の1種SWY11が一般に用いられている。この心線に含有される炭素（C）量は少なく，少量のけい素（Si）やマンガン（Mn）なども含まれる。

表2－6　被覆アーク溶接棒用心線（JIS G 3523：1980 より作成）

種類	記号	化学成分（％）					
		C	Si	Mn	P	S	Cu
1種	SWY 11	0.09 以下	0.03 以下	0.35～0.65	0.020 以下	0.023 以下	0.20 以下
2種	SWY 21	0.10～0.15	0.03 以下	0.35～0.65	0.020 以下	0.023 以下	0.20 以下
直径（mm）		1.4，1.6，2.0，2.6，3.2，4.0，4.5，5.0，5.5，6.0，6.4，7.0，8.0					
許容差（mm）		± 0.05					

3.3　被覆剤

心線の表面に塗られている被覆剤（フラックス）の果す役割は，次のとおりである。

a．アークを安定にする

アーク溶接作業で最も大切なことは，アークを容易に発生し，安定して維持されることである。アークが不安定になると溶接作業は困難になり，溶接結果も悪くなりやすい。

b．溶けた金属を保護する

空気中の酸素や窒素が高温の溶けた金属（溶融金属）に接触すると，有害な酸化物や窒化

物を生成し，溶接部の性質を悪化させる。このような有害な作用を防ぎ良好な溶接結果を得るために，被覆剤には次のような作用がある。

① 保護ガスの発生

被覆剤はアーク熱によってガスを発生する物質（有機物，炭酸化合物）を含有しており，溶接時にこれらの物質からガスが発生することで，空気中の酸素や窒素が溶接部に侵入することを防ぐ。

② スラグの生成

フラックスが溶けガスを放出した後のガラス状の液体を溶融スラグ，それが固まったものを凝固スラグと呼び，これらは溶接金属を覆い空気中の酸素や窒素の侵入を防ぐ。

c．溶接金属の精錬化

溶接中，空気の侵入を完全に防ぐことは難しく，その一部は溶融金属中に侵入する。良好な溶接金属を得るためには，侵入したガスや母材の中にはじめから含まれていたガス，また酸化物や窒化物などの不純物を取り除かなくてはならない。そこで溶接金属を精錬するために，ガスや不純物と化学的に結合する力（**親和力**）の強い元素を含有させる。また，これらの元素とガスや不純物が化合した物質は溶融スラグに吸収され，溶融金属と分離後に浮上して凝固スラグとなる。

d．溶融金属の急冷を防ぐ

溶接部の溶融金属が凝固して溶接金属となる。この溶接金属が急冷されると，ブローホールのような溶接欠陥が発生しやすくなる。さらに，炭素量の多い鉄鋼材料の溶接では，焼入れされた状態に近づき溶接金属が硬くてもろくなるような場合もある。

それらに起因する欠陥の発生を防ぐために，スラグは溶接金属を覆い溶接直後の金属が急冷されることを防ぐ。

e．種々の姿勢での溶接を容易にする

スラグの流動性は，溶接の作業性に大きく影響する。特に立向や上向の溶接では，溶接金属の垂れ下がりが発生しやすく，スラグ巻込みなどの溶接欠陥が発生しやすくなる。スラグの粘性を調整することで，種々の姿勢での溶接が容易になる。

f．溶接金属に必要な元素を添加する

溶接金属が目的にあった性質を得るために必要な元素を添加する。また，高温に加熱されると燃焼する元素を適当に補充する。

3.4 被覆アーク溶接棒の分類

溶接する金属で被覆アーク溶接棒を大別すると，軟鋼用，強じん鋼用，低温用鋼用，ステンレス鋼用，耐摩耗合金用，鋳鉄用，銅，銅合金用などになる。

JIS に規定されている被覆アーク溶接棒は，次のとおりである。

溶接法

① 軟鋼,高張力鋼及び低温用鋼用被覆アーク溶接棒（JIS Z 3211）
② 耐候性鋼用被覆アーク溶接棒（JIS Z 3214）
③ ステンレス鋼被覆アーク溶接棒（JIS Z 3221）
④ モリブデン鋼及びクロムモリブデン鋼用被覆アーク溶接棒（JIS Z 3223）
⑤ ニッケル及びニッケル合金被覆アーク溶接棒（JIS Z 3224）
⑥ 9％ニッケル鋼用被覆アーク溶接棒（JIS Z 3225）
⑦ 銅及び銅合金被覆アーク溶接棒（JIS Z 3231）
⑧ 硬化肉盛用被覆アーク溶接棒（JIS Z 3251）
⑨ 鋳鉄用被覆アーク溶接棒,ソリッドワイヤ,溶加棒及びフラックス入りワイヤ（JIS Z 3252）

3.5 軟鋼用被覆アーク溶接棒

軟鋼用被覆アーク溶接棒は,一般に炭素含有量が0.25％以下の軟鋼材に用いられ,現在,最も多く使用されている。

溶接棒の種類は,被覆剤の系統により表2－7に示すようにJISで分類されている。

それぞれの被覆アーク溶接棒の特徴を整理して示したものが,表2－8である。

表2－7　主な軟鋼用被覆アーク溶接棒（JIS Z 3211：2008より作成）

溶接棒の種類	被覆剤の系統	溶接姿勢 a)	電流の種類 b)
E 4319	イルミナイト系	全姿勢 c)	AC及びDC（±）
E 4303	ライムチタニア系	全姿勢 c)	AC及びDC（±）
E 4311	高セルロース系	全姿勢	AC及びDC（＋）
E 4313	高酸化チタン系	全姿勢 c)	AC及びDC（±）
E 4316	低水素系	全姿勢 c)	AC及びDC（＋）
E 4324	鉄粉酸化チタン系	PA及びPB	AC及びDC（±）
E 4328	鉄粉低水素系	PA,PB及びPC	AC及びDC（＋）
E 4327	鉄粉酸化鉄系	PA及びPB	AC及びDC（－）
E 4340	特殊系（規定なし）	製造業者の推奨	

溶接棒の種類を示す記号の付け方は,次の例による。

例　E　43　03
- 被覆剤の種類の記号
- 溶着金属の引張強さの記号
- 被覆アーク溶接棒の記号

注a）溶接姿勢は,JIS Z 3011による。PA 下向,PB 水平すみ肉,PC 横向
　b）電流の種類に用いている意味は,次による。
　　AC：交流,DC（＋）：棒プラス,DC（－）：棒マイナス,DC（±）：棒プラス及び棒マイナス
　c）立向姿勢は,PF（立向上進）が適用できるものとする。

表2-8 各種軟鋼用被覆アーク溶接棒の特徴比較

溶接棒の種類		E 4319 イルミナイト系	E 4303 ライムチタニア系	E 4311 高セルロース系	E 4313 高酸化チタン系	E 4316 低水素系	E 4324 鉄粉酸化チタン系	E 4328 鉄粉低水素系	E 4327 鉄粉酸化鉄系
被覆剤の系統									
機械的性質	引張強さ MPa*	430～470	430～500	420～480	470～570	470～560	530～600	470～540	430～490
溶着金属の	降伏点 MPa	360～420	360～400	360～400	380～490	380～460	450～520	380～460	360～400
	伸び %	27～35	26～35	24～30	22～30	28～35	22～30	28～35	25～33
	衝撃値0℃ Vノッチシャルピー J	70～130	100～150	100～170	50～120	120～250	50～100	80～150	70～150
溶接条件	溶接電流 (A) 4mm	120～180	140～180	110～155	105～170	130～185	150～220	150～200	160～180
	5mm	170～250	190～260	155～200	150～230	180～250	210～290	190～250	200～230
	アーク電圧 (V) 4mm	23～30	24～31	23～25	22～28	22～26	27～34	24～30	30～35
	5mm	24～31	24～32	24～26	23～29	24～29	27～35	27～32	31～35
アークの状況		スプレータイプ	E4319よりやや吹付力弱い	E4319より吹付力大	E4319より吹付力大	グロビュールタイプ	スプレータイプ	ライム形はグロビュール、低塩基度のものはスプレータイプ	スプレータイプ
溶込み		深い	中	深い	浅い	中	浅い	中	中
スラグの状況		多量、クレーターを適当にカバー、はく離容易	多量、E4319よりはく離容易、スラグ被り良	少量、スラグが速け、はく離容易	多量、スラグ粘く被り良好、開先底部以外ははく離良好	多量、スラグ速け被り悪し、開先初層を除いてはく離良好	多量、ライム形はスラグ粘く良好、開先底部以外ははく離良好	多量、ライム形はE4316と同様、低塩基度のスラグははく離良好	多量、はく離性よい
スパッタ		普通	E4319よりやや少	大粒で多い	少ない	少ない	少ない	少ない	普通
ビードの外観		美しい	美しい	やや粗い	美しい	低水素系特有の波形	美しい	ライム形はE4316と同様低塩基度のものは美しい	美しい
水平すみ肉のビード形		平	平あるいはやや凹	平又はやや凸	やや凸	凸	平	平	平
溶着金属のサウンドネス		優秀	良好	やや ブローホールができやすい	良	ビード始端を除きサウンドネス、耐割れ性極めて良好	良	良好	良
主な特徴又は用途		最も古くからあるタイプで、作業性機械的性質共に良好で、あらゆる構造物に使われてきているので、一般に標準になるものである。	アンダカットが発生し難く、比較的初心者でも各姿勢溶接ができる。一般に構造物の他に立向下進溶接、パイプのアーク溶接、薄板又は脚長の小脚長の溶接に適している。	日本ではほとんど使われていないが全姿勢溶接の伸びが良く、立向下進溶接、薄板又はパイプのアーク溶接、脚長の小脚長の溶接に適している。	作業性はよいが溶着金属の伸びが悪く、及び価格が高いことにより一般構造物には使われない。薄板又は軽構造物に好んで使われている。	機械的性質、耐割れ性に優れ、また板の高炭素鋼、高張力鋼、厚板、重要構造物の溶接に使われる。溶着金属が低水素であるのが特徴で使用にあたっては乾燥すること必要。	作業性はよいが溶着金属の伸びが悪く、及び価格が高いことにより一般構造物にはほとんど使われない。厚板又は50キロ高張力鋼のすみ肉溶接を中心に広く使用されている。	ライム形は機械的性質、耐割れ性共に良好で厚板作業能率共に良く対象に設計され、低塩基度のものはE4316とほぼ同様に被り良好。薄板又は1.5～1.8位まで運棒比があり、一般に運棒比1.5～1.8位で使われる。グラビティ溶接にも好適である。グラビティ又は立向下進溶接でも使用可能である。	主として水平すみ肉溶接の高能率化対象に設計されており、一般に運棒比1.5～1.8位で使われる。グラビティ溶接にも好適である。グラビティ又は船すみ肉溶接に広く使用されている。

* 1MPa = 1N/mm²

3.6 被覆アーク溶接棒の保管と乾燥

溶接棒は吸湿すると，アークが不安定になりスパッタが増加しやすく，溶接金属にブローホールや割れが発生しやすくなる。よって，溶接棒は吸湿しないように，湿気の少ない通風のよい場所に保管し使用前に表2-9に示す条件でもう一度乾燥する。

表2-9　軟鋼用被覆アーク溶接棒の乾燥条件

被覆剤の系統	温度(℃)	時間(min)	備考
低水素系	300～400	30～60	初期乾燥後，50～70℃位の保管庫に入れておけば吸湿しない。
上記以外の被覆剤の系統	70～100	30～60	同　　上

第4節　溶接作業法

被覆アーク溶接では，次のような点に注意して溶接作業を行う。

① 被覆アーク溶接では，アークの高熱，紫外線，強烈な可視光線及び被覆剤などから発生するガスやヒュームなどから身体を保護するために，作業前に正常な機能を有する各種の保護具を常に正しく着用しなければならない。特に，呼吸用保護具については個人に合った適切な形や大きさのものを使用しなければならない。

② 溶接棒は，溶接の作業性などを考慮して，母材の種類や板厚に最適な棒種や直径のものを選定し，また適正な溶接条件で溶接を行わなければならない。

③ 溶接電流は，棒径や溶接姿勢などで適正な電流範囲が異なる。過大な電流は，心線が発熱し被覆剤が焼損する「棒焼け」という現象を生じて正常な溶接ができなくなる。

④ 溶接作業中は，常にアーク長を一定に保たなければならない。アーク長が長すぎると，ブローホールやピットが溶接金属内に発生しやすくなり，短すぎると短絡や溶接棒と溶融スラグの接触により，ビードの蛇行が生じる。

第2章の学習のまとめ

被覆アーク溶接機は構造や取扱いが単純である。しかし，被覆アーク溶接棒は，被覆剤の系統でアークの状態や溶込みに大きな違いを生じるので，適切に選定しなくてはならない。

【練　習　問　題】

次の各問に答えなさい。

（1）二次側配線の母材側電線として用いて良いものはどれか，正しいものを選びなさい。
　　① CVTケーブル　　② ロボットケーブル　　③ 導線用ケーブル

（2）直流アーク溶接機と交流アーク溶接機の特徴について，正しいものを選びなさい。
　　① 直流アーク溶接機は構造が簡単なため，安価である。
　　② 直流アーク溶接機は電撃の危険性が交流アーク溶接機に比べて少ない。
　　③ 直流アーク溶接機はアークが安定するため磁気吹きが起こりにくい。

（3）被覆アーク溶接棒のフラックスの役割について，正しいものを選びなさい。
　　① アークを安定にする。
　　② 心線がさびないようにする。
　　③ 他の棒と区別できるようにする。

（4）低水素系溶接棒の乾燥温度について，正しいものを選びなさい。
　　① 70℃〜100℃
　　② 200℃〜280℃
　　③ 300℃〜400℃

（5）吸湿した溶接棒が与える影響について，間違っているものを選びなさい。
　　① アークが不安定になり，スパッタが増加する。
　　② 電撃をうけやすくなる。
　　③ 溶接金属にブローホールや割れが発生しやすくなる。

第3章 ティグ溶接

第1節 ティグ溶接

　ティグ溶接は，1950年代に国内で初めて国産ティグ溶接機が販売されて以来，急速に普及した溶接法である。化学プラント機器やタンク，高圧配管などの高品質で精度の求められる製品において，重要な溶接法となっている。この章では，原理や極性，溶接装置，溶接作業法などについて述べる。

1.1　ティグ（TIG）溶接の原理

　ティグ（TIG）とは，タングステン・イナート・ガス（Tungsten Inert Gas）の頭文字をとったものである。他の物質と反応しないアルゴンやヘリウムなどの不活性ガス（イナートガス）雰囲気中でタングステン電極と母材の間にアークを発生させ，母材及び溶加棒をアーク熱で溶融して接合する方法である。

　タングステン電極の溶融温度は約3400℃で，高温下でも長時間溶けにくい性質を持っており，アークを発生させる電極として有効に利用されている。

　ティグ溶接は，電極を消耗しない非溶極式（**非消耗電極方式**）のガスシールドアーク溶接法である。この方法は，アーク及び溶融金属をアルゴンなどの不活性ガスでシールドし，溶接が行われる。また，継手に溶着金属を必要とする溶接では，ガス溶接と同じように溶加棒を必要に応じて添加する。

　図3－1にティグ溶接の原理を示す。

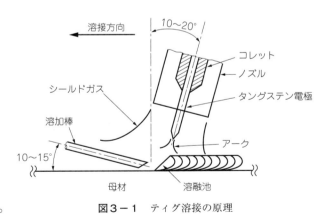

図3－1　ティグ溶接の原理

1.2　長所と短所

この溶接法の長所は次のとおりである。

① 　シールドガスに不活性ガスを用いるので，大気中からの酸素や水素，窒素などのガスや不純物などを遮断することができる。また，ステンレス鋼などの合金鋼，アルミニウム合金などの非鉄金属など，工業的に使用されているほとんどの金属材料に使用でき

② 小電流でもアークは安定し，薄板から厚板まで広範囲の板厚の溶接に適用できる。

③ 適正な極性のアークではクリーニング作用が得られ，アルミニウム合金やマグネシウム合金をフラックス無しで溶接することができる。

④ 溶接入熱量を広範囲に選択できるため，全姿勢の溶接を可能とし，あらゆる継手形状にも適用できる。また，入熱量のコントロールも容易なため，突合せ溶接において安定した裏波ビードを形成できる。

⑤ 溶接部からのスパッタまたはヒュームの発生はほとんどなく，作業性は非常によい。

⑥ 高品質で清浄な溶接金属を得やすい（①～⑤に示されることから）。

一方，短所は次のとおりである。

① ガスシールドアーク溶接のため風の影響を受けやすい。

② 溶接速度が遅いため能率は悪い。

③ シールドガスが高価なため溶接コストは高くなりやすい。

1.3 極性の選択

ティグ溶接においては，図3－2に示すような電流の種類や二次側出力端子の接続方法により溶接可能な材料や溶接結果は変化する。

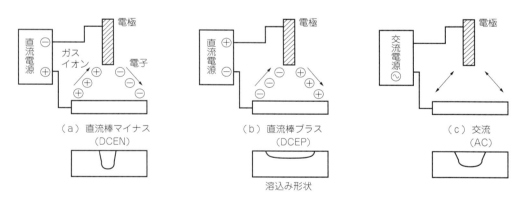

図3－2 ティグ溶接における極性の影響

特に，直流溶接における棒プラスの状態では，母材表面から電子が放出されることによって母材表面の酸化物が取り除かれる**クリーニング作用**が得られ，高融点の酸化皮膜を形成するアルミニウム合金などの材料にもフラックスを使用しないで溶接することができる。この場合，プラス極となった電極は高温に加熱され，電極の溶融や消耗は多く，アークも不安定となる。このため，アルミニウム合金やマグネシウム合金材の溶接では，**棒プラス**と**棒マイナス**が交互に変化する交流を一般に用いる。一方，クリーニング作用を必要としない炭素鋼などの材料では，電極の消耗の少ない直流棒マイナスに接続して溶接される。

表3−1に代表的な材料におけるティグ溶接の一般的な極性の選び方を示す。

表3−1 材料による極性の選択

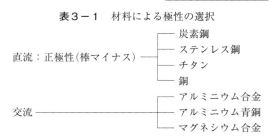

第2節　ティグ溶接装置

2.1　ティグ溶接装置の構成

図3−3にティグ溶接装置の基本構成を示す。溶接用電源には，直流，交流，交直両用の電源を用いる。一般的には，①溶接電源，②制御装置（溶接シーケンス回路，高周波発生回路，シールドガス制御回路など），③溶接トーチ，④その他ケーブル及びホースなどで構成される。最近では，制御装置を内蔵した一体型の溶接電源が多い。

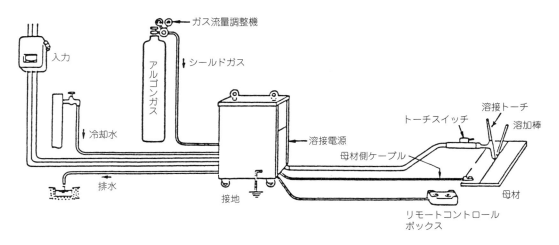

図3−3　ティグ溶接装置の基本構成

2.2　機能について

最近では，溶加棒の代りに溶加ワイヤが溶融池に自動送給される半自動ティグ溶接機やティグパルス溶接機，またデジタル溶接機なども普及しており，さまざまな機能がティグ溶接機に追加されている。

ここでは，特徴あるティグ溶接機の機能を2つ示す。

(1)　高周波発生機能（装置）

タングステン電極と母材の間に高電圧（約5000 V）の高周波（約2.5 MHz）を発生させ，

溶 接 法

絶縁破壊を起こし，電極と母材を接触させないで，アーク起動させるための装置である。電極の消耗を避けることがねらいで，このアークスタート（ノータッチスタート）法が一般的である。

図3－4に，このアークスタート法（ノータッチスタート）を示す。溶接始端部から溶接線上に 10 mm ～ 15 mm 入った位置でノズルは母材に置きつつ，電極については，母材に接触しないように保持してアークを発生（このとき，高周波が発生）させ，その後すばやく始端部に戻って，適正なトーチ角度やアーク長にして溶接を進める。

高周波の発生を嫌う事業所などでは，最近改良されたタッチスタート式の溶接機を採用している所もある。

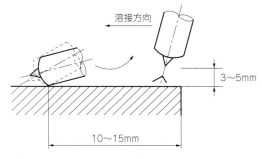

図3－4　アークスタート法（ノータッチスタート）

（2）パルス制御機能

図3－5のように溶接電流を大電流と小電流に周期的に変化させて行う溶接をパルスアーク（パルスティグ）溶接といい，ティグ溶接の実作業において有効な制御機能の一つである。

パルスティグには，パルスの周波数により，低周波・中周波・高周波のパルス制御があり，表3－2にそれぞれのパルス制御の種類と用途を示す。

特に，母材への入熱制御の可能な低周波パルスや，アークの集中性が増し，薄板溶接における小電流域での安定性を確保できる中周波パルスはよく利用される。母材の溶融状態をコントロールできることから，薄板や板厚の異なる継手，異材継手などのさまざまな用途の溶接に有効となる。

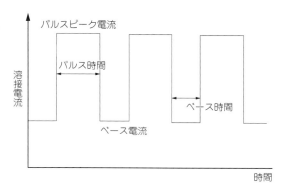

図3－5　パルスアーク溶接の電流波形

また，図3－6に，低周波パルスティグ溶接の制御メカニズムを示す。図のように，パルスピーク電流時に必要な溶融を母材に与え，ベース電流時に溶融部を冷却することを繰り返すことで，継手の溶けやすい材料側の溶融が優先して進行することを抑え，異材や板厚差のある継手の溶接を容易にしている。

表3-2 ティグパルス制御の種類と用途

種類	低周波パルス(0.1～10Hz)	中周波パルス(100～500Hz)	高周波パルス(1kHz以上)
直流	一般的	一般的	特殊使用
交流	一般的	一部で使用	なし
特徴	○ 母材への入熱制御 ○ 均一なビード波形 ○ 均一な裏波ビード波形 ○ 姿勢溶接の作業性向上 ○ 熱容量の異なる継手	○ アークの指向性 　　　　　　集中性向上 ○ 小電流での溶接性改善 ○ 薄板溶接への適用拡大 ◆ 耳障りなアーク音あり	○ アークの硬直性極めて強 ○ 溶融池の撹拌作用あり ○ 微少電流での溶接可能 ◆ 極めて耳障りなアーク音 ◆ 装置の制約が多い
用途	□ 裏波溶接 □ 固定管の全姿勢溶接 □ 板厚が異なる継手の溶接	□ 薄板の溶接(0.3mmt～) □ チューブの高速溶接 □ 異種金属継手の溶接	□ 極薄板溶接(0.1mmt～) □ 極薄管の溶接 □ ベローズの溶接

パルスの種類	パルス条件	適応作業
低周波パルス	10Hz以下	板厚の異なる継手の溶接や異材溶接
中周波パルス	500Hz以下	割れやブローホールの発生しやすい材料の溶接
高周波パルス	1kHz以上	10A以下の溶接や高速溶接

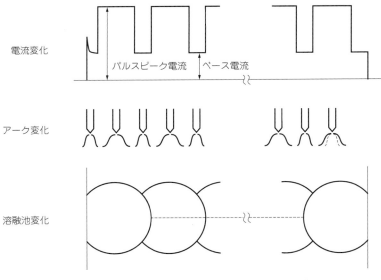

図3-6 低周波パルスティグ溶接の制御メカニズム

第3節　溶接作業法

　ティグ溶接では，作業性や良好な溶接結果を得るために，電流条件やシールドガス流量の調整だけでなく，極性の選択，電極の種類及び先端形状の加工，パルスの有無，運棒法など，さまざまな準備や施工方法を選定する必要がある。
　ここでは，運棒法や溶接条件例，電極の種類など，基本的な作業法を紹介する。

溶 接 法

3．1　トーチと運棒について

　ティグ溶接では，図3－7に示す溶接トーチで，電極と母材の間にアークを発生（一般的にはノータッチスタート）させ，適切な溶融池を形成させた時点で溶加棒を添加する操作を繰り返して溶接が進められる。トーチと溶加棒は図3－8に示すような角度に保持し，アーク長を一定に保ちながら，前進溶接または後進溶接によって溶接する。通常は，前進溶接で溶接が行われる。適切な溶融池の大きさについては前もってチェックしておくことが必要で，以後の溶接は溶接開始位置で作った溶融池の大きさを目標に進められることから，特に重要なポイントとなる。

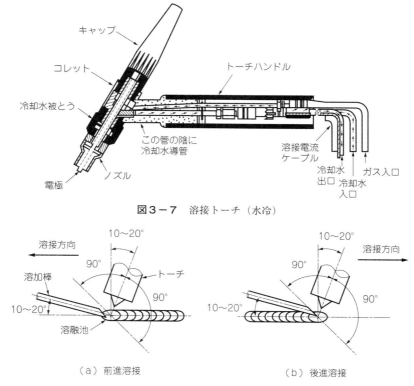

図3－7　溶接トーチ（水冷）

図3－8　ティグ溶接におけるトーチと溶加棒の関係

　ティグ溶接では，必要に応じて，図3－9に示すように溶加棒を加えて溶接が行われる。この場合，溶加棒は，図に示すように溶融池の先端に接触させるような状態で添加する。溶加棒をアーク中心に近い位置で添加しようとすると，棒先端に大きな溶融球ができ，母材への移行が難しくなるため特に注意が必要である。

　現場では，特殊なトーチ操作として，図3－10に示すようなウィービング操作（ローリング（転がし）法）を行うことがある。

　この方法では，母材にガスノズルの一点を接触させ，この点を支点にウィービングを行う。これにより，ウィービング操作によるビード幅の不連続を防ぎ，シールドガスの効果を高め，ビード外観のよい溶接が可能となる。

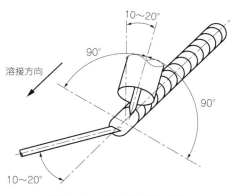
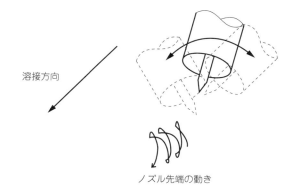

図3-9 溶加棒の添加方法　　　図3-10 ローリング（転がし）法によるウィービング操作

3.2 タングステン電極の選定と形状

　表3-3にタングステン電極棒の種類を示す。直流ティグ溶接では，従来から2％酸化トリウム入りタングステンが広く利用されていた。しかし，微量の放射性物質を含むことから使用率は減り，代替品として2％酸化ランタン入りタングステンが推奨される。また，この電極の消耗は少なく，アークの安定性に優れていることから，特に作業性を重視する場合やロボットなどによる自動溶接に有効となるなど徐々に使用範囲を拡大している。

　一方，交流ティグ溶接では，酸化物が含まれていなくても比較的安定したアークとなることから，純タングステンが一般に用いられてきた。しかし，交流においても，2％酸化セリウム入りタングステンのアークの集中性はよく，また純タングステンに比べ電極消耗は少ない。したがって，それを利用するケースは増加している。

表3-3　ティグ溶接用タングステン電極棒（JIS Z 3233：2001 より作成）

種　　類	分類記号	識別色	成分(wt%) タングステン(W)	成分(wt%) 酸化物	成分(wt%) 不純物
純タングステン	YWP	緑	99.90以上	−	0.1以下
1％酸化トリウムタングステン	YWTh-1	黄	残　部	ThO_2 0.8〜1.2	0.1以下
2％酸化トリウムタングステン	YWTh-2	赤	残　部	ThO_2 1.7〜2.2	0.1以下
1％酸化ランタンタングステン	YWLa-1	黒	残　部	La_2O_3 0.9〜1.2	0.1以下
2％酸化ランタンタングステン	YWLa-2	黄緑	残　部	La_2O_3 1.8〜2.2	0.1以下
1％酸化セリウムタングステン	YWCe-1	桃色	残　部	Ce_2O_3 0.9〜1.2	0.1以下
2％酸化セリウムタングステン	YWCe-2	灰色	残　部	Ce_2O_3 1.8〜2.2	0.1以下

　タングステン電極の先端形状や突出し長さは，アークの集中性や電極の消耗度，またビード形状や溶込みに大きく影響するため，適切に設定する必要がある。

　図3-11に，一般的な電極先端形状を示す。交流において電極消耗は多いため，先端部を丸く加工して使用することが多い。一方，直流で低電流の場合には，その標準的な先端角度は30°〜50°である。高電流の場合は45°〜60°に加工する。また，高電流の場合，先端部

溶 接 法

はアークの発生とともに溶けてしまうので，先端部を少し平らに加工しておく。

図3-12は，一般的な各溶接継手に対する適切な電極突出し長さを示したものである。電極径2.4 mmの下向溶接の場合，5 mmを突出し長さの標準とすると，すみ肉溶接では少し長めに，角継手溶接では少し短めにするのが一般的である。

図3-11　電極先端形状

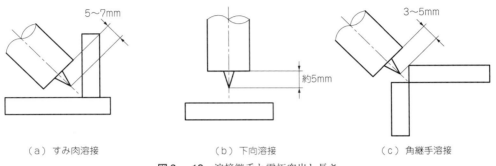

図3-12　溶接継手と電極突出し長さ

3.3　ティグ溶接条件例

継手は材質や板厚に応じた開先加工の必要がある。開先形状，電流及びアルゴンガス流量との関係の一例を表3-4に示す。

3.4　活性化ティグ（A-TIG）溶接

ティグ溶接の高能率化を図る方法の一つとして活性化ティグ溶接法がある。この方法は，活性フラックスを母材表面に塗布してティグ溶接を行うことで，溶込み深さを大幅に増大させるものである。図3-13に溶込み深さに及ぼす活性フラックスの効果を示す。

活性フラックスには，酸化チタン（TiO_2），酸化けい素（SiO_2），酸化クロム（CrO_3）などの金属酸化物が用いられ，単体又は複合体の粉末を揮発性の溶剤に溶かして母材に塗布する方法が一般的である。

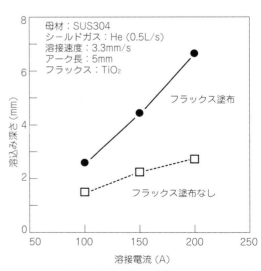

図3-13　溶込み深さに及ぼす活性フラックスの効果

表3-4 ティグ溶接条件例

材料	板厚 (mm)	電極直径 (mm)	溶加棒直径 (mm)	溶接電流 (A)	アルゴン流量 (L/min)	層数	開先形状	ノズル口径 (mm)
アルミニウム合金 交流	1.0	1.6	0～1.6	50～60	5～6	1	(1)又は(2)	9
	1.5	1.6～2.4	0～1.6	60～90	5～6	1	(2)又は(1)	9～11
	2.5	1.6～2.4	1.6～2.4	80～110	6～7	1	(2)	9～11
	3.0	2.4～3.2	2.4～4.0	100～140	6～7	1	〃	11～12.5
	4.0	3.2～4.0	3.2～4.8	140～180	7～8	1	〃	12.5
	5.0	3.2～4.0	4.0～6.0	170～220	7～8	1	〃	12.5～16
	6.0	4.0～4.8	4.0～6.0	200～270	7～8	1～2	(3)又は(4)	12.5～16
	8.0	4.8～6.4	4.0～6.0	240～320	7～8	2	(4)又は(5)	12.5～16
	12.0	4.8～6.4	6以上	250～400	8～9	2～3	〃	16～19
ステンレス鋼 (18-8 Cr-Ni) 直流棒マイナス	0.5	1～1.6	0～1.6	20～40	4	1	(1)又は(2)	9
	1.0	1～1.6	0～1.6	30～60	4	1	〃	9
	1.5	1.6～2.4	0～1.6	60～90	4	1	(2)	9
	2.5	1.6～2.4	1.6～2.6	80～120	4	1	〃	9～11
	3.0	2.4～3.2	2.4～3.2	110～150	5	1	〃	9～11
	4.0	2.4～3.2	2.6～4.0	130～180	5	1	(4)又は(3)	11～12.5
	5.0	2.4～4.0	3.2～5.0	150～220	5	1	〃	12.5
	6.0	3.2～4.8	3.2～6.0	180～220	5	1～2	〃	12.5～16
	8.0	3.2～4.8	4.0～6.4	220～300	5	2～3	〃	12.5～16
	12.0	4.0～6.4	5.0～6.4	300～400	6	2～4	(4)又は(5)	16～19
脱酸銅 直流棒マイナス	0.5	1.0～1.6	0～1.6	50～70	3～4	1	(1)又は(2)	9
	1.0	1.6	0～1.6	60～90	3～4	1	〃	9
	1.5	2.4	1.6～2.4	80～120	3～4	1	(2)	9～11
	2.5	2.4～3.2	2.4～3.2	110～150	4	1	〃	9～11
	3.0	3.2～4.0	3.2～4.8	140～200	4～5	1	(3)	9～11
	4.0	3.2～4.8	4.0～5.0	180～250	4～5	1	(4)又は(3)	11～12.5
	6.0	4.0～6.4	5.0～6.4	300～400	5～6	1～2	〃	12.5～16

(1) へり継手　(2) I形突合せ継手ギャップ無　(3) I形突合せ継手ギャップ有　(4) V形突合せ継手　(5) X形突合せ継手

第3章の学習のまとめ

　ティグ溶接は，炭素鋼やステンレス鋼をはじめ，アルミニウム合金やチタンなどの非鉄金属まで，あらゆる材料の溶接に利用されている。ここでは，材料による極性や電極の選択，さらに溶接条件例について述べた。

溶接法

【練　習　問　題】

次の各問に答えなさい。

（1）ティグ（TIG）溶接の「TIG」の略語は次のうちどれか，正しいものを選びなさい。
　　① ティグイナートガス
　　② タングステンイナートガス
　　③ トーチイナートガス

（2）ティグ溶接で使用するシールドガスは次のうちどれか，正しいものを選びなさい。
　　① アセチレンガス
　　② 窒素ガス
　　③ 不活性ガス（アルゴンガスなど）

（3）ティグ溶接の長所は次のうちどれか，正しいものを選びなさい。
　　① 適正な極性のアークではクリーニング作用が得られ，アルミニウム合金やマグネシウム合金の溶接がフラックスを使用しなくてもできる。
　　② 短絡移行方式の溶接が可能である。
　　③ ガスシールドアーク溶接のため風の影響を受けやすい。

（4）一般的にステンレス鋼の溶接をする際，選択する溶接電源の極性は次のうちどれか，正しいものを選びなさい。
　　① 交流
　　② 直流棒マイナス
　　③ 直流棒プラス

（5）近年，交流溶接において，使用が増えているタングステン電極は次のうちどれか。
　　① 1％酸化トリウム入りタングステン
　　② 2％酸化トリウム入りタングステン
　　③ 2％酸化セリウム入りタングステン

第4章 マ グ 溶 接

第1節 マ グ 溶 接

　マグ溶接は現在の産業界で最も使用頻度の高い溶接法である。この章では溶接装置や溶接ワイヤ，シールドガス，溶接条件などについて述べる。マグ溶接にはワイヤ溶融金属の移行現象に特徴があり，小電流域と大電流域では異なる移行現象となる。

　マグ溶接ではコイル状に巻かれたワイヤを電極として使用する。ワイヤが溶融し消耗するので**消耗電極方式**と呼び，ワイヤは母材との間に発生させたアークで溶融しながら溶接される。このときアークや溶融池の周辺を大気から保護するため，シールドガスをノズルから溶接部周辺に供給する。シールドガスには，炭酸ガス又はアルゴンと炭酸ガスの混合ガスなどを使用する。なお，ガスシールドアーク溶接法を分類すると，アルゴンなどの不活性ガス100％をシールドする溶接法はミグ溶接，それ以外の溶接法はすべてマグ溶接となる。また，これらの溶接法では，ワイヤの送給は自動で行われ，作業者によって溶接トーチが操作されることから，半自動溶接とも呼ばれる。

1.1　特徴

　マグ溶接には，ソリッドワイヤのほかパイプ状のワイヤ内部にフラックスが充てんされたフラックス入りワイヤを使用する方法がある。溶接中，炭酸ガスを使用すると，アークは高温の酸化性雰囲気となるため，ワイヤやフラックス中にはマンガン（Mn）やけい素（Si）などの脱酸元素が含まれている。

　一般的なソリッドワイヤを用いるマグ溶接には，次のような特徴がある。

① 水素源が含まれにくいので，機械的性質が優れている。
② 細径のワイヤに大電流を流すため，ワイヤ先端の電流密度が高くなり，溶込みの深い溶接ができる。
③ 使用できる電流範囲が広いため，広範囲の板厚の溶接作業が可能である。
④ 短絡移行方式（後述）では，全姿勢での溶接作業が可能である。
⑤ ソリッドワイヤを使用する場合，スラグの生成が少ないので，ビード外観は被覆アーク溶接よりも劣る。
⑥ 風や作業環境の影響をうけやすく，0.5 m/s 以上の風があるとブローホールが発生しやすい。

溶 接 法

1.2 ワイヤ溶融金属の移行現象

マグ溶接において，溶接の作業性や溶接結果は，ワイヤ先端が溶かされ，粒状となった溶融金属（溶滴）が母材へ移行する形態に強く影響される。こうした溶滴の移行現象は，シールドガスやワイヤの種類，ワイヤ径，溶接条件などによって変化する。

ソリッドワイヤを使用するマグ溶接の場合，ワイヤの溶滴移行現象は次の三つになる。

（1） 短絡移行

短絡移行は低電流・低電圧の溶接で生じ，アークによってワイヤ先端に生じた溶滴が母材（溶融池）と接触（短絡）することで移行する形態である。短絡移行ではワイヤ先端の溶滴が母材と短絡した瞬間に，大きな短絡電流が流れこの短絡電流によってワイヤの中心に向って電磁力が発生する。この電磁的な**ピンチ力***が固体のワイヤと溶融金属にくびれを生じさせて，溶滴は安定に母材側へ移行する。すなわち，短絡移行は図4－1に示すように，アーク発生→短絡→アーク発生を繰り返すことで溶滴が母材へ移行する現象である。

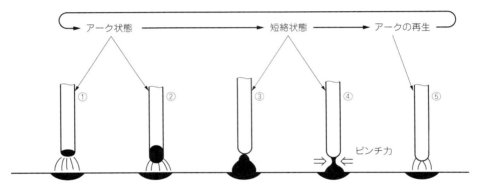

図4－1　短絡移行による溶接状態

この方法での短絡回数は，溶接機やワイヤ径，溶接条件などによって異なり，通常40回～120回／秒程度である。また，短絡時にはアークは消滅しているため入熱量の少ない溶接が可能となる。したがって，この方法によれば，薄板溶接，裏波溶接及び全姿勢での溶接が比較的容易になる。

（2） グロビュール移行

図4－2は中から大電流域における溶滴の状態であり，ワイヤ溶融金属はワイヤ径より大きい粒の状態で母材へ移行する。このような移行現象を**グロビュール移行**と呼び，深い溶込みを得られる。しかし，

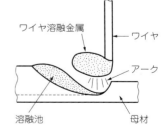

図4－2　大電流域における溶滴の状態

---

*　**ピンチ力**：平行な導体に同一方向の電流が流れると，電磁力により導体間には引力が働く。アーク柱は気体でできた平行導体の集合体であるから，相互の引力によって断面が収縮する。これを電磁的ピンチ効果といい，この断面を締める力をピンチ力という。ピンチ効果には熱的ピンチ効果もあり，プラズマ溶接などに利用されている。

スパッタは多くなる。グロビュール移行ではアークから受ける力や電磁力がワイヤ先端の溶滴の離脱を阻害するように作用し、特にシールドガスに炭酸ガスを用いた場合には溶滴は大きくなり、ビード形状は不安定になりやすい。塊状移行の溶接は、中・厚板の下向、または水平すみ肉溶接などに適用される。

（3） スプレー移行

スプレー移行は電極径より小さい溶滴が母材へと移行する形態で、中から大電流域でアルゴンを主成分とするシールドガスを用いたときに生じる現象である。臨界電流＊を超えた電流が流れると、図4－3に示すように、電磁ピンチ力が強力に作用してワイヤ先端は細くなりスプレー移行に変化する。そのため、溶融池に移行する溶滴が小さいことから、スパッタも少なく、良好なビード外観となり、中厚板の下向溶接、水平すみ肉溶接に使用される。

図4－4はシールドガス組成の影響について示したものである。アルゴンと炭酸ガスの混合ガスをシールドガスに用いる場合、400Aまでの電流範囲で、炭酸ガスの混合比率が25%以下であればスプレー移行を生じ、炭酸ガスの混合比率が高くなるにつれて臨界電流は高くなる。

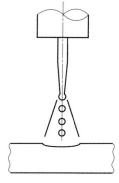

図4－3　スプレー移行

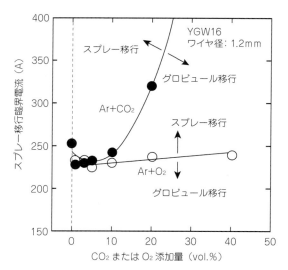

図4－4　マグ溶接の溶滴移行に及ぼすシールドガス組成の影響

＊　**臨界電流**：ミグ溶接や混合ガスアーク溶接において、ワイヤの移行形態がグロビュール移行からスプレー移行へ変化する境界の電流。

溶 接 法

1.3 特殊な溶接の方法

(1) フラックス入りワイヤを使用するマグ溶接の場合

マグ溶接では，直径1.2 mm～1.6 mm程度のワイヤの内部にフラックスが充てんされたフラックス入りワイヤを使用することがある。この場合，溶滴は小さく，アークも安定し，また作業性も向上するなどの利点がある。さらに，ビード表面はスラグによって覆われるため，波形の滑らかなビード外観のよい溶接が可能となる。

(2) シールドガスに混合ガスを使用する場合

図4－5(a)に示すように，炭酸ガスをシールドガスに用いた大電流の溶接でみられるグロビュール移行では，ワイヤ溶融金属にアークの反力が作用するため，溶滴は比較的大きな粒で移行し，スパッタの発生が多くなる。そこでシールドガスにアルゴンガス80％，炭酸ガス20％程度の混合ガスを用いると，図4－5(b)に示すように移行現象はスプレー移行となり，スパッタは少なくビード外観もよくなる。

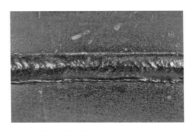

(a) 炭酸ガスによるシールド　　　　(b) 混合ガスによるシールド

図4－5　シールドガスがビード外観に及ぼす影響

その他，マグ溶接では，母材材質に応じて表4－1に示すシールドガス組成の混合ガスが使用されている。

表4－1　母材材質とシールドガス組成との組合せ

シールドガス組成	母材材質		
	軟　鋼	低合金鋼	ステンレス鋼
CO_2 [1]	●	●	①
$Ar + CO_2$	●	●	
$Ar + 2\% \sim 5\% O_2$ [2]			●
$Ar + 2\% \sim 10\% O_2$ [3]		●	●
$Ar + He + O_2 (CO_2)$	②		

[1] 従来はマグ溶接と区別されていたが，最近はマグ溶接の一種とされることが多い。
[2],[3] 従来はミグ溶接の一種とされていたが，最近は厳密に，マグ溶接の一種とされている。
①：フラックス入りワイヤの場合
②：厚板高溶着溶接の場合

第2節　マグ溶接装置

　図4－6に示すようにマグ溶接装置は，主に溶接電源，ワイヤ送給装置，溶接トーチで構成される。

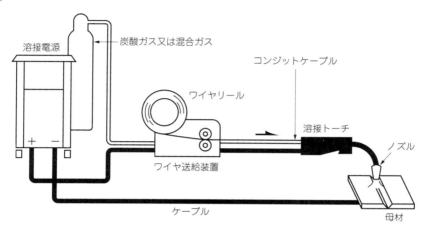

図4－6　マグ溶接装置の基本構成

　溶接電源は使用するワイヤ径によって**定電圧特性電源**と**垂下特性電源**の2種類のものが用いられる。通常，これらの溶接電源には直流電源を多く使用し，サイリスタによる制御とインバータによる制御の電源がある。図4－7にそれぞれの電源の構成を示す。今日ではインバータ制御電源が広く使われるようになってきている。サイリスタ制御電源とインバータ制

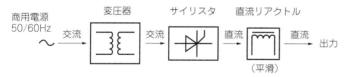

（a）サイリスタ式直流溶接機の構成

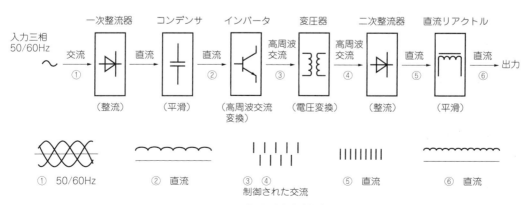

（b）インバータ式直流溶接機の構成

図4－7　サイリスタとインバータ溶接機の構成

溶　接　法

御電源の電流波形を比較すると，インバータ制御電源は電流の変動の少ない波形でアークの安定性はよく，溶滴の移行もスムーズになり，スパッタの発生も少なくなる。電流の立ち上がりについてもインバータ制御の方が速く，アークの発生は容易で，ワイヤがコンタクトチップの先端に溶着する**バーンバック**現象はほとんど発生しなくなる。さらに，インバータ制御電源にすることで，溶接電源の軽量化ができ消費電力量も少なくてすむなどの利点がある。

図4-8は溶接トーチの構成を示したもので，ワイヤ送給装置で押し出されるワイヤは，コンジットケーブルを通過し溶接トーチに送られコンタクトチップで通電される。安定したアークを得るためにコンタクトチップをワイヤ径に応じて変えなければならない。

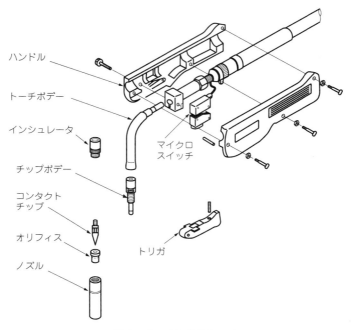

図4-8　空冷溶接トーチ

（1）　定電圧特性電源

この方式の電源は，細径（直径2.0 mm以下）のワイヤを用いる場合に使用される。ワイヤは定速供給の状態で変動するアーク長に追従し溶接電流を変化させ，ワイヤの溶融速度を調整することで設定したアーク長が維持される（こうした電源の制御作用を電源によるアーク長の**自己制御作用**と呼ぶ）。したがって，作業中はアーク長を一定に保つ操作が不要なため，溶接性は向上する。

（2）　垂下特性電源

この方式の電源は，太径（直径2.4 mm以上）のワイヤを用いる場合に使用される。ワイヤ供給速度がアーク長の変動に応じて変化するため，アーク長は一定に保たれる。

第3節　溶接作業法

マグ溶接では，一般的に作業者が溶接トーチを操作して溶接を行う。また，産業用ロボットによる溶接施工も少なくない。いずれの方法においても，溶接作業者は良好な溶接継手を得るために，適切にワイヤやシールドガス及び溶接条件を選択しなければならない。

3.1　溶接ワイヤ及びシールドガス

マグ溶接における溶接作業では，母材の材質や溶接姿勢などの作業状態を考慮して，適切に溶接ワイヤやシールドガスを選択しなくてはならない。シールドガスは炭酸ガスの他に，前述のようにビード外観をよくするなどの目的から，アルゴンとの混合ガスなども用いられる。

表4-2は，各種ソリッドワイヤに適したシールドガスの選択基準を示したものである。

表4-2　各種ソリッドワイヤのシールドガス及び機械的性質（JIS Z 3312：2009より作成）

ワイヤの種類	シールドガス	引張強さ MPa	耐力[b] MPa	伸び %	衝撃試験温度 ℃	シャルピー吸収エネルギーの規定値[c] J
YGW11	炭酸ガス（CO_2）	490～670	400以上	18以上	0	47以上
YGW12	炭酸ガス（CO_2）	490～670	390以上	18以上	0	27以上
YGW13	炭酸ガス（CO_2）	490～670	390以上	18以上	0	27以上
YGW14	炭酸ガス（CO_2）	430～600	330以上	20以上	0	27以上
YGW15	炭酸ガス20%～25%（体積分率）とアルゴンとの混合ガス	490～670	400以上	18以上	－20	47以上
YGW16	炭酸ガス20%～25%（体積分率）とアルゴンとの混合ガス	490～670	390以上	18以上	－20	27以上
YGW17	炭酸ガス20%～25%（体積分率）とアルゴンとの混合ガス	430～600	330以上	20以上	－20	27以上
YGW18	炭酸ガス（CO_2）	550～740	460以上	17以上	0	70以上
YGW19	炭酸ガス20%～25%（体積分率）とアルゴンとの混合ガス	550～740	460以上	17以上	0	47以上

ワイヤの種類を示す記号の付け方は，次による。
例　Y GW 11
　　│　│　└── ワイヤの化学成分，シールドガス及び溶接のままで溶着金属の機械的性質の記号
　　│　└───── マグ溶接及びミグ溶接用の記号
　　└────── 溶接ワイヤの記号

注a) 溶接のままで試験を行う。
　b) 降伏が発生した場合は下降伏応力とし，その場合以外は，0.2%耐力とする。
　c) 衝撃試験片の個数は，3個とし，その平均値で評価する。

溶接ワイヤの表面には一般的に防錆，通電性の向上のため銅めっきが施されている。しかし，その処理は環境負荷が大きいという欠点がある。この点を改善しつつ，アークの安定性に優れるめっきを施していないワイヤも普及している。

3.2 溶接条件

(1) 溶接電流

溶接電流が増加すると，ほぼその値に比例して入熱及びワイヤの溶融速度が増加する。したがって，溶接速度が同じ場合，溶接電流が増加すると溶着金属量も増加してビード幅は広がり，余盛も高くなる。また，母材への入熱量が増えるため，溶込みも深くなる。

(2) 溶接速度

溶接電流とアーク電圧が一定の状態で溶接速度が速くなると，単位長さ当たりの入熱量，溶着金属量が減少するため，溶込み深さ，余盛及びビード幅は減少する。またビード形状はとつ（凸）形になる。さらに速くなると，溶着金属量が不足し，ビード止端部に溝が発生するアンダカットビードとなる。

逆に溶接速度が遅くなりすぎると，溶着金属量は過大となり，止端部で母材と融合しないで重なった状態となる，いわゆるオーバラップを生じる。

このように，基本的な溶接条件は，継手に必要な入熱及び欠陥が生じにくい適切な溶接速度と電流で決定され，標準的な条件に対して速度がやや遅い場合には電流を下げ，やや速い場合には電流を高めることなどが行われる。

(3) アーク電圧

アーク電圧とは，電極でもあるワイヤと母材間の電圧であり，アーク長が増すとアーク電圧は上昇する。マグ溶接においては，溶接電流を一定にした状態でアーク電圧だけを高くし過ぎると，アーク長は長くなり，ワイヤ先端には大きな粒の溶融金属が発生する。このため，アークは不安定となり大粒のスパッタが飛散する。逆に，アーク電圧を下げすぎると，アーク長が短くなり「パンパン」という音とともにワイヤが母材をたたく状態となり，安定したアークが維持できなくなる。したがって，アーク電圧は，溶接電流とともに適正な条件に設定しなくてはならない。なお，適正な電圧条件範囲において，電圧を高くすると，広い偏平なビードとなり，溶込みは浅くなる。逆に電圧を低くすると幅の狭いとつ（凸）形のビードとなる。

3.3 ビード形成に及ぼすその他の要因

(1) 突出し長さ

図4-9にマグ溶接におけるノズル先端付近を示す。突出し長さとは，コンタクトチップ先端からワイヤ先端までの長さで，溶接作業中に突出し長さが長くなると，ワイヤの電気抵

抗発熱が増すことでワイヤの溶融速度は速くなり，アーク長は増大する。そして，図4－10に示すように溶接電源の自己制御作用によって溶接電流は下がり，溶込みは浅くなる。また，突出し長さは，極端に長すぎるとアークは不安定となり，シールド効果が得られずブローホールを発生するようになる。逆に短すぎると，溶接電流は上がり溶込みは増す。

このように突出し長さは，溶接結果に強い影響を与える。したがって，作業中は，この長さを常に一定に保つように心がけなければならない。

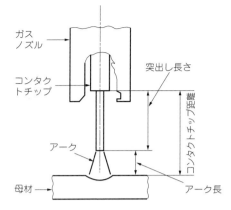

図4－9　マグ溶接におけるノズル先端付近

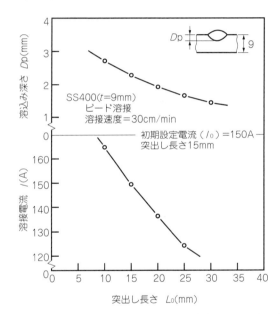

図4－10　突出し長さの変化が溶接電流及び溶込み深さに及ぼす影響

(2)　トーチ保持角度

図4－11は，マグ溶接で一般的に行われる**後進溶接**及び**前進溶接**のトーチ保持角度と溶融池形状の関係を示したものである。図のように，後進溶接では，アークの力で溶融金属は溶融池後方の凝固側に流され，溶融池先端の溶込み形成側はアークで直接加熱されるため溶込みが深くなる。これに対し，前進溶接では，溶込み形成側の溶融池先端に溶融金属を呼び込む状態となる。このため，アークは溶融金属を介して母材を加熱する状態となり，溶込みは浅く幅の広い偏平なビードとなりやすい。

作業法については，突出し長さを10 mm～20 mm程度，前進角又は後進角を垂線に対し10°～15°程度にそれぞれ保持し，溶接する。

溶 接 法

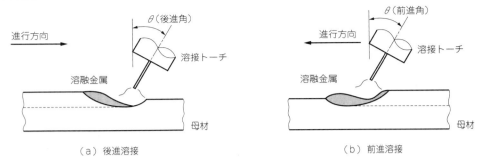

figure 4-11 トーチ保持角度と溶融池形状の関係

ビード形成の因子となる突出し長さ，アーク長，溶接方向とビード形状の関係をまとめて示したものが表4-3である。

表4-3 各因子の変化とビード形成の関係（同一条件において，一つの因子を変化させた場合）

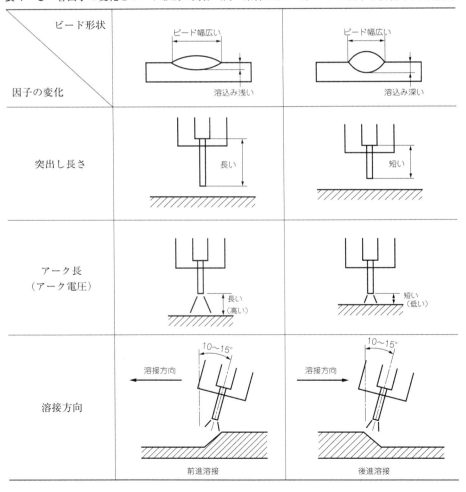

3.4　実作業での留意点

実際の作業においては次の点に留意する。
① 母材の清浄を確実に行う。
② 溶接継手の品質を確保するため，適正な溶接条件を設定する。
③ 一般にワイヤ先端は溶融池内の進行側から1/3程度入った付近を維持する。
④ 屋外での作業では風に対する対策が必要である。
⑤ 溶接中に発生するヒュームは人体に有害であるので，換気や防じんマスクなどの対策が必要である。

第4章の学習のまとめ

マグ溶接は，アークの発生が容易で作業効率が高いことから溶接の主流になっている。本章では，溶接条件（電流，電圧，速度，突出し長さ）がどのような影響を与えるかを述べた。

【練習問題】

次の各問に答えなさい。
（1）ソリッドワイヤを使用したマグ溶接の特徴について，正しいものを選びなさい。
　　① 溶込みの深い溶接ができる。
　　② スラグの生成が少なく外観がよい。
　　③ 風の影響を受けない。
（2）定電圧特性電源の特徴について，正しいものを選びなさい。
　　① アーク長が変化しても溶接電流の変化はない。
　　② アーク長が自動的に一定に保たれる。
　　③ アーク長に応じてワイヤ送給速度が変化する。
（3）マグ溶接で用いられるシールドガスとして正しいものを選びなさい。
　　① 炭酸ガス＋窒素
　　② アルゴン＋炭酸ガス
　　③ 炭酸ガス＋アセチレン
（4）突出し長さが溶接に及ぼす影響について，正しいものを選びなさい。
　　① 自己制御作用によりアーク長は一定になるので溶接に及ぼす影響は気にしなくてよい。
　　② 極端に長すぎるとアークが不安定になり，ブローホールが発生する。
　　③ 短くなると溶接電流が下がり浅い溶込みになる。
（5）溶接方向により前進溶接と後進溶接に分けられるが，これらがビードに与える影響について，間違っているものを選びなさい。
　　① 前進溶接によるビードは幅が広く溶込みの浅いビードになる。
　　② 後進溶接によるビードは幅が狭く溶込みの深いビードになる。
　　③ 前進溶接，後進溶接に関係なく似たようなビードになる。

第5章　ミ グ 溶 接

　ここでは炭素鋼以外の材料や異種金属の溶接などで利用されている溶接法を取り上げ，それらの機器の構造や特徴，溶接条件などについて述べる。

第1節　ミ グ 溶 接

　ミグ（Metal Inert Gas）溶接は，シールドガスにアルゴン（Ar）やヘリウム（He）などの不活性ガスを用いた**消耗電極方式**の溶接法である。シールドガスとして不活性ガスを用いることで溶融金属の酸化・窒化反応は起こらず，アルミニウム合金，チタン合金及びマグネシウム合金などの非鉄金属の溶接に多く用いられる。

第2節　溶接装置と適応作業

　溶接装置の構成などについては，基本的にマグ溶接と同じで，使用するシールドガスが異なるだけである。また，溶接ワイヤには，母材に近い組成のソリッドワイヤを使用する。この種のワイヤを用いて不活性ガス中でアークを発生すると，シールドガスに炭酸ガスを用いたマグ溶接で見られるようなアークの反力はワイヤ溶融金属に作用せず，この溶融金属は粒状で母材に移行する。溶接電流が一定電流条件を超えると，プラズマ気流により，ワイヤ溶融金属はスプレー移行に変化する。

　ミグ溶接では，一般にグロビュール移行での作業性の悪さから，スプレー移行となる溶接条件で溶接される。スプレー移行では，アークは広がり，溶込みはワイヤ先端に集中する傾向となる。こうしたことから，ミグ溶接による薄板の溶接や全姿勢の溶接は比較的難しくなる。このような場合，電流を低く設定して短絡移行による溶接も考えられるが，マグ溶接のような良好な溶接結果を得ることは難しい。そこで，図5－1に示すように溶接電流を臨界電流値以下のベース電流に設定し，これに臨界電流値以上のパルスピーク電流を重ねる**パルスミグ溶接法**が用いられる。この方法では，ベース電流とパルスピーク電流の平均電流を臨界電流以下に抑えて入熱量を制限しながら，溶滴はパルス電流時に

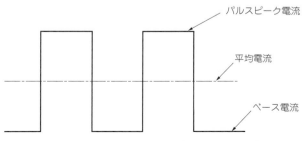

図5－1　パルスミグ溶接法（パルス電流波形）

確実に移行され，スプレー移行に近い条件で溶接は行われる。したがって，薄板の溶接や全姿勢の溶接でも良好な溶接結果を得られる。

第3節　溶接作業法

ミグ溶接では，マグ溶接と同様に自動または半自動のいずれの方法でも溶接できる。半自動溶接では，突出し長さを10 mm～20 mm程度に保持し，トーチ保持角度は，図5-2に示すように母材に対して90°，垂線に対し10°～15°傾け，前進溶接で溶接する。また，ワイヤのねらい位置は，常に溶融池先端となるよう心がける。

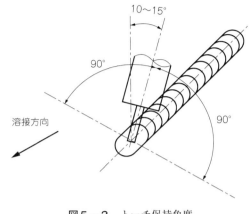

図5-2　トーチ保持角度

アークを切るとクレータ部は著しくくぼんだ形となり，アルミニウム合金などでは，クレータ割れが生じる場合がある。したがって，ミグ溶接などでは，クレータ処理を十分に行う必要がある。

クレータの処理方法は基本的には被覆アーク溶接などで行う方法と同様で，図5-3に示すように①，②，③の順に断続的にクレータ部を埋めていく。なお，クレータ電流の設定が可能な溶接機の場合は，適正な条件を設定し，必要に応じて処理を繰り返して確実な処理を行う。

また，アルミニウム合金のミグ溶接では，ビード表面が黒くなりやすい。これは，ビード表面にマグネシウムなどの酸化物が付着するためで，特に突出し長さが長くなった場合に多く発生する。これらの酸化物は，溶接後簡単に除去できるが，多層盛りの溶接では完全に除去しておかないと，層間に融合不良などの溶接欠陥が発生する原因となるので注意しなければならない。

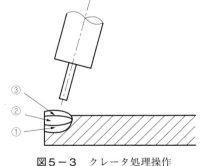

図5-3　クレータ処理操作

表5-1にアルミニウム合金のパルスミグ溶接における標準的な溶接条件例を示す。

表5－1　アルミニウム合金のパルスミグ溶接条件例

継手形状	板厚 (mm)	ワイヤ径 (mm)	溶接電流 (A)	溶接電圧 (V)	溶接速度 (cm/分)	チップ母材間	ガス流量 (L/分)
I形突合せ	1.2	1.2	60～70	17～18	50～60	10～12	15～17
	1.5	〃	80～90	18～19	〃	〃	〃
	2.0	〃	90～100	18～19	〃	〃	〃
	3.0	〃	110～150	19～21	40～50	12～15	17～20
	4.0	〃	180～200	21～22	〃	〃	〃
すみ肉溶接	1.2	〃	60～70	16～17	〃	10～12	15～17
	1.5	〃	80～90	17～18	〃	〃	〃
	2.0	〃	100～110	17～18	〃	〃	〃
	3.0	〃	140～150	19～20	〃	12～15	17～20
	4.0	〃	190～200	21～22	〃	〃	〃

第5章の学習のまとめ

　ミグ溶接はマグ溶接法のシールドガスにアルゴンやヘリウムなどの不活性ガスを用いた消耗電極方式の溶接法であり，アルミニウム合金などの非鉄金属の溶接に多く用いられている。本章ではこの溶接法について溶接の移行現象などや溶接条件例について述べた。

【練 習 問 題】

次の各問に答えなさい。
（1）ミグ溶接に関する次の文章のうち正しいものを選びなさい。
　①　ミグ溶接とは，マグ溶接で使用されるシールドガスの代わりに，アルゴンやヘリウムなどの不活性ガスを用いた消耗電極方式の溶接法である。
　②　ミグ溶接は，アルミニウム合金やマグネシウム合金にのみ適用できる。
　③　パルスミグ溶接における溶滴の移行形態は，グロビュール移行となる。
（2）パルスミグ溶接法に関する次の文章のうち間違っているものを選びなさい。
　①　ベース電流とは，臨界電流以下の電流のことである。
　②　パルスピーク電流とは，臨界電流以上の電流のことである。
　③　パルスミグ溶接法は薄板の溶接や全姿勢の溶接には不向きである。
（3）アルミニウム合金のミグ溶接作業に関する次の文章のうち正しいものを選びなさい。
　①　溶接中のワイヤの狙い位置は，常に溶融池中央となるようにする。
　②　クレータ部に割れが生じる場合があるため，クレータ処理を十分に行う必要がある。
　③　ビード表面に酸化物が付着して黒くなりやすいが，多層盛りの溶接を行っても溶接欠陥が発生する原因とはならない。

第6章 ガ ス 溶 接

　ガス溶接は，アーク溶接の発達によりその使用は減少したが，薄肉鋼管の溶接やろう付，工芸の分野などに用いられる。

　図6-1に示すように，白心先端から2 mm～3 mmの部分で約3000℃に達する酸素アセチレン炎で母材を加熱，溶融させ，溶加棒を挿入させながら接合する溶接法である。加工温度はアーク溶接と比較すると低く熱の集中も悪いため非能率的であるが，1 mm以下の薄板の溶接には適している。

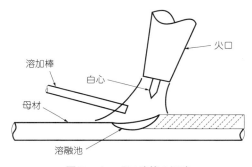

図6-1　ガス溶接の概略

第1節　利用される各種ガス

1.1　酸素

(1) **酸素の性質**
① 酸素は無色，無臭及び無味の気体で空気中に約21％存在する。
② 比重は空気を1とした場合1.105で，空気よりわずかに重い。
③ 酸素自体は燃えないが，他の物質の燃焼を助ける力が強い，いわゆる支燃性のガスである。
④ 冷却及び加圧によって液化する。

(2) **酸素の危険性**
　酸素はガス漏れによって爆発性混合ガスを生成し，爆発を引き起こす危険がある。また，空気中の酸素の濃度が増加すると，次のような性質を示す。
① 物質の燃焼速度が増加する。

② 物質の発火点が低下する。
③ 火炎の温度が高くなる。
④ 火炎の表面積が広くなる。
このため，作業服の火災や油脂類の自然発火などにつながる危険性が高まる。

1.2 アセチレン

(1) アセチレンの性質
① アセチレンは炭素と水素が化合した極めて不安定な気体である。
② 普通用いられるアセチレンは不純物を含むため不快な臭いを有する。
③ 比重は空気を1とした場合 0.91 で，1Lの重さは 0.1 MPa（1気圧）15℃において 1.176 g と，空気より軽い。
④ 発火温度は他の可燃性ガスに比べて 305 ℃ と低い。
⑤ アセチレンと酸素を混合して燃焼させると約 3000 ℃ の高温が得られる。
⑥ アセチレンは種々の液体に溶解し，0.1 MPa（1気圧）15℃においては水に対してほぼ同量，石油には2倍，アセトンには約25倍溶解する。

(2) アセチレンの危険性
① 加圧による爆発の危険性
　アセチレンは加圧及び冷却によって液化するが，加圧すると炭素と水素に分解しやすく，急激な加圧で**分解爆発**を起こす。そこで，アセチレンの発生及び使用時の圧力は 0.13 MPa 以下と法令で規定される。

② 爆発性混合ガスによる危険性
　アセチレンは空気や酸素と混合すると爆発性混合ガスとなり，わずかな火花などの点火源からでも爆発を起こす。
　酸素と混合した場合は，空気の場合よりも**爆発限界**（爆発範囲）が広がり，**発火温度**も低下する。表6−1は，可燃性ガスの爆発限界と発火温度である。

表6−1　可燃性ガスの爆発限界

ガス及び蒸気の種類	大気圧における発火温度(℃)	空気中の爆発範囲(容量%)
アセチレン	305	2.5〜100
水　　　素	500	4.0〜75
プ ロ パ ン	450	2.2〜9.5
ブ　タ　ン	405	1.9〜8.5
エ チ レ ン	490	3.1〜32
ブ チ レ ン	385	1.6〜9.35

③ 爆発性化合物による危険性
　アセチレンは湿度やアンモニアが存在すると，銅や銅合金（銅を70%以上含有するも

の），銀，銀ろう，水銀などと接触して**アセチライド**という爆発性の化合物をつくる。こうした銅の化合物は衝撃や120℃程度の加熱で爆発するため，アセチレンと接触する部分に銅及び銅合金（銅を70％以上含有するもの）を用いることを禁止している。

1.3 液化石油（LP：Liquefied Petroleum）ガス（プロパン，ブタンなど）

（1） LPガスの性質
① これらのガスは無色，無臭であるため，漏れたときに気づきやすいように付臭剤が添加される。
② 比重は空気を1とした場合プロパン1.6，ブタン2.0で，ともに空気より重く，常温，常圧では気体であるが，加圧，冷却によって液化する。
③ 液化しても容易にガス状になる。
④ 爆発限界がアセチレンよりも狭いため，安全度は高い。

（2） LPガスの危険性
① ガス漏れによる危険性
　LPガスは天然ゴムや油脂類を溶解するため，ゴムホースやパッキンに天然ゴムを使用するとガス漏れの危険がある。また，漏れ止めに油性塗料の使用も避けなければならない。
② 爆発性混合ガスによる危険性
　ガス漏れによってできた爆発性混合ガスは，空気より重いため低い場所に停滞し，長時間にわたって爆発の危険がある。
③ 一酸化炭素の発生による危険性
　燃焼には酸素を多量に必要とし，酸素が不足すると不完全燃焼を起こして中毒性のある一酸化炭素を発生する。
④ 皮膚に触れた際，凍傷を起こす危険性
　気化するときには周囲の熱を奪うため，直接皮膚に触れると凍傷を起こす恐れがある。

第2節　ガス溶接装置

　ガス溶接，溶断，加熱などの作業には，図6－2に示すように，酸素容器と可燃性ガス容器をそれぞれ1本ずつ対にした状態で用いられる。また，多量のガスを使用する工場などでは，ガスの集合装置を用いたり，液化酸素を用いたりする場合がある。

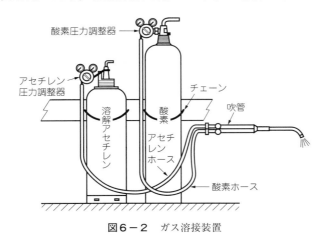

図6－2　ガス溶接装置

2．1　ガス容器（ボンベ）

（1）　ガス容器の種類

　ガス容器は充てんガスの種類を容易に識別できるように，表6－2に示すような色彩区分が定められている。

表6－2　容器色彩区分

高圧ガスの種類	塗色の区分
酸素ガス	黒色
アセチレンガス	褐色
水素ガス	赤色
液化炭酸ガス	緑色
液化アンモニア	白色
液化塩素	黄色
その他の種類の高圧ガス	ねずみ色

（2）　酸素容器（ボンベ）

　酸素は35℃において14.7 MPaに圧縮され，充てんされる。酸素容器弁には黄銅鍛造品を用い，図6－3に示すように，ガス放出口の圧力調整器取付けねじ部の構造によりフランス式とドイツ式に分類される。酸素用容器弁の安全装置として破裂板式の**安全弁**が付いており，容器の耐圧試験圧力の80％の圧力で作動する。

第6章　ガス溶接

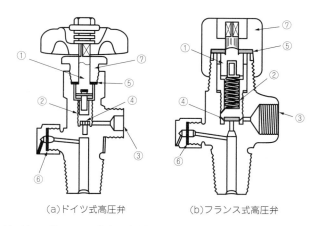

(a)ドイツ式高圧弁　　　(b)フランス式高圧弁

①スピンドル，②ステム，③高圧酸素出口(圧力調整器取付け口，又はガス充てん口)
④高圧弁座(プラスチック)，⑤漏れ止めパッキン，⑥安全弁(ガス容器の耐圧試験の80％の圧力で破壊する)，⑦グランドナット

図6－3　酸素容器弁

（3）　液化酸素容器

液化酸素容器は内槽と外槽からなり，液化酸素は内槽に蓄えられる。

（4）　溶解アセチレン容器

溶解アセチレン容器は，図6－4に示すように容器内部には多孔性の珪酸カルシウムで作られたマスが詰められている。このマスにはアセトンまたはジメチルホルムアミド（DMF）を浸潤させてあり，アセチレンをこのマスに加圧，溶解させることで充てんされる。この充てん圧力は15℃において1.5 MPa以下と規定される。

図6－4　溶解アセチレン容器

容器の肩部には図6－5に示すような**可溶合金栓**が取り付けられている。可溶合金栓は105℃で溶融してアセチレンを放出し，容器の破裂を防ぐものである。また可溶合金栓は容器弁にも取り付けられている。図6－6に容器弁を示す。

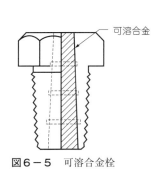

図6－5　可溶合金栓

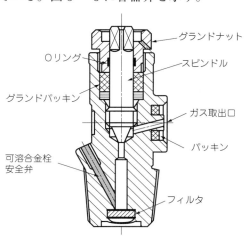

図6－6　溶解アセチレン容器弁

溶接法

（5） LPガス容器

LPガス容器にはガスが液化状態で充てんされる。運搬及び使用時の安全のため容積の90％を充てんの上限とし，10％が気化のための安全空間として確保される。

図6-7にLPガス容器を示す。

（6） ガス容器の取扱い

容器内部のガスは高圧であるため，次の事項を守らなければならない。

① 通風や換気の悪い場所，火気を使用する場所，爆発性もしくは発火性の物質を取り扱う場所では，使用したり貯蔵または放置したりしないこと。

② 直射日光を受けないようにし，容器の温度を40℃以下に保つこと。

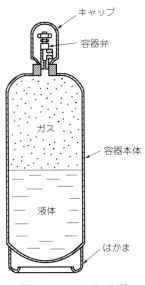

図6-7　LPガス容器

③ 転倒の恐れがないよう保持すること。

④ 衝撃を与えないこと。

⑤ 運搬するときは，キャップを施すこと。

⑥ 使用するときは，容器の口金に付着している油類及びほこりなどを除去すること。

⑦ 容器弁の開閉は，静かに行うこと。

⑧ 溶解アセチレン容器及びLPガス容器は，立てて使用すること。

⑨ 使用前または使用中の容器と，これら以外の容器の区別を明らかにしておくこと。

⑩ 漏れの検査には，石けん水または漏れ検査液を用いること。

⑪ 安全弁が破裂した場合，または容器弁などからの漏れが止まらない場合には，火気を使用する作業を中断し，容器を屋外の風通しのよい場所に運び出す。さらに，容器の温度が上昇しないよう容器に注水するなどの処置を行い，責任者または製造業者に連絡してその指示に従うこと。

⑫ 容器や圧力調整器からのガス漏れに着火して，バルブを閉めても消火しない場合には，他の容器を遠ざけ，防炎シートなどで覆う。また，着火した容器をドライケミカルや炭酸ガス，窒素ガス，大量の水などで消火を行うとともに消防署に連絡すること。

2.2　ガス集合装置

ガス集合装置は酸素や可燃性ガス容器を1箇所に集合させ，導管によって連結し，適当な圧力に減圧して配管によって各作業場に供給する設備である。図6-8に酸素集合装置，図6-9にアセチレン集合装置の一例を示す。

第6章 ガス溶接

図6-8 酸素集合装置

図6-9 アセチレン集合装置

2.3 圧力調整器

　圧力調整器は容器内の高圧ガスを実際の作業に必要な圧力に減圧し，容器内の圧力変化にかかわらず一定の圧力に保持し，必要なガス量を供給する。

（1）圧力調整器の種類

　圧力調整器は減圧方法や構造，ガスの種類，調整圧力などによって分類される。基本的な構造及び作動はほとんど変わらない。

　圧力調整器は，ステム式と二段式に大別される。

　図6-10に酸素圧力調整器の外観を，図6-11に酸素圧力調整器の構造（ステム式）をそれぞれ示す。

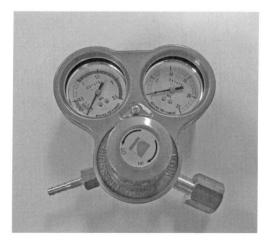

図6-10 酸素圧力調整器

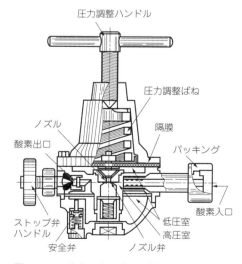

図6-11 酸素圧力調整器の構造（ステム式）

溶 接 法

また図6－12にアセチレン圧力調整器の外観を，図6－13にアセチレン圧力調整器の構造（ステム式）を示す。

図6－12　アセチレン圧力調整器

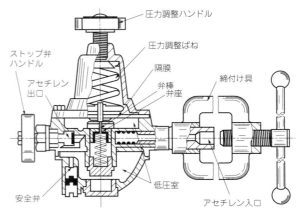

図6－13　アセチレン圧力調整器の構造（ステム式）

図6－14は二段式圧力調整器で，アルゴンや水素，窒素などのガスに用い，流量計の付いた調整器に多い。

（2）　圧力調整器の作動

圧力調整器の作動は，図6－15に示すように，次のような手順で行われる。

① 容器弁を開く。高圧室にガスが入る。
② 調整ハンドルを右に回す。低圧室にガスが入る。
③ 低圧室のガスは調整スプリングの強さに相当する圧力に設定されている。
④ 吹管でガスが使用され，低圧室のガスの圧力が低下し，調整スプリングの力によりバルブが開かれる。

図6－14　二段式圧力調整器

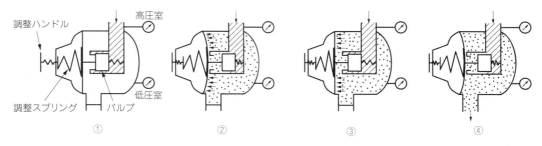

図6－15　圧力調整器の作動

（3）　圧力調整器の取扱い

圧力調整器は，次のような事項に注意して取り扱わなければならない。

① 調整器の各部分に注油したり，油の付着した手袋で取り扱わないこと。

② パッキンが取り付けられているものについては，パッキンが正常に付いているかを確認すること。
③ 容器に調整器を取り付けるときには，容器の口金に付着しているほこりや水分を吹き飛ばしてから取り付けること。
④ 調整器の安全弁の噴出方向に障害物がないように取り付けること。
⑤ 取付け後に調整ハンドルを反時計方向に回して緩めておくこと。
⑥ 調整器の圧力調整は圧力計の正面に立たないで斜め側面で行うこと。
⑦ 作業を中断するときは容器弁を閉めること。
⑧ 圧力を抜いても圧力計の針がゼロに戻らない場合は圧力計を交換すること。

2.4 導管

導管は，ガス集合装置から各作業場の調整器までに用いる金属の配管と，調整器から吹管までに用いるゴムホースがある。

（1） 金属配管の取扱い
① 配管は送給するガス量や圧力などを考慮して径を選ぶこと。
② 配管には適当な箇所に仕切り弁，ドレン抜き及び安全器を設けること。
③ 通常，配管には鋼管を用いるが，酸素配管で圧力及び流速の大きい箇所にはステンレス管や銅管を用いること。
④ アセチレンの配管及びその附属器具には，銅または銅を70％以上含むものを使用してはならない。
⑤ ガス集合溶接装置の主管及び分岐管には，一つの吹管について二つ以上の安全器を設けること。
⑥ 酸素と可燃性ガスを区別できるように，色分けなどを施しておくこと。

（2） ゴムホースの取扱い
① 酸素用は青色，アセチレン用は赤色のゴムホースを用いること。
② LPガス用はオレンジ色のゴムホースを用いること。赤とオレンジが半円周ずつ色分けされたホースは，すべての燃料ガスに用いてよい。
③ ホースは古くなると硬化して，き裂を生じガス漏れが発生しやすいので定期的に点検すること。
④ ホース取付け口には，ホースバンドなどの締付け具を用いること。
⑤ ホース内部の掃除には圧縮空気または窒素ガスを使用し，酸素を使用してはならない。ただし，燃料ガス用ホースの場合は，窒素ガスや不活性ガスなどを用いること。
⑥ ホースを容器や人の肩に掛けて作業しないこと。

溶 接 法

2.5　手動ガス溶接器（溶接吹管）

　手動ガス溶接器はアセチレンの供給圧力が0.1 MPa未満で使用され，JIS B 6801：2003でA形とB形に分類される。

（1）　A形溶接器（ドイツ式）

　A形溶接器は図6−16に示すように，握り管の手元に酸素とアセチレンを同時に開閉できるカラン（コック）があり，中央部にはアセチレンのみを調節する弁がついている。A形溶接器は図6−17に示すように，火口内部に**インジェクタ**と混合室があり，インジェクタ機構により酸素でアセチレンが吸引され，混合室で酸素とアセチレンは混合される。なお，A形溶接器の火口番号は，その火口で溶接できる軟鋼板の板厚（mm）を示している。

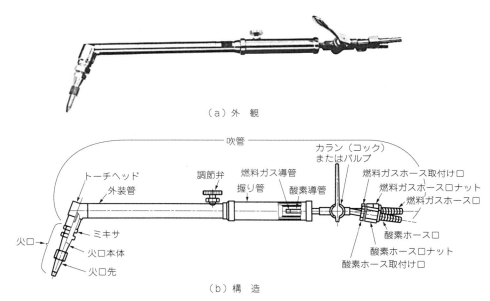

図6−16　A形溶接器（ドイツ式溶接吹管）

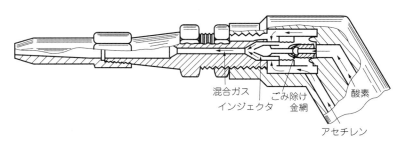

図6−17　A形溶接器ガス混合部

（2）　B形溶接器（フランス式）

　B形溶接器は図6−18に示すように，酸素弁と燃料ガス弁が別々になっており，それぞれを調節することによって火炎は調節される。B形溶接器には，図6−19に示すように溶

接器中央部に**ニードルバルブ**（**針弁**）のあるインジェクタを持っている。また，B形溶接器の火口番号は，1時間当たりのアセチレンの消費量（L/h）を示している。

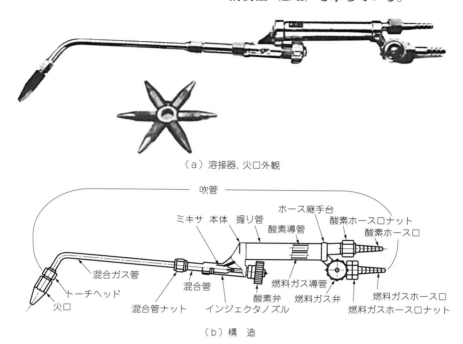

（a）溶接器，火口外観

（b）構造

図6-18 B形溶接器（フランス式溶接吹管）

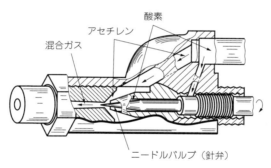

図6-19 B形溶接器ガス混合部

（3） ガス溶接器の取扱い

ガス溶接器の取扱いについては，次の点に注意しなければならない。

① 溶接器のねじ部などに付着したグリースなどの油脂類を完全に除去する。
② 溶接器のねじ部，火口及びホース取付け部からのガス漏れを，石けん水または漏れ検査液で検査する。
③ 火口の掃除のときは，穴を変形させないように掃除針で清掃する。
④ 溶接器はていねいに取り扱い，火口で材料をたたいたりしない。
⑤ 溶接器に点火するときは，ガス容器に向かって点火しない。

⑥　溶接器を点火したまま放置したり，また床の上に直接置いたりしない。
⑦　火口が過熱した場合は作業を中断し消火後，酸素をわずかに出しながら水に浸して冷却する。

（4）　逆流，逆火

次のような場合に，酸素が可燃性ガス側に流れ込む逆流や，炎が混合室付近まで入り込む逆火が発生する。

①　火口の締付けが緩んでいるとき。
②　火口が異常に過熱したとき。
③　火口にスパッタや酸化物などが詰まったとき。
④　火口を材料に押し当てたとき。
⑤　可燃性ガスの供給不足のとき。
⑥　酸素の供給圧力が可燃性ガスの供給圧力に比べ高過ぎるとき。

逆流や逆火が発生したときは，ただちに酸素バルブを閉め，次に可燃性ガスバルブを閉める。このような操作が遅れると爆発性混合ガスが形成され，爆発を起こしたり，溶接器の混合室付近が溶け落ちたりする。消火後は，酸素バルブを開いて火口を水中で冷却するとともに，混合室付近も水で冷却する。冷却後，火口を点検し，圧力を調整し直す。

2.6　安全器

（1）　安全器の必要性

安全器は逆流や逆火を止めるために必要で，水封式安全器と逆火防止器（乾式安全器）がある。

アセチレン溶接装置及びガス集合溶接装置に使用する安全器は水封式安全器もしくは乾式安全器のどちらでもよく，これらを混用しても差し支えない。また，法令（一般高圧ガス保安規則第60条第1項13号関係例示基準）において，アセチレンの消費設備には逆火防止装置（逆火防止器）の使用が義務付けられており，アセチレン容器1本の設備であっても逆火防止器を取り付けて作業しなければならない。

（2）　水封式安全器

水封式安全器には低圧用と中圧用があり，低圧用水封式安全器は図6−20に示す状態でそれぞれ作動する。正常時，アセチレンは導入管から入り水中を通って出口へ流れる。逆流や逆火した場合，アセチレン導入管は水で封じられるため，ガスあるいは火炎は水封排気管から排出される。このため，アセチレン導入管側へ逆流，逆火が進行することはない。なお，低圧用水封式安全器の有効水柱は25 mm以上なければならない。

一方，中圧用水封式安全器は図6−21の状態で，緊急閉止弁付き安全器は図6−22の状態で作動する。なお，中圧用水封式安全器の有効水柱は50 mm以上なければならない。

第6章 ガス溶接

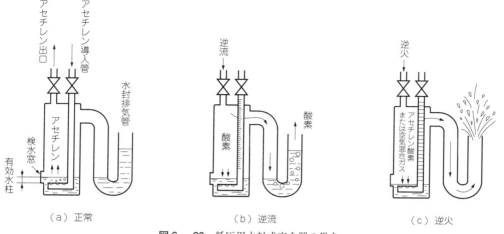

図6-20 低圧用水封式安全器の働き

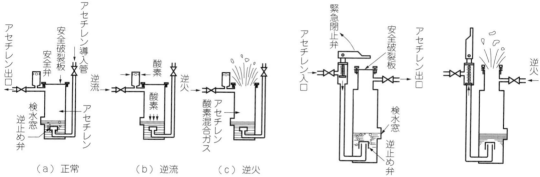

図6-21 中圧用水封式安全器の働き　　図6-22 緊急閉止弁付き安全器の働き

(3) 逆火防止器（乾式安全器）

　逆火防止器は圧力調整器のガス放出口に取り付けて使用する。また，ガス溶接器のホース取付け口に逆火防止器を兼ねた迅速継手を使用することもある。なお可燃性ガスのものは逆ネジとなるので，取り付ける際には注意する。

　逆火防止器には，焼結金属式やう回路式などがある。図6-23に焼結金属式逆火防止器の構造及び作動を図6-24にう回路式逆火防止器の構造及び作動をそれぞれ示す。また，図6-25にホース取付け口に使用する逆火防止器の構造及び作動を示す。正常時，焼結金属式では焼結金属でできた消炎フィルタのすき間をう回路式ではう回路をガスが流れる。逆火時には逆火の圧力で逆流防止弁や閉塞圧着子が作動してガスの流れを止め，逆火を防ぐ構造になっている。図6-26は逆火防止器の使用例である。

溶 接 法

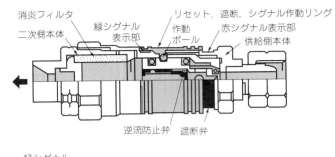
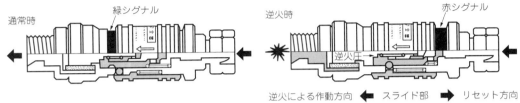

図6-23 焼結金属式逆火防止器の構造及び作動

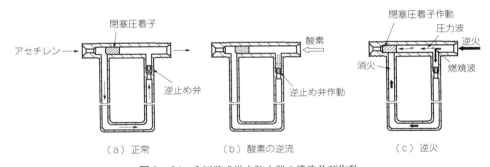

図6-24 う回路式逆火防止器の構造及び作動

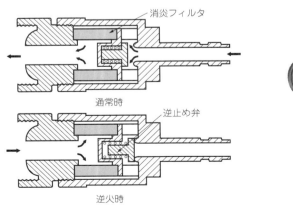

図6-25 溶接器取付け形逆火防止器の構造及び作動

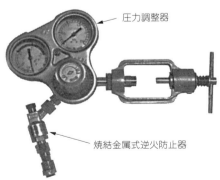

図6-26 逆火防止器使用例

第6章の学習のまとめ

　本章では，ガス溶接作業時に用いられる，ガスの知識及びガス溶接装置の特徴などについて述べた。ガス炎による加熱や溶接作業は，不注意により大きな災害を引き起こす恐れがあることから，作業時には，関連法令の遵守とともに，適切な取扱い手順によって作業を行う必要がある。

【練習問題】

次の各問に答えなさい。

（1）アセチレンと酸素を混合して燃焼させると得られる最高の温度は次のうちどれか，正しいものを選びなさい。
　　① 約2500℃　　② 約2800℃　　③ 約3000℃

（2）雰囲気中の酸素の濃度が増加した場合の性質として，正しいものを選びなさい。
　　① 物質の燃焼速度は減少する　　② 物質の発火点は低下する　　③ 火炎の温度は低下する

（3）法令で定められるアセチレンの最高使用圧力は次のうちどれか，正しいのものを選びなさい。
　　① 0.11 MPa　　② 0.12 MPa　　③ 0.13 MPa

（4）圧力調整器の取扱い事項について間違っているものを選びなさい。
　　① 調整器の各部分に注油したり，油の付着した手袋で取り扱わないこと
　　② 作業を中断するときは容器弁を開けた状態にしておくこと
　　③ 取付け後に調整ハンドルを反時計方向に回して緩めておくこと

（5）逆火の原因について正しいものを選びなさい。
　　① 火口にスパッタや酸化物などが詰まったとき。
　　② 火口を材料から遠ざけたとき。
　　③ 酸素の供給圧力が可燃性ガスの供給圧力に比べ低過ぎるとき。

第7章　その他のアーク溶接

第1節　セルフシールドアーク溶接

　セルフシールドアーク溶接は，シールド用のガスを用いない半自動溶接法で，現場での高能率溶接に適し，建築や土木などの分野で主に利用されている。

1.1　原理と特徴

　図7－1にセルフシールドアーク溶接に用いられるフラックス入りワイヤの断面形状例を示す。溶接部はワイヤ内のフラックスから発生するシールドガス及びスラグなどで保護され，良好な溶接結果を得られる。

（a）シームあり　　　　　　　　　　（b）シームなし

（▨：ワイヤ金属，▦：フラックス）
図7－1　フラックス入りワイヤの形状例

この溶接法の利点は，次のとおりである。
① シールドガスが不要である。
② トーチが軽量で操作しやすい。
③ シールド効果が高いので屋外作業に適している（風速15 m/sでもブローホールが発生しない）。
④ 被覆アーク溶接より高能率で，マグ溶接に比べてビード外観がよい。

また欠点は，次のとおりである。
① フラックスが吸湿しやすく，ワイヤにさびを発生しやすい。
② ヒュームの発生量が非常に多い。
③ 溶込みが浅い。
④ ワイヤの価格が高く，ソリッドワイヤを使用する場合よりも能率は悪い。

1.2　溶接装置

　図7－2にセルフシールドアーク溶接装置の基本構成を示す。この溶接装置において，太

径のワイヤを使用する場合には，交流又は直流の垂下特性電源とアーク電圧の変化でワイヤ送給速度が変化する送給装置を用いる。一方細径のワイヤを使用する場合には，直流定電圧特性電源と定速ワイヤ送給装置の組合せで行う。

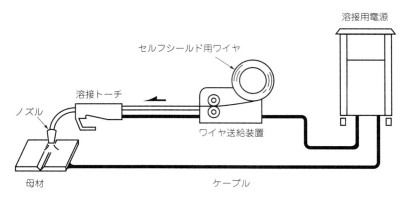

図7－2　セルフシールドアーク溶接装置の基本構成

1.3　溶接作業法

溶接条件については，板厚から使用するワイヤ径を選定し，さらに溶接姿勢などを考慮して溶接電流とアーク電圧を決定する。

表7－1にこの方法の溶接条件を示す。アーク電圧はブローホールの発生などに影響するため，適切な条件を前もってチェックする必要がある。また，突出し長さも重要な条件である。突出し長さの短すぎる場合には，ワイヤの電気抵抗発熱によるフラックスの予熱が不足し，シールド効果が薄れ，ブローホールの発生原因となる。一方，長すぎる場合には，アークは不安定となる。

表7－1　セルフシールドアーク溶接の溶接条件例

板　厚 (mm)	ワイヤ径 (mm)	溶接電流 (A)	アーク電圧 (V)
4	2.4	200～250	23～25
6	2.4	250～300	24～26
9	3.2	400～450	26～28
12	3.2	420～470	27～28

適切な突出し長さの目安は，太径ワイヤ（φ2.4 mm～3.2 mm）の場合は約 30 mm～50 mm，細径ワイヤ（φ1.2 mm～φ2.0 mm）の場合は約 20 mm～30 mm である。

第2節　サブマージアーク溶接

サブマージアーク溶接は，溶接線に沿ってあらかじめ粒状のフラックスを散布し，そのフラックスの中にワイヤを送給し，ワイヤ先端と母材間でアークを発生させて行う溶接法である。

この溶接法は，高能率で高品質の溶接ができることから，船舶，圧力容器，橋りょう（梁）などの溶接に広く利用されている。

2.1 原理と特徴

サブマージアーク溶接はフラックス中でアークを発生させるため,溶融金属は完全に大気から遮断される。こうしたことから,高品質で外観のよい溶接結果が得られる。

この溶接法の利点は,次のとおりである。

① 大電流や多電極で溶接できるので,他の溶接法に比べて溶着速度が非常に速く,高能率である。
② 溶込みが深いので狭開先の溶接が可能である。
③ スパッタ,ヒューム,光などの発生がほとんどない。
④ 溶接条件が一定に保たれるので,安定した品質を得られる。

また欠点としては,次のことがあげられる。

① 設備費が高価である。
② 特別な工夫をしない限り,下向溶接に限られる。
③ 厳しい開先精度を要求される。
④ 溶込みが大きいため,高温割れを生じやすい。

2.2 溶接装置

溶接用電源は交流,直流の垂下特性電源が用いられるが,一般的には交流電源が広く使用されている。なお,走行台車には,ワイヤ及びその送給装置,制御装置,フラックスホッパが搭載されている。

図7-3に示す単電極の溶接装置のほか,多電極のサブマージアーク溶接装置がある。

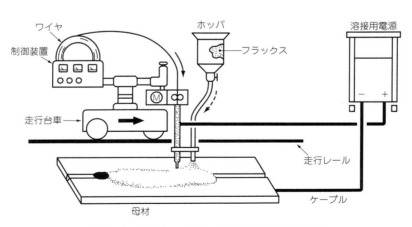

図7-3 サブマージアーク溶接装置の基本構成

2.3　溶接作業法

（1）　溶接条件

　溶接条件は，基本的に，継手に必要な入熱と溶着金属を与えるような溶接電流と溶接速度で決定される。そして，アーク電圧については，決定した溶接電流・速度条件や使用するフラックスなどとの関係で，安定なアークを得られる条件に設定する。

　一般には，溶接電流を高く設定すると，溶込みは深くなり，溶着金属量は増加する。ただし，溶接電流を一定にして溶接速度を速くすると，溶込みは浅く，ビード幅は狭くなる。なお，アーク電圧を高く設定するに従い溶込みは浅く，偏平で幅の広いビードとなる。

（2）　溶接材料

ａ．フラックス

　サブマージアーク溶接に使用されるフラックスは，**溶融フラックス**と**ボンドフラックス**に大別される。

　溶融フラックスは各種鉱物性原料を混合して溶融し，冷却後適当な粒度に粉砕したものである。フラックスの粒度は，使用する溶接電流によって決定される。

　このフラックスは，基本的にガラス質で，吸湿性は少ない。なお，製造上から，その組成は均一であるが，合金元素の添加は難しく，通常，必要な合金元素はワイヤから添加される。

　ボンドフラックスは，必要な成分を焼成してつくることから，脱酸剤や合金元素をフラックス中に添加でき，溶接金属の化学組成の調整が比較的容易である。ただし，吸湿性が高いため，使用前には必ず乾燥しなければならない。

ｂ．ワイヤ

　一般的に，直径が 1.2 mm から 6.4 mm のソリッドワイヤが用いられる。なお，ワイヤは，通電性と防せい性から銅めっきが施されている。

ｃ．フラックスとワイヤの組合せ

　フラックス及びワイヤの組合せを選択するに当たっては，それぞれの特徴を十分に理解したうえで，次の点に留意して選択する。

　① 　母材の材質
　② 　溶接部の機械的性質
　③ 　母材の板厚と継手の形状
　④ 　溶接条件

　これらの組合せは，各溶材メーカーによって推奨条件が示されており，必要に応じてカタログなどを参考にして購入することが望ましい。

第3節　プラズマ溶接

3.1　プラズマ溶接の原理

　気体分子は高温になると原子状に分解（解離）し，さらに高温の状態ではこれらの原子が電子と陽イオンに分かれる電離状態となる。このような電離が100％生じている状態をプラズマと呼び，このプラズマの高温を利用して金属を溶融し接合するのがプラズマ溶接である。

　プラズマの発生は，図7-4に示すように，ティグ溶接のアークを水冷銅ノズルの小穴に通して強制的に冷却し，**サーマルピンチ効果**により細く絞ることで得られる。このように細く絞られたプラズマは，電流密度が高く，その中心温度が20000℃～50000℃にも達する高温となる。

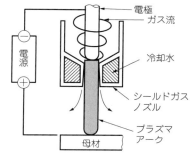

図7-4　プラズマ発生の原理

3.2　プラズマ発生方式

　プラズマの発生方式には図7-5に示すように三つの方法がある。

（1）　プラズマアーク方式（移行式プラズマ）

　プラズマトーチのタングステン電極と母材間に直流電流が流れ，プラズマアークを形成する方式である。通常は，タングステン電極をマイナス，母材をプラスとする接続で用いる。この方式では，比較的溶込みの大きい溶接が可能となるが，母材は導電体でなければならない。

（2）　プラズマジェット方式（非移行式プラズマ）

　電極-ノズル間で発生させたプラズマアークを，高温ガス流とともにノズルから噴出させてプラズマジェットを形成する方式である。母材に電流が流れないため導電性のない非金属材料にも適用できる。また，熱効率があまり高くないため，薄板の溶接や切断のほか肉盛や溶射の熱源にも使用される。

（3）　複合方式

　複合方式は，プラズマアークとプラズマジェットを併用した方式で，非常に低電流でも安定したプラズマが得られる。したがってティグ溶接法では難しい極薄板の溶接などが可能となる。

溶接法

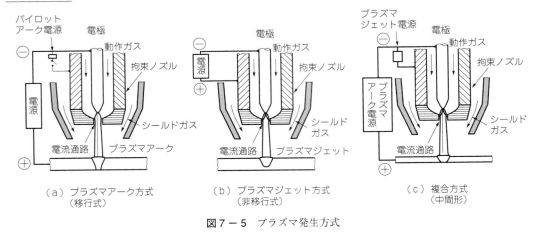

図7-5　プラズマ発生方式

3.3　プラズマ溶接の特徴

　プラズマ溶接の基本的な構成はティグ溶接と類似しており，適用される溶接分野もほぼ同じである。ただし，熱源の温度が高く熱集中もよいことから，溶融幅の狭い，深い溶込みの溶接部が得られる。
　こうしたことから，プラズマ溶接法では，図7-6に示すようにプラズマが母材裏面まで貫通し，キーホールと呼ばれる小穴をあけながら片面溶接ができるキーホール溶接が可能となる。

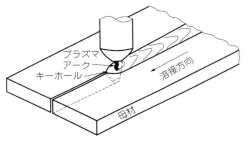

図7-6　キーホール溶接

第4節　エレクトロガスアーク溶接

　エレクトロガスアーク溶接は，鋼板を垂直に立て，水冷した銅板（しゅう動式水冷銅当て金）を当て，ソリッドワイヤ又はフラックス入りワイヤを送給して溶接する。通常，この溶接方法は，10 mm ～ 35 mmの板厚の溶接に適していることから，船舶，圧力容器，石油貯蔵タンクなどの溶接に利用されている。
　エレクトロガスアーク溶接の特徴はワイヤの送給と同時に炭酸ガスを供給し，連続して発生するアークで溶融金属が形成され，これらを炭酸ガスによってシールドしている点である。また，ソリッドワイヤを用いる場合はフラックスを併用するが，その量はエレクトロスラグ溶接に比べるとはるかに少量でよい。なお，この方法には，開先表面に用いる水冷銅当て金の適用方式から，図7-7に示す両面しゅう動銅当て金方式と図7-8に示す片面しゅう動銅当て金方式がある。

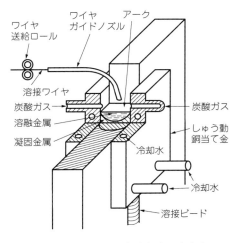
図7-7 両面しゅう動銅当て金方式

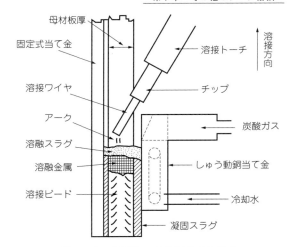
図7-8 片面しゅう動銅当て金方式

第7章の学習のまとめ

　本章では主要なアーク溶接法以外のアーク溶接法として4種類の溶接法を取り上げ、これらに関する原理、特徴などについて述べた。

【練 習 問 題】

次の各問に答えなさい。
（1）　セルフシールドアーク溶接の特徴について正しいものはどれか、選びなさい。
　　① 屋外での作業は難しい
　　② シールドガスは不要である
　　③ トーチは重く作業がしづらい
（2）　サブマージアーク溶接に使用されるフラックスを使用する前に必ずしなければならないことは次のうちどれか、選びなさい。
　　① 成分の確認をする
　　② ひびの確認をする
　　③ 乾燥させる
（3）　プラズマ溶接におけるプラズマ発生方式として間違っているものはどれか、選びなさい。
　　① プラズマアーク方式
　　② タングステンアーク方式
　　③ 複合方式

第8章 圧　　　　接

第1節　圧　接　法

　圧接は，接合部に機械的圧力を加えて接合する方法である。圧接法には，表8－1に示すように多くの種類があり，いずれもアーク溶接法とは異なる特徴を有している。

表8－1　圧接法の種類

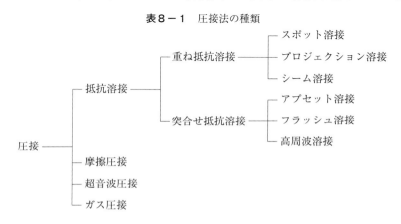

第2節　抵抗溶接法

　抵抗溶接は接合部に電流を流し，ここに発生する抵抗発熱（**ジュール熱**）を利用して加熱し，さらに機械的圧力を加えて金属の接合を行う溶接法である。電熱器に電流を流すと，ニクロム線は発熱する。抵抗溶接の発熱原理は，このニクロム線の発熱と同じである。

　金属は電気をよく通すことが特徴の一つである。表8－2に示すように物質間はそれぞれ固有の電気抵抗値を持つ。材料の抵抗が大きいほど発熱は大きくなり，接合しやすくなる。

　金属に通電すると，次式に示すような電気抵抗による発熱が生じる。

$$Q = I^2 R t \quad (ジュール熱)$$

表8－2　各種物質の電気抵抗（20℃）

	物質	抵抗率 Ωm
金　属	銀	1.6×10^{-8}
	銅	1.7×10^{-8}
	金	2.4×10^{-8}
	アルミニウム	2.8×10^{-8}
	タングステン	5.5×10^{-8}
	鉄	9.8×10^{-8}
	（鋼）	(20.6×10^{-8})
	ニクロム	1.1×10^{-6}
半導体	ゲルマニウム	47×10^{-2}
	けい素	2.3×10^{3}
不導体	ガラス	$10^{10} \sim 10^{13}$
	雲母	2×10^{13}
	ゴム	$10^{13} \sim 10^{14}$

※ $R(抵抗)〔Ω〕 = \rho(抵抗率)〔Ωm〕 \times \dfrac{\ell(長さ)〔cm〕}{S(断面積)〔cm^2〕}$

ただし，発熱量 Q は（J）　電気抵抗 R は（Ω）
　　　　電流 I は（A）　時間 t は（秒）

　金属を接触させて通電した場合，金属表面の酸化皮膜やおうとつ（凹凸）のため，接触部には接触抵抗と呼ばれる特に大きな電気抵抗を有する層がある。したがって，この部分は特に発熱しやすい。一般に金属では温度の上昇に伴い電気抵抗は大きくなり，加圧された接合部の温度は急激に上昇して溶融し，溶接される。

2.1　重ね抵抗溶接法

　重ね抵抗溶接法は，抵抗溶接法の一種で，重ね合わせた継手の両側から加圧し行う抵抗溶接のことである。代表的な溶接法としてスポット溶接法などが挙げられる。

（1）スポット溶接法

　スポット溶接は，最も広く使用される方法である。この方法は，図8－1に示すように銅合金などの電極チップの間に接合しようとする金属板を重ね合わせ，適切な加圧方法で圧力を加えて通電させる溶接法である。電流は電極チップを通して集中的に流れ，電極直下の板の接触部はジュール熱により溶融する。その後，通電を止めると溶融部は冷却されて凝固し接合が完了する。

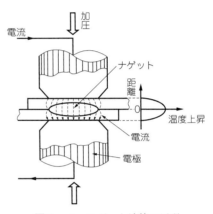

図8－1　スポット溶接の原理

　スポット溶接は，薄板の接合が能率よくできることから，薄板のプレス加工製品の組立てなどに広く用いられる。最近では，ロボットに搭載したスポット溶接機で，自動車の外板の接合を能率よく溶接する自動化の例などもある。

　スポット溶接の利点は，次のとおりである。
① 通電時間は，サイクル単位の短い時間であり，溶接速度が速い。
② 発熱が局部的であるため，母材に与える熱影響は少なく，ひずみによる変形が少ない。
③ 溶接中に加圧するため，溶接部の継手精度が多少悪くてもよい。
④ 適切な溶接条件を選定すると，あとは自動的に同一条件で溶接することが可能であり，溶接結果が作業者の技量に左右されない。
⑤ 溶接棒やフラックスが不要で，有害な紫外線やヒュームの発生がなく，作業環境が汚染されない。
⑥ 溶接の自動化が容易であり，大量生産が可能である。

　一方欠点としては，
① 気密性が保たれない。

② 上記④で述べた利点はあるものの，溶接回数が多くなると，電極先端の形状が変化し溶接結果が変化するので，電極先端形状の管理が必要である。

などが挙げられる。

a．スポット溶接の基本用語

スポット溶接では，一般的な融接法と接合メカニズムが異なることから，溶接部の名称などに特殊な用語が使われる。図8－2にスポット溶接部の断面とこれらの用語を示す。

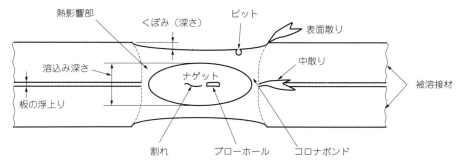

図8－2　スポット溶接部の断面図

(a)ナゲット

接合部に生じる溶融凝固した部分で，一般にはごいし（碁石）状の形状をしている。

(b)コロナボンド

ナゲットの周囲の圧着された部分をいう。

(c)くぼみ（インデンテーション）

加圧力によって電極チップが母材に食い込んだあとの，へこんだ部分をいう。

(d)板の浮上り（シートセパレーション）

溶接後に生じる板間のすきまをいう。

(e)溶込み深さ

ナゲットの厚みのことをいう。

(f)散り

溶融金属がコロナボンドを破って外へ飛び出すもの（中散り）と，電極と板との接触面で溶融金属が飛び出すもの（表面散り）がある。

(g)ピックアップ

母材の一部が，電極に付着することをいう。

b．溶接装置

スポット溶接機の基本的な構成を図8－3に示す。加圧力を加える部分，電流を流す部分，加圧力と電流及び時間を制御する部分，本体フレームなどから構成される。加圧力は電極を介して被溶接金属に伝えられる。減圧弁により調整された空気圧が空圧シリンダに送給され，電極が加圧される。

溶接法

　溶接電流は溶接変圧器の二次側から，フレキシブルバンド，電極アーム，電極チップ及び被溶接金属を通って低電圧の回路を流れる。電流の断続には，マグネットスイッチを用いるものもある。しかし，電流容量の大きい場合や複雑な電流波形の制御を必要とする場合，打点速度の速い場合などにはイグナイトロンまたはサイリスタ（SRC）が用いられる。
　通電時間はタイマによって正確に制御され，その結果溶接部には適正な大きさのナゲットが形成される。

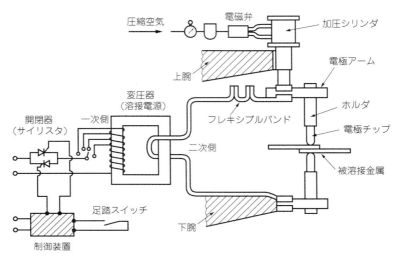

図8－3　スポット溶接機の構成

c．溶接作業法

　スポット溶接は，短い時間で溶接が完了するため，溶接条件の全てが制御装置で設定される。このようなことから，溶接品質が作業者の技量に左右されることのない溶接である。ただし，溶接条件が適正な範囲外になると，溶接不良になる危険性が非常に高くなる。信頼性の高い接合部を得るには，スポット溶接の3大条件である溶接電流，通電時間及び加圧力を正しく管理することが重要である。表8－3は，軟鋼板の溶接条件の一例である。
　作業者の技量に左右されない溶接ではあるが，同じ溶接条件でも溶接回数が多くなると，ナゲットの形成が変化する場合がある。その理由として，電極先端形状の変化が挙げられる。電極の先端は，打点数が多くなるに従い変形するため通電面積も変化しナゲットの形成も変動する。こうしたことから，電極先端は定期的に機械加工により整形したり，新しい電極に交換することが重要である。また，板表面に付着した油やさびを除去し，板の表面状態を管理することも重要である。

表8－3　軟鋼板のスポット溶接条件例（単相交流式）

板厚 (mm)	電極チップ d (mm)	電極チップ D (mm)	最小ピッチ P (mm)	最小ラップ L (mm)	最良条件（Aクラス）溶接電流 (A)	通電時間（サイクル）60Hz	加圧力 (kN)	溶着径 (mm)	せん断強さ (kN) ±14%
0.6	4.0	10	10	11	6,600	7	1.5	4.7	2.9
0.8	4.5	10	12	11	7,800	8	1.9	5.3	4.3
1.0	5.0	13	18	12	8,800	10	2.2	5.8	6.0
1.2	5.5	13	20	14	9,800	12	2.7	6.2	7.0
1.6	6.3	13	27	16	11,500	16	3.5	6.9	10.4
2.3	7.8	16	40	20	15,000	24	5.7	8.6	18.1
3.2	9.0	16	50	22	17,400	32	8.0	10.3	30.4

（備考）表中の記号は，下図の各寸法を示す。

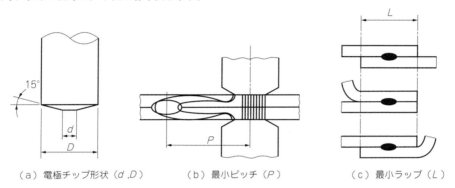

（a）電極チップ形状（d，D）　　（b）最小ピッチ（P）　　（c）最小ラップ（L）

（2）プロジェクション溶接法

プロジェクション溶接は，図8－4に示すように接合しようとする溶接物の表面に，あらかじめ決められた突起（プロジェクション）を設け，突起部に溶接電流と加圧力を集中して溶接を行う方法である。

突起は，溶接物の片方又は両方に，ポンチやプレスで押し出すか，機械加工によって作られる。

また，溶接物自体のもつ突起を利用することもある。一般に，突起形状には特に制約がなく点状や線状のものが使用されるが，突起の大きさと形状は，溶接結果の良否を左右する重要な条件となる。

一般にプロジェクション溶接機は，スポット溶接機と比べて本体の剛性が大きく，精度のよいものが要求される。図8－5にプロジェクション溶接の適用例を示す。

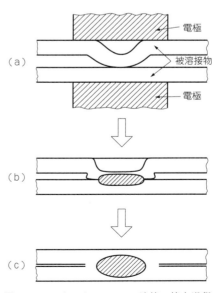

図8－4　プロジェクション溶接の接合過程

プロジェクション溶接の利点は，次のとおりである。

① 板厚に差がある組合せでも容易に溶接できる。
② 同時に多点の溶接ができ，作業能率がよく，組付け精度もよい。
③ 電極には平面形のものを使用するので寿命が長い。
④ 熱伝導度に差がある異材の溶接が可能である。

（3） シーム溶接法

シーム溶接は，図8－6に示すように電極に円板状の電極を用い，重ね板を加圧したまま移動させ，溶接部を連続的に形成させてゆく方法である。溶接部の間隔（ピッチ）を短くして重ねると，気密継手となる。また，ピッチを長くして溶接部が重ならな

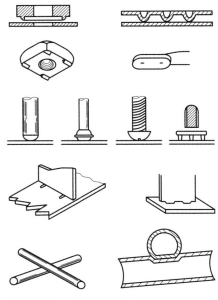

図8－5 プロジェクション溶接の適用例

いようにすると，ロールスポット溶接と呼ばれるスポット溶接と同様な継手が得られる。

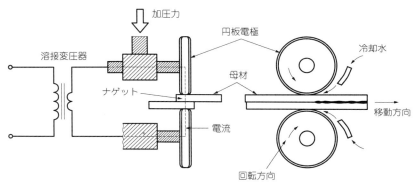

図8－6 シーム溶接法

2.2 突合せ抵抗溶接法

溶接する母材の溶接継手の端面を突き合わせて，接触させた端面を抵抗熱で加熱・溶融とともに加圧して接合する抵抗溶接である。

（1） アプセット溶接法

アプセット溶接の溶接過程を，図8－7に示す。

溶接物を突き合わせた状態で電極に固定し，溶接変圧器から電極を通して大電流を流す。これにより，溶接物の突合せ面付近では，接触抵抗と材料の固有抵抗によるジュール熱を発し，温度は上昇して赤熱状態になる。この状態で加圧すると，溶接部は変形してふくらみ，鍛接された状態になる。そして，完全に接合されたところで電流を遮断し，溶接は終了する。

アプセット溶接では溶接に要する時間は短く，大量生産に適する。また，溶接部の機械的性質は良好で，信頼性の高い溶接継手を得られる。

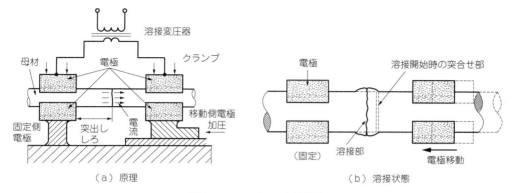

（a）原理　　　　　　　　　　　（b）溶接状態

図8-7　アプセット溶接法

（2）フラッシュ溶接法

フラッシュ溶接は，突合せ抵抗溶接の一種で，抵抗発熱とアークの発熱を使用する溶接法である．通電の最初に強い加圧を行わず軽く接触させた状態で通電し，接触部は火花になって溶融飛散した後，溶接面は加熱された状態で，加圧・接合される。溶接中，溶融した金属が火花（フラッシュ）となって飛び散ることから，この名称が付けられている。

フラッシュ溶接の溶接過程を，図8-8に示す。すなわち，溶接物をそれぞれ電極にクランプした後，両電極間に電圧をかけ，同時に移動電極を徐々に前進させる。このとき，溶接物の突合せ端面の一部がわずかに接触するその部分に大きな短絡電流が流れこの短絡電流による抵抗発熱のため，接触部は瞬時に溶融，飛散し，その間げきにはアークが発生する。このアーク熱により溶融した金属もフラッシュとなって溶接部端面より飛散する。こうして発

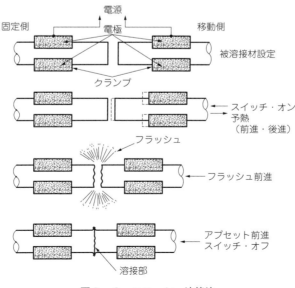

図8-8　フラッシュ溶接法

溶 接 法

生じたアークは一時的に消滅する。しかし，そうした間も電極は引き続き前進しているため，再び端面の一部が接触し，短絡，飛散，アークの発生が次々と繰り返される。こうした現象が繰り返されることで，突合せ端面全体が均一に加熱され，その時点で加圧して溶接が終了する。

フラッシュ溶接では，溶接部にばりが出る欠点がある。しかし，アプセット溶接に比べて，大きな断面積の部材を接合できることから，いかり（錨）の鎖やレールの溶接，自動車のホイールやリムの溶接など多様な分野に応用される。

(3) 高周波溶接法

周波数の高い電流（高周波電流）には，日常用いられる直流や商用周波数（50 Hz ～ 60 Hz）の電流とは異なった性質がある。すなわち，周波数が高くなるほど電流は材料の表面に近い部分を流れるという性質（表皮効果）や，Ⅴ字形に接触しているような部分ではその溝の端面に沿って流れるという性質（近接効果）がある。**高周波溶接**は，これらの性質を利用した溶接方法で，その概略を図8－9に示す。

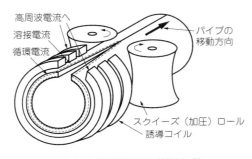 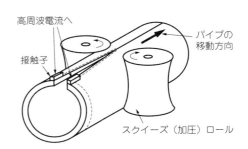

(a) 高周波誘導圧接（誘導方式）　　　　　　(b) 高周波抵抗溶接（直接通電方式）

図8－9　高周波溶接法

高周波溶接法には図8－9(a)に示すように，コイル（誘導コイル）を用いる非接触式の高周波誘導圧接と，図8－9(b)に示すように，溶接物に直接通電する高周波抵抗溶接とがある。なお，この溶接法の代表的な応用技術であるパイプ（電縫管）の製造では，母材端面がⅤ字形に接触する部分に，100 kHz ～ 450 kHz（キロヘルツ）という非常に高い周波数の大きな電流を流し，突合せ面の表面部のみをジュール熱で溶融し，同時に加圧ローラで加圧して溶接している。

2.3 摩擦圧接法

摩擦熱で金属と金属が接合する現象は，軸受と回転軸が焼付き現象を起こすことなどでよく知られている。**摩擦圧接**は，この原理を応用したものである。

図8－10に，摩擦圧接の概略を示す。二つの素材を突合せ，加圧しながら一方の素材を回転運動させる。このとき接触面に発生する摩擦熱により，突合せ面及びその付近を圧接可

能な温度にまで高める。そして，回転運動を停止すると同時に加圧力をさらに増して圧接する方法である。

摩擦圧接は回転運動を利用するため，適用される素材の断面形状が，図8-11に示すように，一般に円形のものに限られる。しかし，継手部の機械的性質は良好で，異種材料の溶接が容易であるなどの長所を有しており，自動車の各種シャフトなどの溶接に利用される。

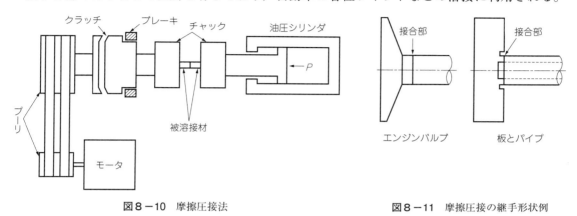

図8-10 摩擦圧接法　　　　　　　　　　　　　　図8-11 摩擦圧接の継手形状例

2.4 超音波圧接法

図8-12に，超音波圧接法の概略を示す。金属の板，はく（箔），線などの溶接する被溶接材を重ね合わせ，溶接チップと下部台の間に被溶接材を挟んで加圧し，加圧方向と直角方向に超音波振動を与えて圧接する。スポット方式とシーム方式があり，用途によって使い分けられる。

超音波による圧接の機構は複雑で，各種の因子が作用している。基本的には，超音波振動

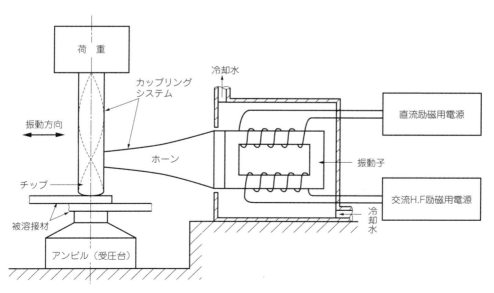

図8-12 超音波圧接法

溶接法

と加圧により，材料の接触面のおうとつ（凹凸）や酸化皮膜の破壊除去が生じて清浄な面が得られ，接触面で原子間の吸引作用が働いて接合するものである。

超音波圧接は，電線用の銅線やアルミニウム箔の溶接，銅とアルミニウムの異材溶接などに用いられる。最近，広く応用される例として，IC（集積回路）に金線やアルミ線を配線する**ワイヤボンディング***がある。さらに，超音波振動を加圧と同一方向に加えて各種のプラスチックを接合するような場合にも多く用いられる。

2.5 ガス圧接法

ガス圧接は，酸素・アセチレン（又はプロパン）混合ガスの火炎を熱源として用いる圧接法で，その一例を図8-13に示す。溶接すべき素材を突き合わせ，接合部の周囲をリング状のバーナで均一に加熱し，溶接適温になったところで加圧力を増して圧接を行う。

ガス圧接法は，特別な電源などを必要としないことから，現場溶接に適し，建築現場での鉄筋の溶接などに用いられる。

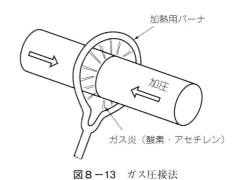

図8-13 ガス圧接法

第8章の学習のまとめ

本章では溶接の中で圧接法を取り上げ，これらに関する原理，特徴などについて述べた。

【練 習 問 題】

次の各問に答えなさい。
(1) 重ね抵抗溶接法の種類として正しいものは次のうちどれか，選びなさい。
　　① スポット溶接　　② セルフシールドアーク溶接　　③ 高周波溶接
(2) スポット溶接の特徴は次のうちどれか，選びなさい。
　　① 気密性が高い　　② 大量生産に向く　　③ 溶接回数が増えても電極が消耗しない
(3) プロジェクション溶接の特徴は次のうちどれか，選びなさい。
　　① 板厚に差がある組合せでも容易に溶接できる。
　　② 作業能率が悪く，組付け精度が少し劣る。
　　③ 電極には平面形のものを使用するので寿命が短い。
(4) 突合せ抵抗溶接法の種類として正しいものは次のうちどれか，選びなさい。
　　① シーム溶接　　② フラッシュ溶接　　③ ガス溶接
(5) ガス圧接法で用いるガスとして正しいものは次のうちどれか。
　　① 炭酸ガス　　② アルゴンガス　　③ 酸素ガス

---

* **ワイヤボンディング**（wire bonding）：ICチップやトランジスタの各電極と引出し線との間を金線やアルミ線でつなぐ方法で，熱圧着法，超音波圧接法などがある。

第9章　その他の溶接

第1節　レーザ溶接

　レーザ溶接は，1960年に，アメリカのＴ・Ｈ・メイマンがルビーによる最初のレーザ発振を実現して以来，さまざまなレーザの媒質，加工法が発見され，急速に発展してきた。ここでは，レーザによる溶接加工の概要とその装置などについて簡単に述べる。

1.1　レーザ溶接の概要と種類

（1）　概要と特徴

　レーザ（Laser）は，誘導放射を利用した光の増幅器（Light Amplification by Stimulated Emission of Radiation）の頭文字をとった言葉である（Light は「光」，Amplification は「増幅」，Stimulated は「誘導」，Emission は「放出」，Radiation は，「放射」と訳される）。

　図9－1に示すとおり，レーザ光は自然光と異なり，特定の波長しか持たず，かつ位相差のない人工の光（電磁波）であり，指向性や集光性に富み非常に小さな点に集光できる。こうして集光されたレーザでは高いエネルギー密度が実現でき，このレーザと材料の相互作用による熱エネルギーを利用する方法が**レーザ溶接**である。

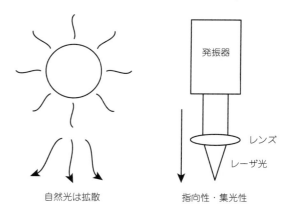

図9－1　自然光とレーザ光のイメージ

　この溶接法の利点は次のとおりである。
① 　大気中で溶接ができる。
② 　活性金属の溶接を行うときには，溶接部だけシールドすればよい。
③ 　幅の狭い，深い溶込みが得られる。
④ 　非金属材料の溶接が可能である。
⑤ 　エネルギー密度が高いので，異種材料溶接が可能である（融点の異なる材料でも時間差なく溶融できる）。
⑥ 　高速で加工できるため，熱影響部やひずみの少ない溶接が可能である。
一方，欠点は次のとおりである。
① 　装置の消耗品や維持費などが高価である。また，光へのエネルギー変換効率が低い。

② 材料表面では，レーザが反射するため，被溶接物の表面状態に影響を受けやすい。
③ 高い開先精度が求められる。また，厳重なギャップ管理を要する。
④ レーザは人の眼や肌に重大な障害をもたらす危険性があり、レーザの波長に応じた適切な管理を必要とする。

(2) レーザの種類

1960 年にルビーレーザの発振に成功して以来，さまざまなレーザの発振が確認され，現在では数百種以上のレーザがある。レーザの媒質の状態で分類すると固体，液体及び気体の三の相（三態）に，波長で分類すると紫外線から赤外線領域まで数多くのレーザが存在する。表9－1に代表的なレーザの種類と特徴を示す。主にレーザ加工に用いられているものとしては，気体レーザの**炭酸ガスレーザ**及びエキシマレーザ，固体レーザの **YAG レーザ**などがある。

表9－1 代表的なレーザ種類と特徴

種類	例	波長(μm)	発振形式	用途	特徴
固体レーザ	YAG	1.06	P/CW	穴あけ 切断 溶接	CO_2 レーザより小さく集光できる。光ファイバで伝送可能。
半導体レーザ	GaAs InGaAsP など	0.6～1.6	P/CW	通信 計測 情報処理	小型の装置で大きなレーザ出力を得ることができる。
液体レーザ	色素レーザなど	0.4～0.7	P	医学 分光 研究	多彩な波長でレーザ発振を実現できる。レーザ出力が制限される。
気体レーザ	エキシマ	0.15	P	化学 医学 加工 その他多数	個体レーザより大面積での加工ができる。短波長なので光子エネルギーが大きい。レーザ媒体に有毒ガスを用いることが多く，ガス交換や安全管理等の煩わしさがある。
	CO_2	10.6	P/CW	穴あけ 切断 溶接 熱処理	人間にとって透明な材料（ガラス，プラスチックなど）による吸収が大きい。よって光ファイバは使用できない。

※ $1 \mu m = 10^{-6}$
※ P＝Pulse 発振，CW＝Continuous Wave 連続波発振のこと。

1.2 レーザ溶接装置

(1) 炭酸ガス（CO_2）レーザ

図9－2に代表的な加工用の装置例として，炭酸ガス（CO_2）レーザ加工装置の構成例を示す。

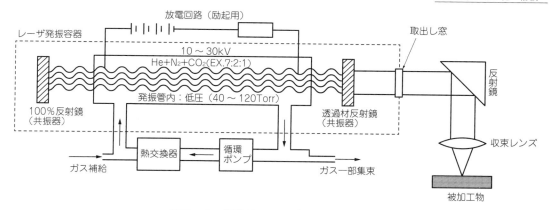

図9-2　炭酸ガスレーザ加工装置の構成例

　炭酸ガスレーザは，炭酸ガスを主体にした窒素とヘリウムの混合ガスを媒質にした気体レーザである。この混合ガスを管内に封入し，放電する。両側に反射鏡を配した容器内で光が高速で往復し，増幅され，レーザ光を取り出す仕組みになっている。

(2)　YAGレーザ

　YAGレーザは，$Y_3Al_5O_{12}$（イットリウム・アルミニウム・ガーネット）にわずかなネオジウムイオン（Nd^{3+}）を添加した結晶体を発光材として使用する。このロッド（丸棒）状の結晶体の両端に反射鏡を配し，ランプの光を照射してレーザ発振を起こさせるものである。図9-3に，YAGレーザ加工装置の構成例を示す。

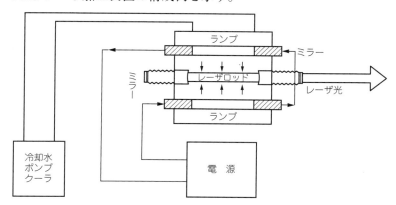

図9-3　YAGレーザ加工装置の構成例

1.3　レーザ溶接作業

(1)　溶接作業の例

　図9-4にYAGレーザの手動による作業例（薄板小物溶接例）を示す。

　YAGレーザ光は，光ファイバーによってエネルギーを伝送することができるので，装置構成を簡単にすることができ，手動やロボット溶接などのフレキシブルな溶接に利用される。

溶 接 法

図9-4　YAGレーザの手動による作業例

一方，炭酸ガスレーザの適応例としては，自動車メーカの生産ラインに幅広く導入され，比較的大型の装置で，ルーフ・ドアなどの車体（薄板）に高速溶接を施工する場面で活躍している。

(2) 溶接継手について

図9-5にレーザ溶接における，代表的な溶接継手の種類を示す。なお，比較的深い溶込みが得られる種類を示したものである。

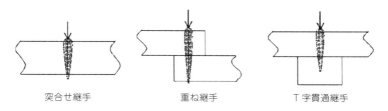

図9-5　レーザ溶接継手の種類

レーザ溶接は，T字貫通継手などの特徴的な溶接継手からわかるとおり，他の溶接法と比較して幅が狭く，深い溶込みが得られる溶接が可能である。しかし，レーザの特質上，ギャップの大きい溶接は困難である。ギャップや余盛の不足分を補うため，YAGレーザ溶接とアーク溶接（ミグ，ティグ）を組み合せた「レーザ・アークハイブリッド溶接法」などもある。

第2節　電子ビーム溶接

2.1　電子ビーム溶接の概要

電子ビーム溶接では，図9-6に示すように真空中でフィラメントを加熱して放出させた電子を，高電圧の陽極で加速して高速の電子流としている。

この電子流を集束コイルで細く絞り，被溶接物に衝突させる。このとき，電子の運動エネルギーが熱エネルギーに変換され，この熱によって溶接部を溶融して溶接が行われる。

この溶接方法は，溶接室の真空の程度により，次のように分類される。

① 高真空形　　$1.3 \times 10^{-2} \sim 10^{-3}$ Pa 以上
② 低真空形　　1.3 Pa 程度
③ 大気圧形　　大気圧

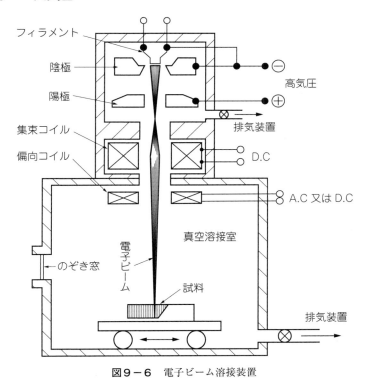

図9-6　電子ビーム溶接装置

2.2　電子ビーム溶接の特徴

電子ビーム溶接は，はく（箔）や微小電子部品などの高精密溶接，自動車部品などの大量生産部品の溶接，厚板構造材料の溶接などに広く利用される。

電子ビーム溶接の利点は，次のとおりである。

① 真空中で溶接するため，大気の影響をまったく受けず，高品質の溶接部が得られる。特に活性金属（チタン，ジルコニウム，モリブデンなど）の溶接なども可能である。
② エネルギー密度が高く（アークの $10^2 \sim 10^3$ 倍），溶融幅の狭い溶込みの深い溶接が可能である。
③ 溶接熱影響が少なく，ひずみの少ない高品質の精密溶接が可能である。
④ 高融点材料や異種金属の溶接が可能である。
⑤ 電子ビームの出力を制御することで，薄板から厚板まで広範囲に利用できる。

溶 接 法

電子ビーム溶接の欠点は，次のとおりである。
① 真空中で溶接するため，合金元素の蒸発やそれに伴う欠陥が発生する危険性がある。
② 被溶接物の大きさが，真空溶接室の大きさで制限される。
③ Ｘ線の防護が必要である。
④ 装置が高価である。

第3節　摩擦かくはん接合（FSW）

3.1　摩擦かくはん接合の原理

　1991年にイギリスで開発されて以来，急速に研究・実用化が進められ，世界で注目される溶接法に「**摩擦かくはん接合**（FSW：Friction Stir Welding）」がある。特にアルミニウム合金の接合で利点が多いため，航空機や鉄道車両分野においては，早くから導入が進められた。その接合原理を図9－7に示す。
　この溶接法は，中心に突起のある特殊な工具を高速で回転させて接合開始部に当て，その摩擦熱で材料を軟化させる。その後軟化部に工具を押し込み，溶接線に沿って工具を回転させながら溶接を行う。
　接合部付近の状態について詳細に説明するため，図9－8に材料内部における接合のメカニズムを示す。

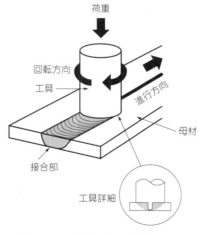

図9－7　摩擦かくはん接合の原理

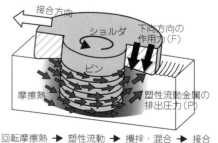

図9－8　摩擦かくはん接合のメカニズム

　工具中心の突起（ピン）が材料に進入回転し，また工具（ショルダ）も内部のかくはんされた金属が外に排出しないよう押えながら，回転により摩擦熱を生じさせる。摩擦により内部温度が材料の融点の70％～80％（アルミニウム合金では約500℃）に達すると，材料の粘性が低下（軟化）し，回転に引きずられる形で，容易に塑性流動が起こる。かくはんと混

合を工具の加圧と回転を維持しながら行わせ，溶接線に沿って順次接合する。このように，工具と材料との接触面で生じる摩擦熱と，かくはん作用を利用することから摩擦かくはん接合と呼ばれる。この接合法では材料が融点に達することはなく，固体状態における塑性流動を利用するため，固相接合法に分類される。

3.2 摩擦かくはん接合の装置と適応例

図9-9に，摩擦かくはん接合機の一例を示す。

図9-9 摩擦かくはん接合機（小型）の例

これは比較的小型のもので，トーチ（工具）は動かず，ワークが動いて溶接していくものである。溶接機というより，ボール盤あるいはフライス盤といった工作機械に近い装置構成となる。一方，大型の構造物や航空機における溶接では，確実に材料を固定し，溶接機（工具を含むヘッド）が自走するような大型のFSW装置が採用される。また，近年ではFSWツールや接合条件を適正化することで，マシニングセンタを利用した摩擦かくはん接合も可能となり，その適応範囲は拡大している。

図9-10に，鉄道車両における摩擦かくはん接合の適応例を示す。日本の鉄道車両メーカは，早くからこの接合法を採用し，通勤車両などで実績を上げている。

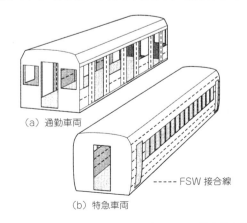

図9-10 鉄道車両における摩擦かくはん接合適応例

ミグ溶接などに代わって、車両外板周りの接合部分で利用され、溶接変形が少なく、平滑できれいな溶接結果が評価を受けている。

3.3　摩擦かくはん接合の利点

この接合法の利点は、次のとおりである。
① 入熱が少ないため、溶接変形が極めて小さい。
② ジュラルミンなど、従来の溶融溶接が困難な材料の接合が可能である。
③ 他の溶接法で見られる欠陥（ブローホール、割れなど）が発生しない。
④ 機械的性質が比較的優れる。
⑤ 接合部は微細な金属組織となり、高い継手強度が得られる。

一方、欠点は次のとおりである。
① 余盛を形成しないので、すみ肉溶接は原理的に不可能である。
② 接合部終端に、工具突起物の穴が残る。
③ 三次元曲面や複雑な形状の溶接は、今のところ施工が困難である。
④ アルミニウム合金を中心に溶接の適応が広がっているが、鋼材など他の材料については、工具寿命や装置に課題があり生産実績が少ない。

第4節　ろ　う　接

4.1　概要と分類

ろう接は融接と異なり、母材を溶融させず溶融させたろう材のぬれ現象によって材料を接合する方法である。すなわち、母材より融点の低いろう材が毛細管現象（ぬれ現象）によって、継手のすきまに浸透していく過程で、母材とろうの結合が行われる。

こうした溶融ろうや溶融フラックスの母材面へのゆきわたりやすさの良否を**ぬれ性**という。一般的には、図9－11に示す**接触角**でぬれの程度を表し、接触角の小さいものがぬれがよいと判断される。使用されるろう材の溶融温度が450℃を境にして、硬ろう付と軟ろう付（はんだ付）に分けられる。

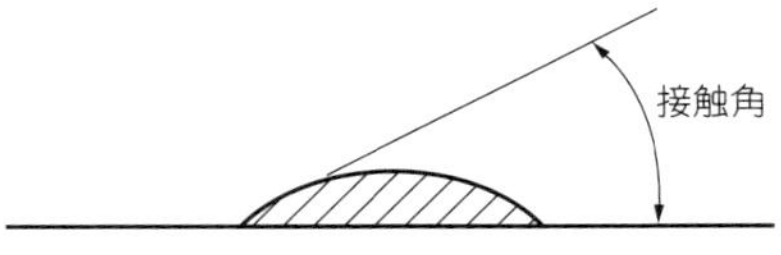

図9－11　接触角

ろう付の接合部は、ろうと母材の間に薄い拡散層が形成され接合が行われる。拡散層の厚さは母材とろう材の種類やろう付条件によって異なる。また、接合部の強度は、拡散層の厚さやその性質、継手のすきまと重ねしろなどによって左右される。

ろう付の利点は、母材を溶融しないで接合できることから、融接に比べひずみが少なく、同種金属はもちろん異種金属や非鉄金属などの接合が容易にできることである。ろう付をそ

の加熱方法から分類すると，次のようになる．
  (1) 炎ろう付け
  (2) 炉内ろう付
  (3) 誘導加熱ろう付
  (4) 抵抗ろう付
  (5) ディップろう付
  (6) アークろう付
  (7) 光ビームろう付

(1) 炎ろう付

　火炎の熱を利用してろう付を行う方法で，熱源には酸素・アセチレン，都市ガス，プロパン，水素，ベンジンなどが用いられる．なかでも，火炎温度の高い，また取扱いの容易な酸素・アセチレンが一般的に用いられる．

　ろう付に用いる酸素・アセチレン炎は，中性炎または還元炎（アセチレン過剰炎，炭化炎）を用い，炎の中心部で加熱し空気を遮断してろう付部の酸化を防いでいる．ただし過度の加熱はろう材を拡散，酸化させ，また製品のひずみを大きくするので，接合部の状態をよく観察しながら加熱することが重要である．

　炎ろう付は，ガス炎で加熱して行うろう付で，製品の大きさ，形状，個数により吹管（トーチ）で加熱しながらフラックスとろう材を添加する差しろう付やろう付部分にあらかじめろう材を置いてから加熱する置きろう付がある．図9-12に置きろうの例を示す．

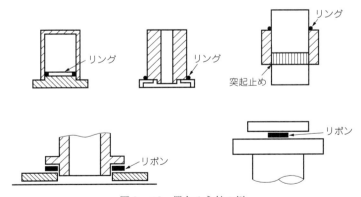

図9-12　置きろう付の例

(2) 炉内ろう付

　ろう付する部品の加熱をガス炉，重油炉または電気炉のような炉内で行って，ろう付する方法である．この方法では，ろう付部にろう材とフラックスをあらかじめ塗布する置きろう付（図9-12）と炉の外部からろう付部にろう材を添加する差しろう付がある．炉内は，大気のままで行うものと水素や一酸化炭素などの還元性ガスを流す方法があり，大気のままの方法ではフラックスを塗布する必要がある．また，アルミニウムや特殊な材料の場合には，

溶 接 法

不活性ガス雰囲気炉や真空炉などが用いられる。図9－13に小さい部品を一度に大量にろう付できるマッフル炉を示す。この方法は，炉内の還元性雰囲気を容易に調整できる反面，コンベヤを用いる連続的なろう付には不向きである。一方，炉への導入部に予熱部，排出部に冷却部を設け連続的に処理できる連続炉を図9－14に示す。炉内ろう付においては，温度調節や部品の組付け，フラックスの塗布などに注意しなければならない。また，フラックスからのガスによる炉壁，電熱線などへの腐食対策も必要となる。

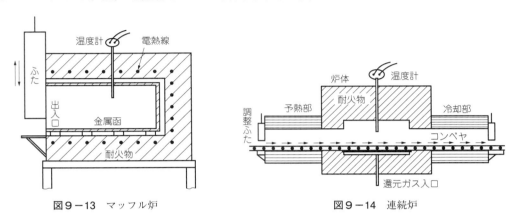

　　　図9－13　マッフル炉　　　　　　　　　　図9－14　連続炉

（3）　誘導加熱ろう付

　加熱用コイルに高周波電流を流し，ろう付部品の表面に誘導電流を生じさせ熱を発生させてろう付を行う方法である。高周波は，10 kHz～400 kHzのものが用いられるが，通常300 kHz前後のものが多い。これは周波数により加熱深さが異なるためで，高い周波数ほど加熱深さは浅くなる。また，高周波の発生には，電子管式や電動発電機式，サイリスタ式などが用いられる。

　加熱用コイルは，ろう付部全体を均一に加熱されるように設計することが重要である。そのためには図9－15に示すように製品形状に合わせた形状と電力の与え方を考慮しなければならない。

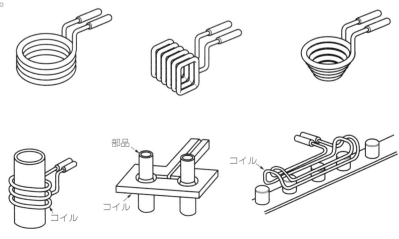

図9－15　高周波コイルと利用例

高周波誘導加熱の効率は，母材の磁性や電気抵抗などにより異なり，銅や黄銅，アルミニウム，オーステナイト系ステンレス鋼などで悪く，炭素鋼やマルテンサイト系ステンレス鋼などで良い。誘導加熱ろう付では，急速な材料の加熱はろう付部の酸化や材料の変質を防止し，作業時間も短くなる。また，加熱電力の調整も容易で消費電力も少ない。部品の形状や寸法により，コイルを設計製作する必要があり，少量のものや複雑な形状のものには不向きである。

（4）抵抗ろう付

スポット溶接と同じように，ろう付部に電極を通じて電気抵抗熱を発生させ，ろう付する方法である。図9－16にその原理を示す。電極には，純銅やクロム銅の先端に電気抵抗の大きい炭素やタングステンなどが用いられ，電気抵抗熱が大きくなるような材料が使用される。

抵抗ろう付は，圧力を加えた後に電流を流すので，ろう付部の密着はよく酸化も少なく，ろう付時間も短いなどの利点がある。反面，接合面積が広いと電気抵抗が小さくなるため，大電流を必要とし，変圧器の容量も大きくなる。こうしたことから，大きな部品のろう付には不向きである。使用するフラックスには，電気を通すものを選定しなければならない。

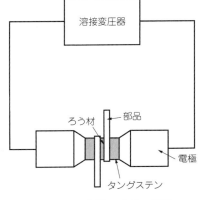

図9－16　抵抗ろう付の原理

（5）ディップろう付

ディップろう付は，フラックスを塗布した部分を溶融したろうの中に浸漬（しんせき）して行う方法と溶融したフラックス浴か塩浴の中へろう材を挟みこんだ部品を浸漬する方法がある。ろう材やフラックスを溶融する容器は，ニッケルクロム系，ニッケルクロム鉄系の材料，さらにセラミックをコーティングした材料などが用いられる。熱源としては，ガス，重油，電気などが用いられており，ろう付専用のバス炉もある。ディップろう付は主に低融点ろう材に用いられ，自動車のラジエータや自転車のフレーム，プリント配線などの量産品のろう付に用いられる。

（6）アークろう付

アークろう付は，母材と電極間，または二つの電極間に発生するアークの熱でろう付を行う方法である。

（7）光ビームろう付

光ビームろう付は，図9－17に示すように，キセノンランプを用い，反射鏡で収束した光エネルギーで加熱してろう付する方法で

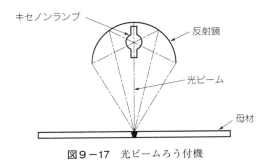

図9－17　光ビームろう付機

ある。

この方法では，ランプの出力に制限があることから，極薄板材や小物部品などの接合に用いられる。

4.2 ろう及びフラックス

(1) ろう

ろう付を行ううえで，ろう材に求められる条件として，次のようなことが挙げられる。

① 母材に対してなじみが良好であること。
② 目的に応じ適切な溶融温度と流動性を有し，継手の狭い間げき（隙）によく広がること（ぬれ性がよいこと）。
③ 溶融状態で溶け分かれを起こしにくいよう各成分の融点ができるだけ近いこと。
④ 過剰に蒸発する成分を含有していないこと。
⑤ 腐食の原因となる母材との電位差が小さいこと。

通常，ろう材に用いる金属は，流動性や溶融温度，ろう付強さなどの性質が求められるため，二つまたはそれ以上の元素を含んだ合金が用いられる。

表9-2に各種ろう材の基本成分とその用途を示す。

表9-2 各種ろう材の基本成分と用途

種　類	基本成分	用　途
a. 銀ろう （JIS Z 3261：1998）	銀（Ag）－銅（Cu）， 銀（Ag）－銅（Cu）－亜鉛（Zn）	炭素鋼，ニッケル合金，銅，チタン，ステンレス鋼，鋳鉄など
b. 銅及び銅合金ろう （JIS Z 3262：1998）	純銅，銅（Cu）－亜鉛（Zn）	炭素鋼，銅，黄銅など
c. アルミニウム合金ろう 　及びブレージングシート （JIS Z 3263：2002）	アルミニウム（Al）－けい素（Si）	アルミニウム及びその合金
d. りん銅ろう （JIS Z 3264：1998）	銅（Cu）－りん（P）， 銅（Cu）－銀（Ag）－りん（P）	銅及び黄銅
e. ニッケルろう （JIS Z 3265：1998）	ニッケル（Ni）－クロム（Cr）－ほう素（B） －けい素（Si）－鉄（Fe）	ステンレス鋼，ニッケル合金，コバルト合金など
f. 金ろう （JIS Z 3266：1998）	金（Au）－銅（Cu）， 金（Au）－パラジウム（Pd）－ニッケル（Ni）	貴金属，ニッケル合金など
g. パラジウムろう （JIS Z 3267：1998）	パラジウム（Pd）－銀（Ag）－銅（Cu） パラジウム（Pd）－銀（Ag）－マンガン（Mn）	貴金属，一般工業用など
h. 真空用貴金属ろう （JIS Z 3268：1998）	銀（Ag）－銅（Cu） 金（Au）－銅（Cu）	真空機器，電子管など

(2) フラックス

ろう付に使用されるフラックス材に求められる条件には，次のようなものがある。

① 母材表面の異物や酸化物を除去すること。
② 加熱部が大気と接触することを防止する（酸化を防止する）こと。

③　ろうの母材へのぬれや流動性を高める（なじみをよくする）こと。
④　フラックスの有効温度範囲が，ろう付温度範囲内にあること。
⑤　ろう付時間が少々長くても効力を失わないこと。
⑥　水と混合して均質なのり状になり，母材に均一に塗布しやすいこと。
⑦　のり状のものが乾いても，水を加えれば再び元の状態に戻ること。
⑧　ろう付後のスラグの除去が容易であること。
⑨　塗布した後の乾燥や加熱中にはがれないこと。
⑩　人体に有害でないこと。

4.3　各種金属のろう付

　ろう付は，同種の金属に対して行う場合と異種金属の接合に用いられる場合がある。したがって，母材の性質をよく知り，それぞれに適したろう材，ろう付方法を用いなければならない。

(1)　鋼のろう付

　軟鋼や低合金鋼のろう付には，一般に黄銅ろうが用いられる。中炭素鋼や合金鋼は，多くの場合，熱処理をして使用される。したがって，ろう付を熱処理前にするか後にするかは，熱処理温度や使用目的に応じて決めなければならない。さらに，ろう材の溶融点や種類などにも十分考慮しなければならない。なお，熱処理と同時にろう付することも多く，この場合には銀ろうが多く用いられる。亜鉛めっき鋼板のろう付は，はんだによる方法が一般的である。

(2)　ステンレス鋼のろう付

　ステンレス鋼のろう付では，母材表面にクロム酸化物の皮膜があるため，表面を機械的に研磨するか，それを除去する能力のあるフラックスが用いられる。なお，ろう材には，銀－銅－亜鉛にカドミウムが添加された銀ろうが用いられる。また、近年ではカドミウムが身体に及ぼす影響を考慮して，含有量を限りなくゼロに抑えたカドミウムフリーの銀ろうを用いることが増えてきている。

　ステンレス鋼の軟ろう付では，JIS規格外のステンレス鋼用はんだと液状フラックスが用いられる。

(3)　鋳鉄のろう付

　ねずみ鋳鉄のろう付は，遊離黒鉛が多いため，ろうが母材になじみにくいので難しい。また，可鍛鋳鉄やノジュラー鋳鉄のろう付では，母材が700℃以上にならないように注意を要する。この場合のろう材は，銀－銅－亜鉛にニッケルが添加された銀ろうが用いられる。

(4)　銅及び銅合金のろう付

　脱酸銅のろう付はあまり問題はないが，酸素含有銅（タフピッチ銅）はろう付により，焼

なましぜい化を起こし耐食性も悪くなることがある。銅のろう付には，銀ろうやりん銅ろうを用いることが多い。また，黄銅ろうの亜鉛を多くして融点を下げたろう材も用いられる。銅合金のろう付には，黄銅ろうが多く用いられる。

（5）アルミニウムのろう付

アルミニウム及びその合金のろう付は，他の金属の場合とほぼ同様にできる。ただ，母材表面に強固な酸化皮膜があること，アルミニウムの融点が低いこと，またアルミニウム合金がフラックスにより腐食されやすいことなどから，作業上の注意点も多い。特に，ろう材の融点が母材の融点と接近しており，母材を溶融させずろう材のみを溶融させられる温度範囲が狭いため，ろう付操作が難しい問題がある。

アルミニウム及びその合金のろう付では，ろう材を母材の片面または両面に圧延加工などでクラッドしたブレージングシートが用いられる。このシートは，ろう材を接合部に置いたり加えたりすることが不要で，複雑な構造の製品に適用でき，作業性がよいなどの利点がある。アルミニウム合金がフラックスで腐食されやすいことから，塩化物系フラックスでは，ろう付後に洗浄して除去しなければならない。なお，ふっ化物系フラックスは腐食しないことから，洗浄は不要である。一方，酸化皮膜を真空で破壊してろう付する真空ろう付法ではフラックスは不要となり，フラックス除去の問題はなくなる。

（6）その他の金属のろう付

ニッケル及び高ニッケル合金は，銀やニッケルを主成分とするろう材を用いることで，比較的容易にろう付ができる。

チタンのろう付は，酸化皮膜ができやすいことから，短時間で加熱・冷却される高周波ろう付法や抵抗ろう付法が用いられる。なお，ろう材には，銀ろう，アルミニウムろう，チタン，ニッケル，銅などのはく（箔）を重ねた積層ろうなどが用いられ，フラックスには，塩化銀や塩化リチウムなどが用いられる。

表9-3は，各種ろう材が主にどのような材料に用いられるかを示したものである。

表9-3 ろう材適用表

ろう材	適用材料	使用温度
銀ろう	ステンレス鋼，ニッケル合金，鋳鉄，銅，炭素鋼	約700℃
黄銅ろう	銅，黄銅，炭素鋼	約900℃
りん銅ろう	銅，黄銅	約800℃
ニッケルろう	ステンレス鋼，ニッケル合金，コバルト合金	約1000℃
アルミニウム合金ろう	アルミニウム及びその合金	約600℃

4.4 マイクロソルダリング

電子・情報機器に用いられる部品は，機器の小型化や軽量化の要求とともに微小で微細なものが使用される。このような大きさが数ミリ以下である微小な電子部品を高密度にプリン

ト配線板などへ接合する技術として，はんだ付（ソルダリング）が多く採用される．このような微細な接合箇所の接合に用いられるはんだ付を特にマイクロソルダリングという．

一般のはんだ付とマイクロソルダリングでは，はんだ付の原理原則は同じである．マイクロソルダリングでは接合対象の部品が小さいため，部品の大きさに対する接合部の面積の比が大きくなる．したがって，マイクロソルダリングでははんだの溶解量，拡散層の厚さ，表面張力，変形量などが接合性，接合品質に無視できない影響を及ぼすようになる．

マイクロソルダリングの方法を分類すると，①コテソルダリング法（マニュアルソルダリング法），②フローソルダリング法及び③リフローソルダリング法の3種類がある．

①は，実体顕微鏡などの視覚補助装置を用いて，部品一つずつを電気こてではんだ付する方法である．この方法は，手作業であるために高い技能が要求される．電気こてには，正確な温度の設定と制御が可能なものが使用される．また，補修などで部品を基盤から取り外す場合には，溶融はんだの吸取り装置を組み合わせた特殊な電気こてが用いられる．

②と③は，自動化された生産ラインで使用される方法である．②は溶融したはんだを機械的に常に流動または循環させ，部品を固定したプリント配線板などの接合部に接触させてはんだ付する方法である．はんだ槽の形式には静止浴と噴流浴がある．図9-18にはんだ槽の形式を示す．(a)～(c)は静止浴の例でディップソルダリング法，(d)～(f)は噴流浴の例でフローソルダリング法という．

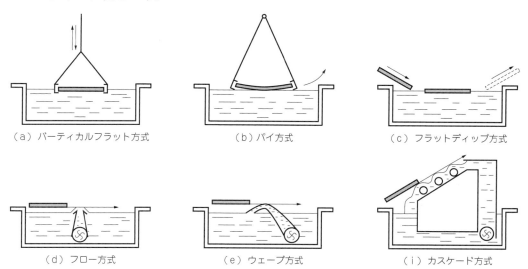

(a) バーティカルフラット方式　(b) パイ方式　(c) フラットディップ方式

(d) フロー方式　(e) ウェーブ方式　(f) カスケード方式

図9-18　はんだ槽の形式（(a)～(c)静止浴，(d)～(f)噴流浴）

③は接合箇所にあらかじめはんだが供給されており，これを単一または複数の熱源もしくは熱と加圧力の両者を併用して溶融，加圧してはんだ付を行う方法である．はんだの供給は，めっきなどの表面処理による方法，適当な形状の成形はんだを用いる方法やペースト状のはんだを塗布する方法がある．図9-19にリフローソルダリング法の工程を示す．各方法で供給されたはんだに部品がセットされ加熱される．加熱方法は熱風法，赤外線法，レーザ法

溶 接 法

などがあり，一括したはんだ付には熱風法などが用いられ，局所的なはんだ付にはレーザ法などが用いられる。

　はんだ材料にはすず－鉛合金が多く使用されるが，鉛による環境汚染が問題となり，それを防止するために鉛を含まないはんだ材料が適用される。

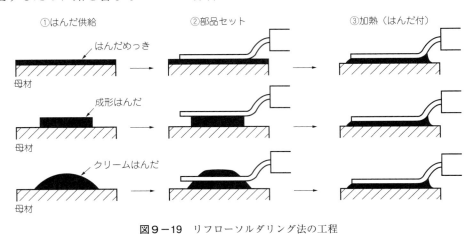

図9－19　リフローソルダリング法の工程

第5節　エレクトロスラグ溶接

5.1　エレクトロスラグ溶接

　エレクトロスラグ溶接は，厚板の立向自動溶接を行うための方法で，溶接される鋼板を適当な間隔をとって垂直に突合わせ，接合部に水冷した銅当て金を当てて開先内にフラックスとワイヤを挿入して垂直方向に溶接する方法である。

5.2　原理と特徴

　この方法では，溶接開始時にはアークが発生する。このアークで挿入したフラックスが溶け溶融スラグを生成するが，その量が多くなると溶融スラグがワイヤ先端を覆うようになり，アークは消滅する。しかし，その後もワイヤ及び溶接電流は供給され，ワイヤは溶融スラグ中に流れる電流の抵抗発熱により溶融される。この溶融金属は，溶融スラグ層の下の水冷銅当て金に固まれた開先内にたまり，その保有熱で開先面を溶かしながら順次凝固し，立向で溶接部を形成していく。

　図9－20にエレクトロスラグ溶接法の原理を示す。溶接電源には直流，交流のいずれも使用できる。

　この溶接方法には二つの形式があり，一つは，ソリッドワイヤ又はフラックス入りワイヤを送給しながらフラックスを供給する方法である。

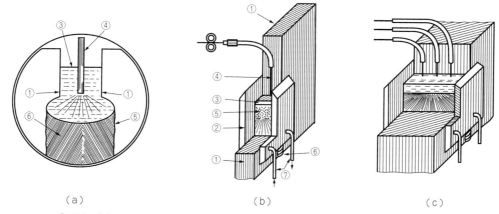

①母材　②水冷銅当て金　③溶融スラグ　④電極ワイヤ　⑤溶融池　⑥溶接金属　⑦冷却水

図9－20　エレクトロスラグ溶接法の原理

　もう一つの方法は，図9－21に示すような消耗ノズル方式と呼ばれる方式で，ワイヤの絶縁方式で2種のものがある。図(a)は，開先内の絶縁固定された鋼パイプにワイヤを送給し，別途に被覆棒も送給するグラスファイバーリングによる絶縁方式である。図(b)は，鋼パイプの周りに被覆剤を塗った専用のノズルにワイヤを送給する方式で，**セス（SES）**法とも呼ばれる。図(a)の方法は，長い鋼板を連続的に溶接できるが装置は複雑である。一方，図(b)の方法は，装置が簡単で取り扱いやすく，装置の可搬性に優れる。

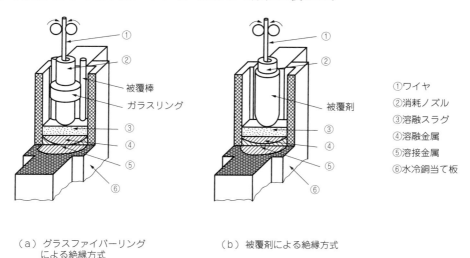

（a）グラスファイバーリング　　　（b）被覆剤による絶縁方式
　　　による絶縁方式

図9－21　消耗ノズル式エレクトロスラグ溶接法の構成

　エレクトロスラグ溶接は，入熱量が大きいため冷却速度が遅くなる。そのため，ブローホールの発生が少ない溶接部が得られるが，溶接部の結晶粒は粗大化して切欠きじん性が低下する。なお，その他の機械的性質については，他の溶接方法と大差のない溶接部を得られる。
　この方法は工場内，屋外を問わず使用され，ボイラ，重機械，船体，鉄骨などの厚板の立向突合せ継手の溶接に使用される。

第6節　ロボット溶接

6.1　溶接用ロボットの原理

　溶接ロボットの基本的な構成と動作原理は，溶接トーチを持った腕（アーム）を電動モータ（又は油圧）によって動かす。その動きはコンピュータにより制御され，また動作プログラムは，作業に精通したオペレータが教示（**ティーチング**）する必要がある。ロボットは教示された内容についてのみ，高い精度で繰返し作業を行うしくみになる。ティーチング作業例を図9-22に示す。

図9-22　ティーチング作業例

　こうしたオペレータによる教示方法には，直接ティーチングと間接ティーチングがある。前者は，実際のロボットを使用して動作などを教示・再生するティーチングプレイバック方式（**オンラインティーチング方式**）である。また，後者はコンピュータ上に構築された仮想空間に，ロボットとワークのモデルをディスプレイに表示して教示する**オフラインティーチング方式**である。さらに，ティーチングレス化をめざしてCAD（Computer Aided Design）のデータをもとにロボットに必要な動作データや溶接データを自動生成して教示するCAD/CAM（Computer Aided Design/Computer Aided Manufacturing）方式の開発が行われている。

6.2　溶接用ロボットの種類

　溶接作業に用いられるロボットには，主にスポット溶接用とアーク溶接用がある。**スポット溶接用ロボット**は，重いスポット溶接ガンを人間に代わって操作するロボットで，自動車のボディーなどの板金，プレス製品の溶接組立て工程に多く使用される。**アーク溶接ロボッ**

トは，特殊な専用ロボットを除き，一般にはマグ溶接やミグ溶接を行うことを基本としたものが多い。一方，溶接電源や溶接トーチを交換することでティグ溶接，プラズマ溶接・切断などのほかYAGレーザ加工，グラインダ作業などにも応用できる機種もある。

6.3 ロボット溶接の特徴

ロボットはコンピュータで制御されることから，装置の機構（ハード）をほとんど変えることなく，プログラムやティーチングの内容（ソフト）のみを変更するだけで，いろいろな作業に対応できるといった柔軟性（**フレキシビリティ**）を有する点に大きな特徴がある。

ロボットは，製品のモデルチェンジなど，製品の形状や作業内容の変更の要請に対する対応が容易であり，同一の自動生産ラインで異なったモデルの製品を加工するような「**混流生産**」も可能で，「**多品種少量生産**」にも対応できる。

一般にロボットを導入する利点として，大きく分けて次の二つが考えられる。

（1）労働条件を改善できる利点

重労働（重量物の移動，操作，荷積み運搬作業など）や危険作業（有害物質の取扱い，高所作業，プレス作業など），高熱作業（鋳造，炉前作業など），悪環境（粉じん，ヒューム，有害光，騒音環境での作業など），単調作業（単純な繰返し作業）など，人間にとって過酷で危険な作業を，人間に代わってロボットに行わせることができる。

（2）生産性の向上や省力化などの経済的な利点

① 製品にばらつきがなく品質が安定する。
② 作業ミスが少ない。
③ 加工速度や正確度などにおいて人間に勝る場合が多い。
④ 24時間稼働が可能である。
⑤ かん（勘）に頼らずプログラムどおりに働く。

ただ，ロボットによる作業も，その動作内容や仕事の条件について正確なプログラムの作成とティーチングといった作業が必要で，こうした作業にも比較的手間と時間がかかる。また，ロボットといってもすべてに万能ではなく，例えば，熟練した作業者にしかできないような高度で複雑な仕事は，ロボットには不可能な場合も多いことに注意する必要がある。

6.4 ロボット溶接作業

（1）ロボット溶接のための条件

溶接ロボットを溶接工程に導入して有効に活用していくためには，いくつかの条件を満足する必要がある。

a．ワーク精度

溶接ロボットの位置再現精度は，一般に0.1 mm～0.2 mmと比較的高い。ただし，ロボッ

溶接法

トによる溶接の精度は，オペレータのティーチング技術に大きく左右される。

基本的に高精度な再現性をもつのが溶接ロボットであり，その溶接の可能性や良否は，次のような**ワーク精度**で左右される。

① 溶接部材の切断，曲げ，開先加工などの加工精度
② 溶接ワークの仮付け及び仮組みの精度
③ 溶接ジグの精度

したがって，これらの精度を上げ，ワークの溶接位置が常に同じところに同じようにセッティングされる必要がある。これらを総合した精度のばらつきは，溶接法や溶接条件にもよるが，マグ溶接などの場合は，使用するワイヤ径の半分以下にするのが一般的な目安とされる。

b．センシング機能

ロボット溶接に必要なワークの精度が十分確保できない場合や，溶接中の熱変形などにより溶接線がティーチングポイントからずれるようなワークに対しては，それぞれの作業に適した各種のセンサを利用して，ロボットにセンシング機能をもたせる方法が実用化されている。

センシング機能の主なものとして，

（a）溶接開始点検出機能
　　・ワイヤタッチセンサ
（b）溶接線ならい機能
　　・アークセンサ
　　・レーザセンサ
　　・ビジュアルセンサ（CCD カメラと画像処理）
　　・その他，タッチ式ならいセンサなど
（c）その他の機能
　　・多層盛機能
　　・アーク切れ・ガス切れ検出機能

などが挙げられる。

（2）ティーチング作業（ティーチングプレイバック方式）

溶接ロボットのティーチング作業とは，溶接作業に必要となる「位置データ」や「作業データ」など，すべてのデータをティーチングペンダント（教示用コントローラ）や操作パネルを用いて正しく教示し，自動運転ができるようにすることである。**位置データ**としては，目的の溶接が能率よく確実に行えるような溶接トーチの姿勢や移動経路のデータがある。また，**作業データ**には，溶接の開始・終了及び溶接条件（電流，電圧，速度），ウィービング条件，ワークのクランプジグやターンテーブルなどの周辺機器との連動条件，各種センサの作動条

件などがある。

　なお，ロボットの移動経路の教示には，主に次のような命令（コマンド）が使用される。

　（P）or（MOVJ）……主に空間での位置決め（移動）に使用する。
　　　　　　　　　　（正しい直線の軌跡とはならないが高速での移動が可能）

　（L）or（MOVL）……溶接線が直線の場合に使用する。また，空間移動にも使用可。
　　　　　　　　　　（正確な直線の軌跡による移動が可能で，溶接速度なども正確な移動速度が設定できる。なお，直線の軌跡は，その始点と終点の2点を教えることで決定でき，これを「**直線補間**」と呼ぶ）

　（C）or（MOVC）……溶接線が曲線（円弧の一部）の場合に使用する。
　　　　　　　　　　（Lと同様，正確な移動速度が得られる。なお，曲がりくねった複雑な曲線でも，近似的ではあるが，いくつかの円弧に分割して教えることでトレースが可能となる。円弧の軌跡はその始点と円弧上の1点及び終点の3点を教えることで決定でき，これを「**円弧補間**」と呼ぶ）

次に簡単なティーチング作業の例を示す（図9－23）。

① 溶接トーチを作業開始に最適な場所に移動し，そのポイントを記憶する（P）。

② ワークと干渉しないポイントを選び，溶接開始位置の近くまで移動し，そのポイントを記憶する（P）。

③ 溶接開始点に移動し，溶接に最適なトーチの姿勢，ワイヤ突出し長さ，ねらい位置などを設定し，そのポイントを記憶する（P）。

　　ここで作業データとして，溶接開始（アークスタート）のコマンドや溶接条件（溶接速度，電流，電圧）を設定，記憶する。

④ 直線溶接の終了点まで移動して，そのポイントを記憶する（L）。

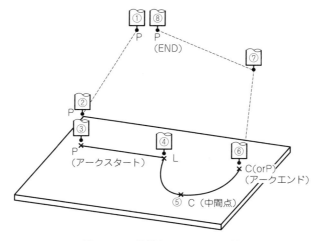

図9－23　簡単なティーチング例

⑤ 円弧のほぼ中間点まで移動して，そのポイントを記憶する（C）。

⑥ 円弧の終点（この例では，溶接終了位置でもある）まで移動して，そのポイントを記憶する（C（or P））。

さらに，ここで溶接終了（アークエンド）コマンドやクレータ処理条件などを設定，記憶する。

⑦，⑧ ワークに干渉しないように回避しながら①の状態まで復帰し，これらのポイント及びプログラムの終了コマンドを記憶する。

その他のティーチング作業として，プログラムのファイル名の設定や編集，移動軌跡や作業データの確認，修正作業などがある。

（3） ロボット操作における安全対策

溶接ロボットなどの産業用ロボットは，生産現場において非常に有効な機械装置である。しかし，その取扱いや安全については十分な配慮が必要となる。

これは，ロボットの動作が他の機械装置の動きと次のような点で大きく異なるからである。

① 産業用ロボットは，一般に比較的長いアームを持ちその先端部はロボット周囲のかなり広い空間を高速で動くことや，ジグなどの周辺機器と連動した複雑な動きとなることが多く，周辺の人々にとってロボットや装置の動きが予測しにくい。

② ロボットの設置条件や部品の信頼性，ノイズなどにより制御回路に異常が発生した場合，ロボットの異常動作など予測不能な動きをする恐れがある。

③ ロボットの機構，制御がかなり高度で複雑化するため，この取扱いには十分な知識が必要であり，取扱い者の知識不足が誤操作や不安全行動の原因となる。

こうしたことから，日本産業規格 JIS B 8433（産業用マニピュレーティングロボット―安全性）で，メーカに対する安全規則を定めている。また，労働安全衛生法では，事業主は産業用ロボットの取扱い者に「特別教育」を受講させることを義務づけている。

第9章の学習のまとめ

本章では，産業分野において広く利用されるアーク溶接法以外の溶接法を取り上げ，これらに関する原理，特徴などについて述べた。

【練習問題】

次の各問に答えなさい。

（1） レーザ溶接の特徴として正しいものは次のうちどれか，選びなさい。
　① 被溶接物の表面状態に影響を受けにくい。
　② 装置の消耗品や維持費などが安価である。
　③ 異種材料溶接が可能。

（2） 摩擦かくはん接合の特徴として間違っているものは次のうちどれか，選びなさい。
　① 入熱が少ないため，溶接変形が極めて小さい。
　② さまざまな継手に適用できる。
　③ 他の溶接法で見られる欠陥（ブローホール，割れなど）が発生しない。

（3） アルミニウム合金のろう付けで用いられる，ろう材の使用温度として正しいものは次のうちどれか，選びなさい。
　① 400℃　② 500℃　③ 600℃

（4） エレクトロスラグ溶接の特徴として正しいものは次のうちどれか，選びなさい。
　① 入熱量が大きいため冷却速度が遅くなる。
　② 溶接電源は直流のみ使用できる。
　③ 厚板の下向き突合せ継手の溶接に使用されることが多い。

（5） ロボット溶接の特徴として間違っているものは次のうちどれか，選びなさい。
　① 製品にばらつきがなく品質が安定している。
　② 作業ミスが少ない。
　③ 加工速度は遅い欠点があるが，正確度などにおいて人間に勝る場合が多い。

第10章 熱　切　断

　鋼の切断によく用いられるのは，酸素―アセチレン炎又は酸素―プロパン炎を用いるガス切断である。この方法は，加熱部へ酸素を吹き付けることで得られる燃焼熱が，予熱炎と相まって材料を加熱，溶融させて連続的な切断を可能とするものである。ガス切断は熱切断法の最も代表的なもので，鋼材の切断方法として現在でも重要な位置を占める。

　しかし，広い分野において様々な目的で各種金属が使用されており，その中にはガス切断のメカニズムが成立しないものも多い。そのため，その他の熱切断法を用いる必要がある。

　ここでは，熱切断のうち，ガス切断，プラズマ切断及びレーザ切断について述べる。

第1節　ガ　ス　切　断

1.1　概要

　ガス切断は，鉄の酸化反応による化学的エネルギーと酸素噴流の物理的エネルギーを利用した切断法である。

　鋼を局部的に900℃程度に予熱し，その部分に酸素を吹き付けると鋼中の鉄は燃焼し，酸化鉄を生成し，そのときに発生する燃焼熱で溶融する。溶融した酸化鉄は酸素噴流の力で除去され切断が行われる。切断が開始されると，鉄の燃焼熱と火炎の予熱炎で部分的にますます熱せられ，そこに酸素が吹き付けられるので連続的に切断が続けられる。

1.2　手動ガス切断器（切断吹管）

　手動ガス切断器は，使用最大流量がアセチレンガスについては2500（L/h），LPGについては1500（L/h），またはこれらと同等の加熱効果をもつガスを燃料ガスとし，酸素と混合して金属の切断に用いるものである。

（1）　1形切断器

　1形切断器は図10－1に示すように，予熱炎となるガスの混合は吹管内で行われ，この混合ガスを火口に供給する形式のものである。したがって，この切断器では，酸素とアセチレン，または酸素とプロパンガスを混合して予熱用ガスを形成する部分と切断用酸素のみを噴出する部分に分かれる。また，切断火口も図10－2に示すように予熱用混合ガスを噴出する穴と切断用酸素を噴出する穴が別々になる。

溶 接 法

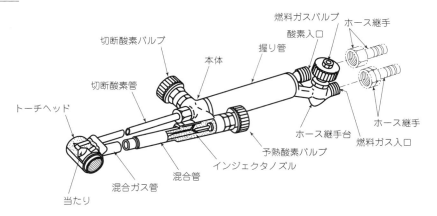

図 10－1　1形切断器

　図10－3に1形切断火口の構造を示す。この火口を取り付ける際は，まずバックナットを本体六角部側に寄せた後，本体六角部を回して吹管に取り付ける。この操作により火口の当たり部を吹管の当たり部に密着させ，切断酸素の混合ガス管への逆流を防ぐ。
　1形切断器の能力は，切断板厚によって板厚の薄い順に1号，2号，3号に区分される。

（2）　3形切断器
　3形切断器は，図10－4に示すように予熱用ガスの混合を火口内で行う形式のものである。

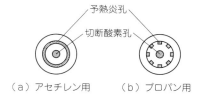

図 10－2　火口先端部

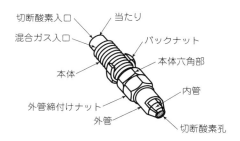

図 10－3　1形切断火口

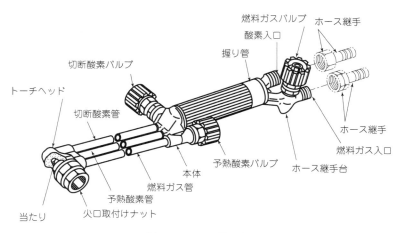

図 10－4　3形切断器

110

この切断器の火口は，テーパ状の当たりが三段あり，**三段当たり火口**と呼ばれ，図10－5に示すようにアセチレン用は一体形火口，プロパンガス用は組立形火口となる。

3形切断器の能力は，1形切断器と同様に1号，2号，3号に区分される。

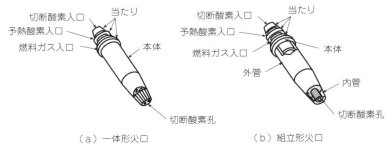

図10－5　3形切断火口

1.3　自動ガス切断機

自動ガス切断は，ガス切断器を走行装置に組み付け，それを自動的に移動させて切断を行うものであり，火口は三段当たり火口を用いる。

自動ガス切断機は半自動式と全自動式があり，切断形状により，直線切断機，円切り専用切断機，形ならい切断機などがある。NC自動切断機は，切断形状や切断条件を外部のNC（数値制御）プログラム自動生成装置や直接NC操作パネルから入力し，このデータを基にならい切断が自動的に行われる装置である。図10－6に自動ガス切断機の例を示す。

図10－6　自動ガス切断機

1.4 ガス切断作業法

(1) 切断炎の調整

良好なガス切断を行うには火炎の調整が重要である。火炎の調整は，一般に予熱炎と切断炎の2段階ある。図10-7にアセチレン切断炎の調整手順を示す。予熱炎の調整ではアセチレンのみで点火した後，酸素を徐々に増して（図10-7①）中性炎にする（図10-7②）。

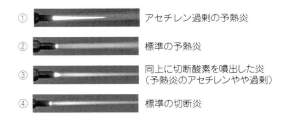

図10-7　アセチレン切断炎の調整手順

予熱炎の調整後，切断酸素を噴出させ，酸素噴流の形状が直線的に火口から長く噴出されることを確かめる。このとき予熱炎が炭化炎になるので（図10-7③），再び酸素を増して中性炎に調整する（図10-7④）。切断炎の調整後，切断酸素を止めて材料を予熱する。適切な予熱温度に達した時点で，切断酸素を噴出させ材料の切断を開始する。

(2) 切断火口の能力と切断可能板厚の関係

火口の能力は切断酸素噴出孔の孔径によって決まり，それによって酸素圧力，切断できる板厚，切断速度なども決まる。

表10-1　手動切断による標準作業条件

板厚 (mm)	火口口径 (mm)	酸素圧力 MPa	アセチレン圧力 MPa	切断速度 m/s
3	0.5〜1.0	0.098〜0.147	0.0098	0.008〜0.010
6	0.8〜1.0	0.098〜0.147	0.0098	0.007〜0.008
9	0.8〜1.5	0.147〜0.196	0.0098	0.007〜0.008
16	1.0〜1.5	0.147〜0.196	0.0098	0.005〜0.007
19	1.2〜1.5	0.196〜0.245	0.0196	0.005〜0.007
25	1.2〜1.5	0.245〜0.294	0.0196	0.004〜0.006
36	1.7〜2.0	0.294〜0.343	0.0196	0.003〜0.005
50	1.7〜2.0	0.343〜0.392	0.0196	0.003〜0.004

表10-2　自動切断による標準作業条件

板厚 (mm)	火口口径 (mm)	酸素圧力 MPa	アセチレン圧力 MPa	切断速度 m/s
3	1.0	0.098〜0.147	0.0196	0.008〜0.010
6	1.0	0.098〜0.147	0.0196	0.007〜0.008
9	1.0〜1.5	0.147〜0.196	0.0196〜0.0245	0.007〜0.008
16	1.0〜1.5	0.147〜0.196	0.0196〜0.0245	0.005〜0.007
19	1.0〜1.5	0.196〜0.245	0.0196〜0.0245	0.005〜0.007
25	1.5	0.245〜0.294	0.0196〜0.0245	0.004〜0.006
36	1.5〜2.0	0.294〜0.343	0.0245〜0.0294	0.004〜0.006
50	1.5〜2.0	0.343〜0.392	0.0245〜0.0294	0.003〜0.004

酸素噴流で溶融金属を除去するので、酸素圧力を高くするとよい切断面が得られるように思われるが、酸素噴流が乱れて切断面のおうとつ（凹凸）が大きくなる。逆に、低すぎると、酸素噴流が板厚にわたって十分に貫くことができなくなり、切断が困難となる。表10-1、表10-2は手動切断と自動切断における各板厚に対する火口能力（火口の口径）と酸素圧力、切断速度などの標準的な条件を示したものである。

(3) 酸素・LPガス切断

a．アセチレンとプロパンの性能比較

表10-3に、ガス切断に用いられる一般的な2種類のガスの性能を示す。

ひずみ取りや熱処理などの局部加熱にはアセチレンの方が優れるが、熱間曲げや予熱などの広い領域の加熱にはプロパンが有利である。このほか、管理面、経済性、安全性ではプロパンの方が優れる。

表10-3 アセチレンとプロパンの性能比較

項　目	アセチレン	プロパン
1. 火炎温度(℃)	約3000	約2800
2. 発熱量(kJ/m^3)	約5800	約9850
3. 爆発範囲(vol.%)	2.5～100	2.1～9.5
4. ガス比重(空気=1)	0.91	1.52
5. 危険性	・分解爆発の可能性がある ・爆発範囲が広い	不完全燃焼、酸欠の危険性がある
6. 火炎調整	容易	中性炎が確認しにくい
7. 予熱時間	短い	長い
8. 切断面	上縁の溶けが起きやすい	上縁の溶けが少ない
9. 火炎の集中性	高い	アセチレンほど高くない

b．酸素・プロパンの混合比

酸素とプロパンの混合比はプロパン1に対して酸素約4.5の割合であり、酸素とアセチレンの混合比1：1に比べ4.5倍の酸素量となる。

c．プロパン用切断火口

プロパンの燃焼速度は、アセチレンより遅いことから、ガスの噴出速度を遅くしなければならない。また、プロパンの混合室は、酸素と比べ比重に差があることから、切断器の混合室を大きくし、火口内でも十分混合できるような構造となる（図10-8）。

プロパン用切断火口の特徴は次のような点である。

① 予熱炎の穴は、炎が吹き消えないように、大きくて個数も多い。

② 火口先端のスリーブは、噴出速度を遅くするとと

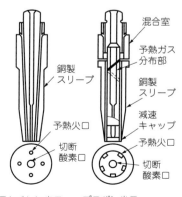

図10-8　火口の比較

溶 接 法

もに二次空気と完全に混合し燃焼させて炎の温度を高めるため長い。

d．プロパン炎の調整

酸素・プロパン炎の調整は，不完全燃焼による一酸化炭素の発生を抑えるため，特に重要である。図10－9に，酸素・プロパン炎の調整手順を示す。白心が透明になる直前にプロパンの中性炎が得られる。

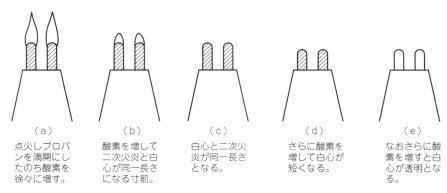

図10－9　プロパン炎の調整手順

e．プロパンによる切断条件

表10－4にプロパン切断作業の標準条件の一例を示す。

表10－4　酸素・プロパンによる切断条件（例）

	板厚 (mm)	火口口径 (mm)	プロパンの圧力 MPa	酸素圧力 MPa	切断速度 m/s
自動切断	6.3	0.965	0.021	0.172	0.014
	12.7	1.09	0.021	0.192	0.015
	19.0	1.32	0.024	0.206	0.008
	25.4	1.61	0.024	0.247	0.006
	50.8	1.61	0.028	0.261	0.004
手動切断	3.2	1.09	0.014	0.103	自動切断とほぼ同じ
	12.7～19.0	1.32	0.021	0.206	
	25.4～31.8	1.61	0.021	0.240	
	50.8	1.61	0.021	0.309	

（4）　特殊切断

特殊切断には，鋼材の溝掘り（ガウジング），圧延前の鋼材表面傷や不純物などを除去するスカーフィング，水中切断などがある。

a．ガウジング

ガウジングは，溶接の開先加工や裏はつり，鋼材表面の割れや傷などを除去するのに用いられる方法で，吹管にはガス切断器に類似のものを用いる。図10－10にU形溝をガウジングにより加工した一例を示す。

ガウジング用火口は，図10-11に示すように，先端を少し曲げ，酸素噴出孔の孔径が大きくなっている。

図10-12にガウジングの作業要領を示す。

まず予熱し(①)，酸素を噴出させて材料を除去する(②)。開始位置に戻りより深く除去する(③)。火口を前進させて同様の作業を繰り返し行い，必要なガウジング長を確保する(④，⑤)。

図10-10 ガウジング（溝掘り）

図10-11 ガウジング用火口

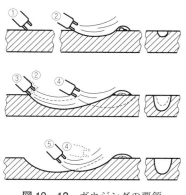

図10-12 ガウジングの要領

b．スカーフィング

鋼材の表面に傷や不純物があるまま圧延されると，欠陥がさらに拡大される。これを防ぎ鋼材の品質を高めるため，圧延前にスカーフィングを行って傷や不純物を除去しなければならない。

スカーフィング用火口もガス切断用とほとんど同じであるが，鋼材の表面を幅広く加工できるような違いがある。なお，ガス消費量は多量となるため，すべての構造は大きくなり，全長で1m以上のものが多い。

c．水中切断

水中切断は，沈没した船や橋脚などの水中での解体作業に用いられる。図10-13に示すように一般火口に外とう（套）を付け，そこから圧縮空気や酸素を噴出させて水を排除し，安定な予熱炎を形成させて切断を行う方法である。

水中切断は，使用する場所の深度により圧力が異なる。アセチレンやプロパンを予熱用ガスとして用いる場合，使用可能な水深に限

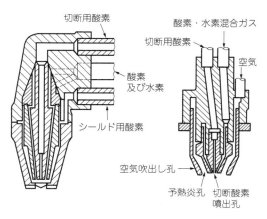

図10-13 水中切断の火口

度がある。これに対し，水素は高圧でも液化しないため深度の影響を受けず，一般的に水素が予熱用ガスとして使用される。

なお，予熱炎は水の冷却作用のため地上作業よりもガス量を4～8倍程度多く必要とする。

点火は地上で行って水中に降ろすこともできるが，水深が増すことで圧力調整をする必要がある。そこで，電気的なアークや金属ナトリウム，酸化カルシウムなどの化学点火剤を使用して水中での点火が行われる。さらに，切断酸素の噴出孔も地上のものよりも1.5倍～2倍程度大きいものを用いる。

切断速度は，板厚12 mm～50 mm程度で表面のきれいな軟鋼板ならば，6 m/h～9 m/hである。この場合，切断幅は地上のものより30％～50％程度広くなる。

1.5　切断面の品質

(1)　ガス切断面の検査

ガス切断面の良否の基準は，日本溶接協会規格（WES 2801）「ガス切断面の品質基準」で定められている。その概要は，次のようなものである。

a．上縁の溶け

切断時の予熱炎の過大や切断速度が遅すぎる場合，火口と鋼板の間げき（隙）が近づきすぎる場合など，切断面の上縁が溶けて丸みを帯びるようになる。

こうした上縁の溶けに関しては，その形跡がほとんど認められず，わずかに丸みを帯びる程度のものが良好である。また，小さな丸みが連続的に発生し，表面の溶けたスパッタが切断線の近くに付着するような場合がやや良好，丸みが大きくスパッタも連続的に発生するような場合が溶けすぎである。図10－14に切断面の良否の略図を示す。

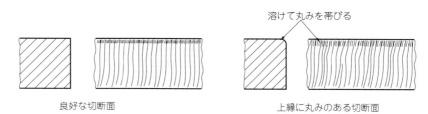

図10－14　切断面の良否

b．スラグの付着状態

切断条件により，スラグが切断面の下部に付着することがある。切断条件が適正な場合，スラグはほとんど付着しないか，または付着しても容易にはく離することができる。不適当な切断条件の場合には，スラグは多量に付着し，はく離も困難となる。

c．切断面の粗さ

切断速度，酸素圧力，酸素の噴流状態などにより，切断面の粗さが異なってくる。一般に，

粗さは細かいほど良好である。

d．切断面の平面度

火口の切断用酸素孔が汚れたり変形している場合，切断酸素噴流は乱れ，切断面には図10-15に示すようにくぼみ（F）ができる。Fの大きさは板厚によって異なるが，板厚20 mmでくぼみが0.2 mm～0.3 mm，板厚30 mmで0.4 mm～0.5 mm程度であれば良好である。また，図10-15(b)，(c)のθについては角度精度の誤差として検査する。

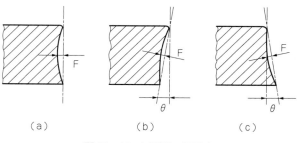

図10-15　切断面の平面度

e．切断角度の精度

火口の設定角度や切断酸素の噴流状態などで，図10-16に示すように切断角度やルート面高さ，開先の深さなどに誤差（$\Delta\theta$，ΔH）が生じる。角度の誤差は開先面で3°～4°，ルート面で2°～3°程度ならば良好である。ルート面高さの誤差は1 mm～1.5 mm程度ならばよい。

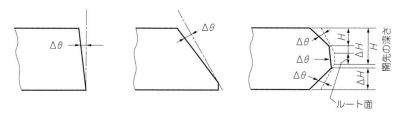

図10-16　切断角度の精度

f．その他

切断面の検査には，このほかに切断線の直線性を測定するものや，ノッチの有無などを測定するものがある。

（2）　切断面の熱影響

ガス切断による切断面の熱影響部の大きさは，板厚や切断速度などによって変化するが，あまり大きくない。

第2節　プラズマ切断

2.1　原理

プラズマ切断は，プラズマアークのエネルギーを熱源として材料を溶融し，この溶融物をプラズマガス気流で排除して切断する方法である。

溶 接 法

プラズマ切断の利点には，次のようなものがある。
① 各種の材料に適用できる。
② 切断速度が速い。
③ 切断変形が少なく，切断形状の制限が少ない。
④ 熱影響部の範囲が狭い。

一方，欠点には，次のようなものがある。
① 図10−17に示すように，**ベベル角**や**カーフ幅**が大きい。
② 自動機では100 mm以下，手動機では25 mm以下の板厚が切断の限界で，2 mm〜3 mm以下の薄い板厚のドロスフリー[*1]切断は溶融しやすいため，難しい問題がある。
③ 消耗部品の寿命が短い。
④ 開先切断では後加工を必要とする場合がある。

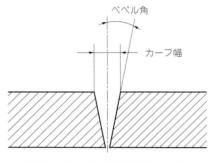

図10−17 ベベル角及びカーフ幅

2.2 プラズマ切断の分類

プラズマ切断の分類としては，プラズマ溶接で述べた非金属用に使用される非移行形と，金属用の移行形がある。

金属用のプラズマ切断は，作動ガスによって表10−5のように分けられる。

表10−5 プラズマ切断の分類

2.3 各種材料のプラズマ切断方法

各プラズマ切断の適用材質と特徴を表10−6に示す。
この表を分かりやすくまとめると，次のようになる。
① 酸素プラズマは鉄系の高速，高品質切断に用いる。
② アルゴン・水素プラズマはステンレス鋼及びアルミニウムの高品質切断に用いる。

[*1] ドロスフリー：切断後，材料裏面にドロス[*2]が付着していないこと。
[*2] ドロス：切断のために溶融された金属。

③ ウォータインジェクションプラズマは軟鋼，ステンレス鋼の両方を切断する必要のある場合，また公害対策が必要な作業環境に用いる。

④ 窒素プラズマはライン用として使用する。

表10-6 各プラズマによる適用材質と特徴

切断対象材	プラズマガスの種類		
	酸素プラズマ	エアプラズマ	窒素プラズマ
軟 鋼	◎ ドロスフリーで良質面が得られる	◎ ドロスフリーとなりやすいが，窒化層が出る	× ドロスの付着が大きい。窒化層が出る
ステンレス鋼	△ ドロスフリーとなるが，面荒が発生	△ ドロスフリーとなるが，面荒が発生	○ ドロスフリーで面は細かい。面は黒い
アルミニウム	△ ドロスフリーとなるが，面荒が発生	△ ドロスフリーとなるが，面荒が少し発生	△ ドロスフリーとなるが，面荒が発生

切断対象材	プラズマガスの種類	
	アルゴン・水素プラズマ	ウォータインジェクションプラズマ
軟 鋼	× ドロスの付着が大きい	◎ ドロスフリーで良質面が得られる（酸素使用時）
ステンレス鋼	◎ 良質・金属の地肌が出る	◎ 良質面で変色しない（窒素使用時）
アルミニウム	◎ 良質・金属の地肌が出る	◎ 良質面で金属地肌が出る（窒素使用時）

2.4 プラズマ切断作業の要点

切断は板の端面から始める場合と，板の内部から開始する場合がある。端面からの場合は，図10-18(a)の端面スタート法と，図(b)のランニングスタート法がある。一般的には図(a)を用いるが，薄板などでは図(b)を用いる。

板材の内部から切断する場合は，図10-19のように開始点の違いによって図(a)の**オンラインピアシング法**と，図(b)の**オフラインピアシング法**が使われる。いずれの方法も作業性はよいが，切断面に傷の付く可能性があり，トーチを損傷する危険性もあるため，薄板の切断以外には一般に用いられない。その対策として板材の内部にあらかじめドリルで穴をあけておく方法などが用いられる。

切断作業の終了時は，切断面に傷を付けないためにプラズマアークをただちに停止するか，残材にプラズマアークをずらしてから停止する必要がある。

溶 接 法

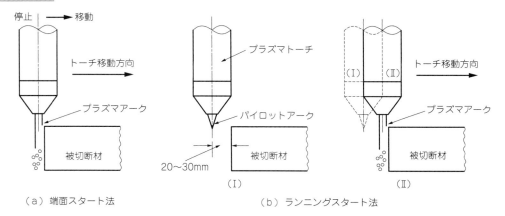

(a) 端面スタート法　　　　（Ｉ）　　　（b) ランニングスタート法　　　（Ⅱ）

図 10－18　切断の開始方法

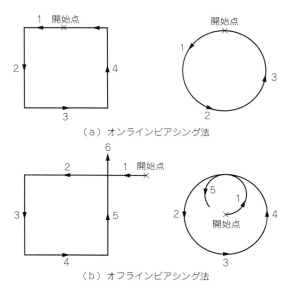

(a) オンラインピアシング法

(b) オフラインピアシング法

図 10－19　ピアシング法による切断開始点と切断の進行

2.5　安全衛生

　安全衛生上の問題点として，電撃防止，切断部からの排出ガス及びヒュームの処理，騒音，光などがあげられる。

　電撃に関しては，装置の絶縁の点検などを十分に行う必要がある。また，溶融金属を高速のプラズマ気流で排除するためガスやヒュームを多量に発生するので，その処理方法を考えなければならない。図 10－20 は，その処理方法の例である。

　騒音対策としては，作業者に耳せん（栓）の使用を義務づけるなどの方法がある。

　光については，切断電流 150 A 以下では遮光度番号 11 のフィルタプレート，150 A ～ 250 A では遮光度番号 12 のフィルタプレートを使用するなど，適正な遮光保護具で眼障害を防止する必要がある。

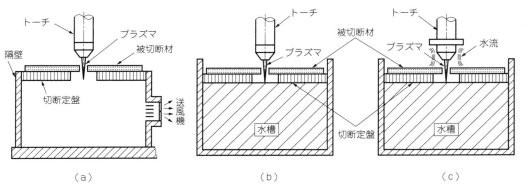

図10-20 排ガス及びヒューム対策

第3節 レーザ切断

3.1 原理

レーザ切断に使用するレーザについては，レーザ溶接で示したとおりである。

レーザ切断では，こうしたレーザを集光させて照射された部分を溶融又は蒸発させ，そこへアシストガスを高速で吹き付け，溶融物などを吹き飛ばしながら加工物を移動させ，連続的に切断している。

図10-21は，レーザ切断加工用ヘッドの一例である。

レーザ切断の利点は次のとおりである。
① あらゆる材料の切断ができる。
② 切断の幅，熱影響部，ひずみの少ない切断ができる。
③ NCによって制御するため，精度の高い切断ができる。

欠点は次のとおりである。
① アルミニウムなどの光沢のある材料では反射損失があり，その防止処理を行う必要がある。
② 焦点深度が浅いため，厚板には適さない。
③ 装置が高価である。

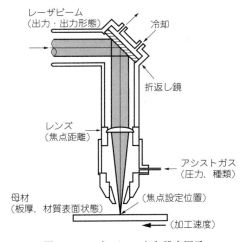

図10-21 加工ヘッドと設定因子

溶　接　法

3.2　切断条件

　レーザ切断における切断条件は，基本的に，図10-22に示すように出力と切断速度の関係で与えられる。すなわち，図の板厚1.6 mmの冷間圧延鋼板（SPCC）の切断においては，出力300 W～600 Wが必要で，それぞれの出力に対し図の③の領域となる速度で切断する。なお，図の各領域の切断状態を詳しく説明すると，次のようになる。

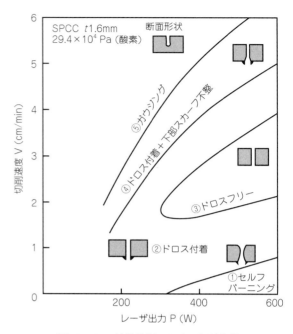

図10-22　連続発振における切断特性

① 切断速度が極端に遅い場合，十分な酸素雰囲気とパワー密度の高いレーザビームで，瞬時に著しい燃焼が生じる「**セルフバーニング現象**」という領域である。
② 切断速度を上げていくと，切断面は良好だが裏面にドロス（溶けかす）が付着する領域である。
③ ドロスフリーの良質の切断領域である。
④ さらに速度を上げていくと，再び裏面にドロスが付着し，切断面が乱れた領域である。
⑤ 切断ができないガウジング領域である。

3.3　切断要素

　レーザ出力に関しては，レーザビームの出力と出力形態（連続発振かパルス発振）がある。連続発振は単純な形状や曲線形状の高速切断に使用され，パルス方式は鋭利な角度，熱影響を抑えるために入熱量を少なくするときに用いる。穴あけ加工などにおいては，連続発振方式では，瞬間的に材料が蒸発，溶融するために大きな穴となる。微細な穴をあけるにはパルス方式が有効となる。

　レーザの集光に関しては，レンズの焦点距離，焦点設定位置（ディフォーカス量），アシストガスの種類，圧力などがある。

　一般に，薄板の場合には集光径の小さな短焦点レンズが使用され，厚板の場合には焦点深度の深い長焦点レンズが使用される。

　アシストガスは，金属材料の場合には一般に酸素を用いるが，活性材料のチタンなどでは，アルゴンなどの不活性ガスを用いる。また，ステンレス鋼の場合では，酸素や乾燥空気，窒

素などを切断後の後工程を考慮して選択する。例えば、酸素を使用すると厚板の切断が可能となるが、切断面は酸化されて黒くなる。これに対し、窒素を使用すると、切断可能板厚は減少するが、光沢のある切断面に改善される。

加工材料に関しては、材質や板厚、形状などがあり、これまでに述べてきた各要素を十分に考慮して条件設定を行う必要がある。

3.4 安全対策

切断に使用するレーザ光は、目に見えない光である。そのため直接目で見ないことは当然であるが、反射光や散乱光があるため、機器の操作中は常時レーザ保護めがねを使用しなければならない。なお、レーザ保護めがねに使用されるレンズは、それぞれ保護できるレーザ光の波長が決まっているため、使用するレーザ装置に適したものを選択しなければならない（JIS C 6802）。同じように、皮膚に対してもやけどを負うためレーザ遮光シールドを設置する必要がある。なお、レーザ遮光シールドはレーザ光の散乱光用に作製されているため、レーザ光が直接照射されることが想定される場所に設置してはならない。

その他、切断中に発生するガスやヒュームにも注意を払う必要があり、換気をよくする必要がある。

第10章の学習のまとめ

本章では熱切断の代表的な方法として、3種類の切断法に関する原理や特徴などについて述べた。

【練習問題】

次の各問に答えなさい。
(1) 鋼のガス切断作業時に適切な予熱温度は次のうちどれか、選びなさい。
　① 約500℃　② 約900℃　③ 約3000℃
(2) プラズマ切断の特徴として正しものは次のうちどれか、選びなさい。
　① 切断速度が速い　② 消耗部品の寿命が長い　③ 開先切断で後加工を必要としない
(3) レーザ切断の特徴として間違っているものは次のうちどれか、選びなさい。
　① ひずみの少ない切断ができる
　② 厚板の切断に適する
　③ 熱影響部の少ない切断ができる

第11章　各種金属の溶接

溶接を行う際には，溶接される材料について知ることも重要である。溶接に用いられる金属にはさまざまな種類があるので，溶接によりその性質がどのように変化するかをよく理解して溶接を行わなければならない。ここでは代表的な金属の特徴，種類，溶接法について述べる。

第1節　炭素鋼の溶接

1．1　炭素鋼の種類と性質

「炭素鋼」は「鋼」とも呼ばれ，鉄に約2％以下の炭素を含む鉄と炭素（C），けい素（Si），マンガン（Mn），りん（P），硫黄（S）の合金である。鋼は，ほかの金属材料に比べて大量生産が容易なことから安価で，また各種の合金元素を加えたり，熱処理などによりその性質を大幅に変えることもできる。こうしたことから，炭素鋼の用途は広く，使用量もきわめて多い。

一般に，鋼に含まれる炭素は，図11－1に示すようにその含有量によって機械的性質を大きく変化させる。すなわち，鋼中の炭素の量の増加により硬さや引張強さは向上し，降伏強さも大きくなる。しかし，伸びは少なくなり，じん性は低下する。

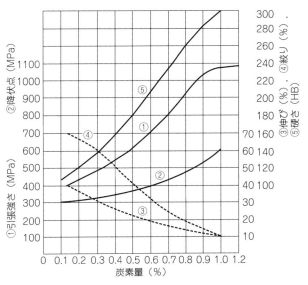

図11－1　炭素鋼の炭素含有量と機械的性質との関係

炭素は焼入れなど鋼の熱処理による性質の変化にも深く関与し，この量が多くなると焼入性はよくなる。したがって，炭素含有量の多い鋼を溶接した場合には，溶接部（特に熱影響部）は焼入れした場合と同じように硬くてもろくなり，溶接割れなどの欠陥を発生しやすく，溶接性は低下する。

そこで炭素鋼は実用的な面から，含まれる炭素の量によって表11－1に示すように区分されている。これらの炭素鋼の中で，低炭素鋼は「普通鋼」又は「軟鋼」とも呼ばれ，加工性や溶接性が良好であることから，構造用材料として産業用から家庭用まで幅広く用いられている。

表11－1 炭素鋼の分類と用途

種別	炭素含有量(%)	主 な 用 途
純 鉄	0.02 未満	電気機器材料
低炭素鋼（軟鋼）	0.03 以上 0.3 以下	各種圧延鋼材
中 炭 素 鋼	0.3 超え 0.6 以下	機械構造用炭素鋼
高 炭 素 鋼	0.6 超え 2.1 以下	工具鋼、レール、ばね鋼
鋳 鉄	2.1 超え 6.67 以下	摺動（しゅうどう）する機械部品，マンホールなど

鋼は成分による分類のほか，板厚や形状（板，帯，棒，形鋼など）によっても分類される。ここでは日本溶接協会が主催する溶接技能者評価試験での板厚の呼称を例に以下に示す。

① 薄板……3.2 mm 以下
② 中板……3.2 mm ～ 9 mm
③ 厚板……9 mm ～ 25 mm
④ 超厚板……25 mm 以上

また，それぞれの板厚に対する主な用途は次のようである。

① 薄板……家庭用器具，自動車，容器，軽量鉄骨その他の機械器具類など。
② 中板……建築，鉄道車両，橋りょう（梁），船舶，圧力容器その他一般機械など。
③ 厚板及び超厚板……鉄骨，船舶，重機械類，ボイラ，発電機など。

1.2 低炭素鋼（軟鋼）の溶接

一般的に，軟鋼の炭素含有量は0.3％以下であり，溶接では含まれる炭素は少ない方が望ましい。そこで，実用的な面から，溶接構造用に用いられる鉄鋼は炭素含有量0.25％以下，引張強さ400 MPa 程度の鋼材をさす場合が多い。表11－2に代表的な軟鋼（圧延鋼板）のJIS規格（抜粋）を示す。SS材は，「一般構造用圧延鋼材」であり，SM材は大型溶接構造物への適用を考慮した鋼材で，「溶接構造用圧延鋼材」を示す。このほか，軟鋼では，SN材（建築構造用圧延鋼材）なども規定されている。

このような軟鋼材に含まれる炭素量は少なく，溶接による加熱・冷却過程での焼入れ硬化

性はほとんどなく，また溶接性も良好である。そこで，軟鋼の溶接には，基本的に表1-2に示したほとんどの溶接法を適用できる。しかし，その選択に当たっては，母材の板厚や継手形状，必要とする強度や外観，生産コストなどのさまざまな要素を考慮して最適な方法を選択する必要がある。

軟鋼材の溶接に用いられている溶接方法を，母材の板厚によって分類すると，次のようになる。

① 薄板の溶接には，ティグ溶接，スポット溶接，ガス溶接，ろう接
② 中板の溶接には，被覆アーク溶接，炭酸ガスアーク溶接
③ 厚板の溶接には，炭酸ガスアーク溶接，マグ溶接，サブマージアーク溶接，エレクトロガスアーク溶接又はエレクトロスラグ溶接など

表11-2 JIS圧延鋼板規格抜粋（軟鋼）

		一般用 G3101	溶接構造用 G3106		
		SS 400	SM 400 A	SM 400 B	SM 400 C
	板　　厚mm	16～40	～50		
化学成分(%)	C_{max}	-	0.23	0.20	0.18
	Mn	-	≧2.5C	060～1.50	0.6～1.50
	Si	-	-	≦0.35	≦0.35
	P_{max}	0.050	0.035	0.035	0.035
	S_{max}	0.050	0.035	0.035	0.035
引張試験	降伏点 引張強さ　MPa 伸び　（1A号）(%)	≧235 400～510 ≧21	≧235(16～40mm) 400～510 ≧22(16～50mm)		
Vシャルピー衝撃値（以上）　J		-	-	≧27(0℃)	≧47(0℃)

（備考）　板厚の値はSS 400は降伏点と伸び値に，SM 400はC_{max}値に対応するもの。

(1) 主な溶接法とその特徴

a．被覆アーク溶接

被覆アーク溶接法で使用される溶接棒の種類はきわめて多く，その適用範囲も広いことからあらゆる分野で用いられる。この方法では，軟鋼の溶接に限っても，JISで各種の溶接棒を規定している。そこで，被覆アーク溶接において良好な溶接結果を得るためには，溶接技量に合わせて溶接棒を正しく選択することも重要な要素となる。

軟鋼の溶接では，溶接棒は母材の強度に合わせ，400 MPa級鋼にはE4319（イルミナイト系），E4303（ライムチタニア系），E4313（高酸化チタン系）及びE4327（鉄粉酸化鉄系）に相当するものが一般的に用いられる。しかし，板厚が大きく拘束の大きい箇所又は切欠きじん性が特に要求されるときにはE4316（低水素系）の溶接棒を用いる。

b．炭酸ガスアーク溶接・マグ溶接

炭素鋼を中心に高能率な溶接法として，半自動の溶接だけでなくロボット溶接などの自動

溶接法

溶接用として広く用いられている。しかし，これらの溶接法では，シールドガスを用いて溶接を行うため，風に弱く，屋外作業では風よけなどの防風対策を必要とする。

溶接用ワイヤには，細径のソリッドワイヤやフラックス入りワイヤを用いる。ソリッドワイヤについては，スラグの生成はほとんどなく溶接外観の面でやや劣るが，溶接部への水素混入要素は少なく，冶金的に良質の溶接部を得られる。一方，フラックス入りワイヤは，ソリッドタイプより高価であるが，スラグを生成するため，溶接外観は良好である。また，溶着速度は大きく，高能率な溶接を行える。

c．ティグ溶接

この溶接法は，シールドガスに不活性ガス（アルゴンガス（Ar），ヘリウムガス（He））を用い，軟鋼などの溶接では，極薄板の溶接，パイプやチューブの初層溶接や，全自動溶接などに使用される場合が多い。なお，ティグ溶接法では，風に対する注意とともに，母材のさびや汚れに弱い点にも注意を必要とする。

d．ガス溶接

ガス溶接の熱源はアセチレンと酸素による火炎であり，電源設備のない現場での溶接に有効である。最近では，ガス溶接用熱源はもとより，母材の予熱やひずみ取り，火炎ろう付などの加熱用熱源及び切断用熱源として用いられることが多い。

1.3　中・高炭素鋼の溶接

炭素鋼は，母材中の炭素量の増加に伴い強度は強くなるが，焼入れ硬化性も増す。**中炭素鋼**には炭素が0.3％～0.6％，**高炭素鋼**には0.6％～2％程度含まれている。溶接による加熱・冷却で図11－2に示すように熱影響部のボンド部付近では硬くてもろい組織が形成され，低温割れなどの原因となる。

そこで，中炭素鋼や高炭素鋼の溶接では，急冷による溶接部の硬化を緩和する目的で予熱や後熱を行うことが一般的であり，炭素量が多くなるほど高い温度の予熱が必要となる。

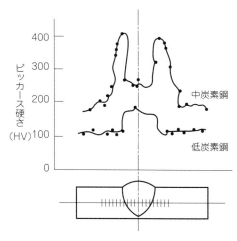

図11－2　炭素含有量による熱影響部硬化

中炭素鋼の溶接には低炭素鋼（軟鋼）と同様，種々の溶接法を適用できるが，100℃～300℃の予熱を行うことが望ましい。しかし，予熱を行っても硬化し，割れなどの溶接欠陥を発生しやすいことから後熱処理を必要とする場合が多い。

高炭素鋼の溶接は難しく，溶接の適用は，補修溶接や摩耗部の肉盛溶接，鉄道用レールの接合などに限定される。なお，これらの溶接では，十分な予熱と後熱が行われる。

1.4　炭素鋼の溶接施工上の注意

炭素鋼にはさまざまな種類があり，それに応じた溶接性などを考慮して施工しなければならない。また，種類によっては割れ感受性の高い材料もあるため，割れなどの欠陥防止や残留応力を緩和するためには熱処理が重要になる。

（1）溶接性

溶接される材料は母材と呼ばれ，その母材の溶接の難易を表すために，一般に溶接性という言葉を用いる。溶接性は，溶接のしやすさや欠陥発生の程度に注目する作業性上の溶接性と，完成した溶接継手がその構造物の使用目的を満足するかに注目する使用性能上の溶接性に分けて考える必要がある。

作業性の面からは，

①　高温割れや低温割れを発生しない。
②　溶込不良，スラグの巻込み，ブローホールなどの欠陥を発生しない。
③　溶接部の形状，外観がよい。
④　溶接施工が容易で安価にできる。

使用性能の面からは，

①　引張強さ，延性，切欠きじん性などに優れている。
②　使用目的に応じて，疲れ強さ，高温強度，耐食性などに優れている。

などである。表11－3に鋼の溶接性の意義と代表的な溶接性試験法を示す。

溶接性は，溶接する材料の材質，板厚，形状に左右され，また適用する溶接法や施工方法によっても変化することに注意する必要がある。

表11－3　鋼の溶接性と試験法

	分　類	意　義	溶接性試験法
溶接性	作業性上の溶接性	溶接施工時における割れその他の欠陥の発生に対する感度	溶接部最高硬さ試験 溶接割れ試験など
	使用性能上の溶接性	構造物の使用時における継手の強度・延性・破壊特性・耐食性などの性能に対する感度	溶接ビード曲げ試験 切欠きじん性試験（Vシャルピー衝撃試験） 溶接継手引張試験など

（2）予熱及び溶接後の熱処理

焼入れ硬化性の少ない溶接性のよい低炭素鋼（軟鋼）の溶接においても，板厚が厚く，構造上の拘束の大きいような場合，溶接による割れなどの欠陥の発生が心配される。また，熱影響部の硬化しやすい中炭素鋼や高炭素鋼の溶接では，割れを発生する危険性は大きくなる。そこで，こうした溶接を行う場合，母材を予熱したり，多層溶接における層（パス）間温度の管理や溶接後に行う熱処理を必要とすることがある。

予熱などの加熱方法には，次のようなものがある。

溶 接 法

① ガスバーナなどの火炎による直接加熱
② 電気抵抗体などの発熱体のはり付けによる加熱
③ 赤外線ヒータなどによる加熱
④ 高周波コイルによる電気誘導加熱
⑤ 炉などによる加熱

a．予熱

溶接作業前に母材を適正な温度に加熱する**予熱**は，溶接部の冷却速度を遅くして熱影響部の硬化を防ぐとともに溶接部からの水素の放出を容易にし，低温割れを防止することを目的に行われる。適切な予熱温度は，母材の炭素量や炭素当量，板厚，拘束の程度，使用溶接棒などによって変化し，低炭素鋼の場合（炭素含有量が0.3％未満）は100℃以内である。表11－4に予熱や層間温度の管理規定の例を示す。

表11－4　最小予熱温度と最高層間温度（℃）（阪神高速道路公団港大橋の例）

溶接区分	板厚(mm)	手溶接 すみ肉, かど継手	手溶接 突合せ, 継手	ガスシールドアーク溶接 サブマージアーク溶接 すみ肉, かど	手溶接 突合せ, 継手	ガスシールドアーク溶接 サブマージアーク溶接 すみ肉, かど	手溶接 突合せ, 継手	ガスシールドアーク溶接 突合せ, 継手	サブマージアーク溶接 突合せ	すみ肉
	鋼種・継手	SM 400 SS 400		SM 490		CM 570		HW 620　HW 685		
本溶接	$t \leq 25$	－	－	－	40	－	－	－	－	－
	$25 < t \leq 38$	40	40	－	80	40	100	80	100	80
	$38 < t \leq 50$	－	80	かど継手 40	80	60	100	80	100	80
	$50 < t$	－	100	80	100	80	120	100	150	100
仮付け溶接	$t \leq 25$	－	－	－	60	－	－	－		
	$25 < t \leq 38$	－	60	－	100	CO_2 80	120	CO_2 100		
	$38 < t \leq 50$	60	100	CO_2 60	100	CO_2 80	120	CO_2 100		
	$50 < t$	－	－	－	120	CO_2 100	150	CO_2 100		

（注）1．HW 620，HW 685材における最高予熱及び層間温度は200℃（$t \leq 50$），230℃（$t \leq 50$）以下とする。
　　　2．予熱範囲は溶接線両端100mm以上の範囲を均一な温度で保持する。
　　　3．予熱及び層間温度の計測は表面温度計もしくはチョークなどで溶接線より50mm離れた位置で行う。

b．溶接後の熱処理

（a）直後熱

溶接直後，溶接部の冷却速度を遅らせ，水素割れの発生防止を目的に，ガスバーナなどを用いて溶接部を加熱するもので，割れ感受性の高い材料に用いられる。一般的に，この直後熱のことを「**後熱**」と称している。

（b）溶接後熱処理（応力除去焼なまし）

溶接後熱処理（PWHT：Post Weld Heat Treatment）は，通常「**応力除去焼なまし**」とも呼ばれ，図11－3の熱処理加熱温度に示すとおり，A_1線直下の550℃～650℃に加熱し

て一定時間保持した後，徐冷する熱処理である。焼入れされた鋼を軟化させ，内部応力を除去することを主な目的に行われる。しかし，鋼の変態が起こらない温度での処理であり，結晶粒の均整化は望めない。

溶接後に行う応力除去焼なましは，次のような効果がある。

① 残留応力の緩和
② 熱影響部の軟化
③ 寸法の安定化
④ 切欠きじん性の向上
⑤ 組織の安定化
⑥ 水素の除去

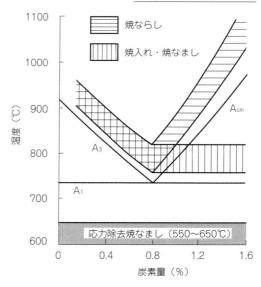

図11-3 熱処理加熱温度

応力除去焼なましによる応力緩和効果と軟化の効果の例を図11-4と図11-5にそれぞれ示す。

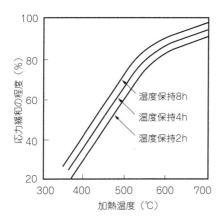

図11-4 応力除去焼なましによる応力緩和効果

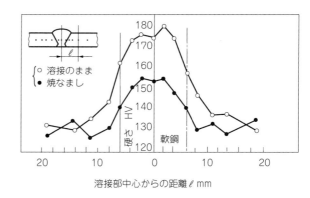

図11-5 応力除去焼なましによる軟化の効果

第2節 高張力鋼の溶接

2.1 高張力鋼の種類と特徴

高張力鋼は，構造物の大形化に伴い，強度の高い鋼材が要求されるようになったことで開発された材料である。一般に，降伏点314 MPa以上又は引張強さ490 MPa以上のものを高張力鋼と呼んでいる。

溶接法

（1） 高張力鋼の特徴

　高張力鋼は，鋼の強さを高めるため適当な合金元素（Mn，Si，Ni，Cr，V，B，Tiなど）を少量添加した低合金鋼で，溶接構造用として溶接性を考慮して炭素含有量が0.18％以下程度に低くおさえられている。高張力鋼は，慣習上，その引張強さのレベルによってHT（ハイテン）50～HT100（例 HT50：引張強さ 490 MPa）などと呼ばれている。このほか，低温じん性，耐候性，耐食性など，使用目的に応じて開発された高張力鋼もある。表11－5に主要構造物と適用鋼種の一例を，表11－6（次ページ）にWES（日本溶接協会規格）に規定されている溶接構造用高張力鋼板の規格を示す。

表11－5　主要構造物と適用鋼種例

構造物名	構造の種類	適　用　鋼　種
橋　　　梁	タワー，トラス（ボックス桁）	軟鋼～HT 60級鋼，耐候性鋼，（耐めっき割れ鋼）
建　　　築	鉄骨，高層建築	軟鋼～HT 60級鋼，耐候性鋼，（低降伏比鋼）
船　　　舶	タンカ，商船，各種専用船	軟鋼～HT 60級鋼，クラックフリー鋼，大入熱溶接用鋼
海洋構造物	石油掘削装置，海上空港	軟鋼～HT100級鋼，耐ラメラテア鋼（A710鋼）
常 温 貯 槽	石油タンク，ガスタンク，酸素タンク	軟鋼～HT 80級鋼，クラックフリー鋼，大入熱溶接用鋼
中常温圧力容器	肥料合成装置など	軟鋼～HT 50級鋼，PMS鋼
水 力 発 電	ペンストック，ケーシング	軟鋼～HT 80級鋼，（HT100）
送 電 鉄 塔	鋼管鉄塔，アングル鉄塔	軟鋼～HT 60級鋼，耐めっき割れ鋼
ラインパイプ	パイプ	API X52～X80
産 業 機 械	パワーショベル，プレス，ダンプトラック	軟鋼～HT 80級鋼，耐摩耗鋼：AR235～500

　高張力鋼の使用上の利点は，軟鋼に比べ板厚の減少が可能となることで，これに伴う資材費や重量の軽減，構造物の性能の向上，溶接施工の能率化などがある。表11－7に同じ強度を得るときのそれぞれの鋼材の重量比を示す。

表11－7　強度の等しい引張部材の重量比

鋼　　　種	最小降伏強度 δ_y(MPa)	重量比 SM 400のδ_y/δ_y
SM 400（軟鋼）	235	1.00
SM 490（HT50）	315	0.75
SM 570（HT60）	450	0.52
HW 685（HT80）	685	0.34
HW 885（HT100）	885	0.27

（注）板厚16～40 mm
　　　SM 400，SM 490，SM 570：JIS溶接構造用圧延鋼材
　　　HW 685，HW 885：WES溶接構造用高張力鋼板

（2） 高張力鋼の種類

　高張力鋼は，強度レベルのほかにその製造方法から，「**非調質高張力鋼**」と「**調質高張力鋼**」の二つに分類される。

第11章　各種金属の溶接

表11-6　溶接用高張力鋼板（WES 3001：2012）

(a)

区分 標題の記号	化学成分 % C	P	S	P_CM % A級 非調質鋼 鋼板の厚さ mm 50以下	調質鋼 鋼板の厚さ mm 50以下	75以下	B級 調質鋼 鋼板の厚さ mm 50以下	75以下
HW 355	0.20以下	0.030以下	0.025以下	—	—	—	—	—
HW 390	0.20以下	0.030以下	0.025以下	—	—	—	—	—
HW 450	0.18以下	0.030以下	0.025以下	0.28以下	0.30以下	—	0.26以下	—
HW 490	0.18以下	0.030以下	0.025以下	0.28以下	0.30以下	—	0.26以下	—
HW 550	0.18以下	0.030以下	0.025以下	0.32以下	0.30以下	0.32以下	0.28以下	0.28以下
HW 620	0.18以下	0.030以下	0.025以下	0.35以下	0.31以下	0.33以下	0.29以下	0.31以下
HW 685	0.18以下	0.025以下	0.020以下	0.39以下	0.33以下	0.35以下	0.30以下	0.32以下
HW 785	0.18以下	0.025以下	0.020以下	—	0.35以下	0.37以下	0.33以下	0.35以下
HW 885	0.18以下	0.025以下	0.020以下	—	0.36以下	0.38以下	0.34以下	0.36以下

備考　1. P_CM の計算式は、次のとおりとする。

$$P_{CM}(\%) = C + \frac{Si}{30} + \frac{Mn}{20} + \frac{Cu}{20} + \frac{Ni}{60} + \frac{Cr}{20} + \frac{Mo}{15} + \frac{V}{10} + 5B$$

2. 標題の記号　　　　製造方法の記号　P_CM等級
　 HW○○○　　　　R、CR、N又はQ　A又はB
　ここで製造方法の記号は、次のとおりとする。
　圧延のまま　：R　　　　　　　調質正直：CR
　焼ならし　　：N　　　　　　　焼入焼戻し：Q
　例：HW355　CRA
　　　HW450　NA
　　　HW685　QB

(b)

標題の記号	引張試験						曲げ試験				衝撃試験（シャルピー）		
	耐力 MPa	引張強さ MPa	伸び 鋼板の厚さ mm	試験片	%	角度	内側半径 鋼板の厚さ mm 32以下	32超	試験片	鋼板の厚さ mm	温度℃	吸収エネルギー J	試験片
HW 355	355以上	520～640	16以下 16超20以下	1A号	14以上 17以上	180°	厚さの1.5倍			13以下 13超20以下 20超32以下 32超	+15 0 −5	47以上 47以上 47以上 —	
HW 390	390以上	560～680	16以下 16超20以下	1A号 5号 4号	23以上 30以上 22以上	180°	厚さの1.5倍			13以下 13超20以下 20超32以下 32超	+15 0 −5	47以上 47以上 47以上 —	
HW 450	450以上	590～710	16以下 16超20以下	5号 4号	22以上 20以上 19以上	180°	厚さの1.5倍			13以下 13超20以下 20超32以下 32超	+10 5 −10	47以上 47以上 47以上	
HW 490	490以上	610～730	16以下 16超20以下	5号 4号	27以上 19以上 18以上	180°	厚さの1.5倍			13以下 13超20以下 20超32以下 32超	+5 −10 15	47以上 47以上 47以上	
HW 550	550以上	670～800	16以下 16超20以下	5号 4号	26以上 18以上 17以上	180°	厚さの1.5倍	32超	1号 圧延方向に直角	13以下 13超20以下 20超32以下 32超	+5 −10 15	47以上 47以上 47以上	
HW 620	620以上	710～840	16以下 16超20以下	5号 4号	25以上 17以上 16以上	180°	厚さの1.5倍			13以下 13超20以下 20超32以下 32超	0 −15 −20	39以上 39以上 39以上	
HW 685	685以上	780～930	16以下 16超20以下	5号 4号	24以上 16以上 14以上	180°	厚さの2.0倍			13以下 13超20以下 20超32以下 32超	−5 −15 20	35以上 35以上 35以上	
HW 785	785以上	880～1030	16以下 16超20以下	5号 4号	21以上 14以上 12以上	180°	厚さの2.0倍			13以下 13超20以下 20超32以下 32超	−5 −20 −25	27以上 27以上 27以上	4号 圧延方向
HW 885	885以上	950～1130	16以下 16超20以下	5号 4号	19以上 12以上	180°	厚さの2.5倍			13以下 13超20以下 20超32以下 32超	−10 −25 −30	27以上 27以上 27以上	

＊ 1 MPa＝1 N／mm²

溶接法

a．非調質高張力鋼

圧延のまま又は焼ならし状態で使用される鋼で，次のような特徴がある．

① 鋼材の製造が容易である．

② 強度レベルや板厚の増加に伴い，切欠きじん性と溶接性の両方を同時に確保することが難しい．

b．調質高張力鋼

焼入れ・焼戻しの熱処理によって強さが高められた鋼で，次のような特徴がある．

① 少量の合金元素の添加により強度を高め，降伏点又は耐力は向上する．また，切欠きじん性に優れ，溶接性も良好である．

② 大入熱の溶接では，熱影響部のぜい化や軟化を生じる．

③ 後熱処理は，鋼板を製造するときの焼戻し温度以下（通常600℃以下）にする必要があり，長時間を要する．

その他，近年の圧延技術の進歩によりオーステナイト，フェライト二相域圧延などで強さ，じん性を向上させる「制御圧延法」や，より厳密な条件下で制御圧延を行った直後に水冷などを行って一層の高強度化を図る「冷却制御法」などによる「水冷型熱加工制御圧延鋼（**TMCP鋼**）」と呼ばれる鋼材も製造されている．

2.2 高張力鋼の溶接性

高張力鋼の溶接においては，溶接部の硬化や延性の低下により，割れや溶接熱影響部の切欠きじん性の低下などが発生する問題がある．

（1）熱影響部の硬化

溶接部は，溶接金属，熱影響部（HAZ）及び熱影響を受けない原質部からなっている（図11-6）．**熱影響部**は，溶接入熱やボンド部からの距離によって冷却速度や加熱される温度は異なるので，それに応じて組織や硬さは連続的に変化する．

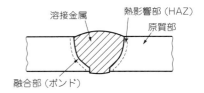

図11-6 アーク溶接継手の各部の名称と位置

図11-7はその一例で，熱影響部の**粗粒域**に相当する部分は最も硬化し，ぜい化して衝撃値も低下する．この硬さのピークは**最高硬さ（Hmax）**と呼ばれ，溶接性の目安として重要となる．こうしたHmaxは，高張力鋼のような合金鋼では炭素以外の成分も影響することから，各種合金元素の含有量が最高硬さに与える影響を炭素量に換算して，その鋼の性質を知る**炭素当量（Ceq）**が利用される．日本では，次の炭素当量式が一般に用いられる．

$$炭素当量(Ceq) = C + \frac{1}{6}Mn + \frac{1}{24}Si + \frac{1}{40}Ni + \frac{1}{5}Cr + \frac{1}{4}Mo + \frac{1}{14}V\,(\%)$$

（式中の元素記号はその含有量（％）を示す）

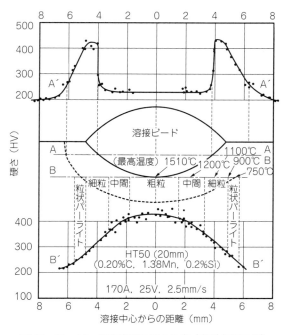

図11-7 ビード溶接部の硬さ分布（高張力鋼の例）

図11-8は，最高硬さと炭素当量の関係である。また，最高硬さは，Ceqほか溶接条件（入熱，冷却速度又は冷却時間）によっても変化するため，適切な溶接条件の選定や予熱，後熱を行うことが有効となる。

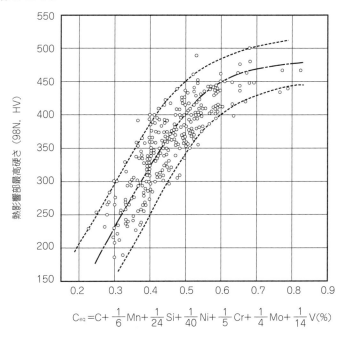

図11-8 最高硬さと炭素当量の関係

(2) 溶接入熱の影響

　高張力鋼を大入熱で溶接すると，溶接部の軟化や，粗粒域の拡大，切欠きじん性の低下など，必要な継手性能の確保は困難となる。そこで，特にSM570（HT60）以上の材料では，入熱制限など溶接入熱の管理を必要とし，多層溶接の場合は，パス間温度*の管理も重要となる。溶接部の衝撃値の分布を定性的に表したものを図11-9に，各種高張力鋼の入熱条件例を表11-8に示す。

表11-8　溶接入熱の条件例（kJ/mm）

鋼種＼板厚 mm	6〜12	13〜25	26〜50
SM 490（HT 50）	3以下	1〜5	1.5〜6
SM 570（HT 60）	3以下	1〜4.5	1.5〜5.5
HW 685（HT 80）	2.5以下	1〜4	1.5〜4.5
HW 885（HT 100）	2.5以下	1〜3.5	1.5〜4

（注）　各板厚区分の中で板厚が薄くなるほど，溶接入熱の上限値は表示の値より小さくする。

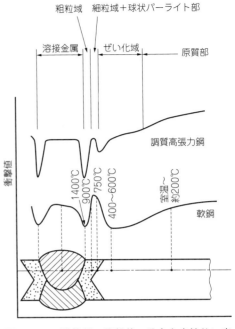

図11-9　溶接部の衝撃値の分布を定性的に表したもの

　なお，アーク溶接による入熱は，溶接速度が v（mm/s）のときの単位溶接長さ当たりの溶接入熱を H として，次の式で与えられる。

$$H = \frac{I \cdot E}{v} \text{ (J/mm)}$$

又は，

$$H = \frac{I \cdot E}{v} \times 10^{-3} \text{ (kJ/mm)}$$

（I は溶接電流（A），E はアーク電圧（V））

2.3　高張力鋼の溶接

　高張力鋼の溶接で，健全な溶接部を得るためには，それぞれの材料の強度レベルに合った溶接材料を選定し，適切な溶接施工をしなければならない。

　HT50〜80級（490 MPa〜780 MPa）の高張力鋼の溶接に適用される主な溶接法は，被覆アーク溶接，サブマージアーク溶接，ガスシールドアーク溶接（炭酸ガスアーク溶接，マグ溶接，ティグ溶接）などである。

　代表的な溶接法として，被覆アーク溶接とガスシールドアーク溶接についての溶接の概要

＊　**パス間温度**：多パス溶接において，次のパスの始められる前のパスの最低温度。

(1) 被覆アーク溶接法

高張力鋼の溶接に使用される溶接棒には次の性質が要求される。

① 溶接金属の強度及び延性が母材と同程度であること。
② 溶接金属の切欠きじん性が優れていること。
③ 溶接割れ感受性が低いこと。
④ 溶接作業が容易であること。

JIS の改正により，JIS Z 3212 高張力鋼用被覆アーク溶接棒はなくなり，JIS Z 3211 に規格が統合され，軟鋼，高張力鋼及び低温用鋼用被覆アーク溶接棒となった。

図 11-10 に JIS Z 3211：2008 における溶接棒の種類の記号の付け方を示す。高張力鋼の溶接においては，材料に応じた適切な溶接棒の選択と管理が重要になる。

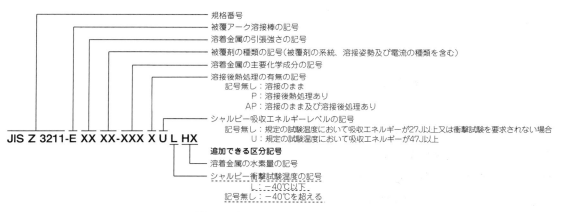

図 11-10　溶接棒の種類の記号の付け方（JIS Z 3211：2008）

(2) マグ溶接

高張力鋼の溶接に使用されるマグ溶接及びミグ溶接ソリッドワイヤについては JIS Z 3312：2009 に規定されているので，第 4 章マグ溶接を参照のこと。

(3) ティグ溶接

高張力鋼の溶接に使用されるティグ溶接用ソリッド溶加棒及びソリッドワイヤについては，JIS Z 3316：2017 に規定されているので，第 3 章ティグ溶接を参照のこと。

第3節　クロムモリブデン鋼の溶接

3.1　クロムモリブデン鋼の種類と特徴

火力発電，原子力発電，石油を中心とする石油精製工業などの圧力容器に用いられる耐熱鋼には種々あるが，その中で主にボイラや化学工業で使用されているのがクロムモリブデン

溶接法

(Cr—Mo) 鋼である。

表11-9にクロムモリブデン鋼の主な種類の記号と化学成分を示す。

表11-9 クロムモリブデン鋼の主な種類の記号と化学成分 (JIS G 4053：2023 抜粋)

単位 %

種類の記号	C	Si	Mn	P	S	N	Cr	Mo	Cu
SCM415	0.13～0.18	0.15～0.35	0.60～0.90	0.030 以下	0.030 以下	0.25 以下	0.90～1.20	0.15～0.25	0.30 以下
SCM418	0.16～0.21	0.15～0.35	0.60～0.90	0.030 以下	0.030 以下	0.25 以下	0.90～1.20	0.15～0.25	0.30 以下
SCM420	0.18～0.23	0.15～0.35	0.60～0.90	0.030 以下	0.030 以下	0.25 以下	0.90～1.20	0.15～0.25	0.30 以下
SCM421	0.17～0.23	0.15～0.35	0.70～1.00	0.030 以下	0.030 以下	0.25 以下	0.90～1.20	0.15～0.25	0.30 以下
SCM425	0.23～0.28	0.15～0.35	0.60～0.90	0.030 以下	0.030 以下	0.25 以下	0.90～1.20	0.15～0.30	0.30 以下
SCM430	0.28～0.33	0.15～0.35	0.60～0.90	0.030 以下	0.030 以下	0.25 以下	0.90～1.20	0.15～0.30	0.30 以下
SCM432	0.27～0.37	0.15～0.35	0.30～0.60	0.030 以下	0.030 以下	0.25 以下	1.00～1.50	0.15～0.30	0.30 以下
SCM435	0.33～0.38	0.15～0.35	0.60～0.90	0.030 以下	0.030 以下	0.25 以下	0.90～1.20	0.15～0.30	0.30 以下
SCM440	0.38～0.43	0.15～0.35	0.60～0.90	0.030 以下	0.030 以下	0.25 以下	0.90～1.20	0.15～0.30	0.30 以下
SCM445	0.43～0.48	0.15～0.35	0.60～0.90	0.030 以下	0.030 以下	0.25 以下	0.90～1.20	0.15～0.30	0.30 以下
SCM822	0.20～0.25	0.15～0.35	0.60～0.90	0.030 以下	0.030 以下	0.25 以下	0.90～1.20	0.35～0.45	0.30 以下

クロムモリブデン鋼はフェライト系の鋼であり，物理的性質は軟鋼とほぼ同じである。しかし，使用される環境が高温下であるため，高温での物理的，化学的性質に注意する必要がある。

高温における耐食性では，モリブデンはほとんど影響を及ぼさないが，クロムは酸化，硫化物腐食，水蒸気腐食などに耐える性質を与える元素である。すなわち，クロム含有量が増すにつれて耐食性は向上し，この点が添加元素としてクロムが果たす大きな役割である。

焼戻しでは，モリブデンは大きな焼戻し軟化抵抗性を示す。さらに，高温でのクリープ*強さに関して，モリブデンは他の合金元素に比べ少量の添加でクリープ強度を著しく高めることができる。クロムもモリブデンほどではないが焼戻し軟化抵抗性を示す。

3.2 クロムモリブデン鋼の溶接

クロムモリブデン鋼に適用される溶接方法を表11-10に示す。

各種の溶接方法から実際の溶接施工に最適なものを選択する場合には各溶接法の特徴をよく把握することが必要である。クロムモリブデン鋼は，炭素鋼に比べ種々の合金元素を含有しているため，その溶接部の品質は溶接方法，すなわち熱サイクルの違いによる影響を受ける。したがって，溶接部の強度又はじん性が，溶接方法によってどのような影響を受けるかを十分に理解しておくことが必要である。溶接施工の生産性の良否を単位時間当たりの溶着速度の大きさだけでなく，溶接部のじん性や衝撃値を改善するための熱処理にかかる時間も

---

* クリープ：一定温度，一定荷重のもとで時間の経過に伴って起こる変形をいう。クリープ速度の基準としては，1000 時間又は 10000 時間で 0.1％の伸びを生じる速度をとり，この速度を生じる応力をその温度におけるクリープ強さという。

含めて判断し，その上で最適な溶接方法を選択しなければならない。

表 11-10 に示した溶接方法で，よく使われているものを以下に述べる。

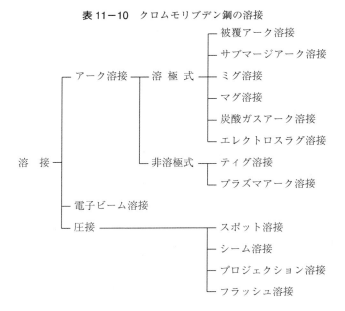

表 11-10　クロムモリブデン鋼の溶接

（1）　被覆アーク溶接

被覆アーク溶接は古くから用いられている方法であるが，溶接部の品質は，溶接士の技量に左右されるところが大きい。したがって，高品質な溶接が要求される場合には，高い技量を基本とし，より厳しい現場管理が他の溶接法以上に必要である。利点としては，簡単な設備で全姿勢の溶接ができることが挙げられる。

溶接棒の種類の記号の付け方を図 11-11 に，被覆剤の種類を表 11-11 に示す。

モリブデン鋼及びクロムモリブデン鋼用被覆アーク溶接棒については，JIS Z 3223：2010 に規定されている。クロムモリブデン鋼は硬化しやすいため，溶接部の水素量を低く抑える必要がある。このため低水素系の溶接棒を一般的に使用する。

高酸化チタン系は，低水素系に比べて溶込みは浅く，ビード外観も美しいので薄肉パイプの溶接に用いられる。また，鉄粉低水素系は被覆剤中に鉄粉を含有しているので，その分溶着速度は大きく，高能率な溶接ができる。

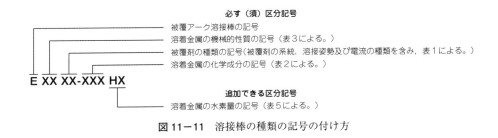

図 11-11　溶接棒の種類の記号の付け方

表 11−11　被覆剤の種類（JIS Z 3223：2010）

記号	被覆剤の系統	溶接姿勢[a]	電流の種類[b]
10[c]	高セルロース系	全姿勢	DC(+)
11[c]	高セルロース系	全姿勢	AC及び／又はDC(+)
13[d]	高酸化チタン系	全姿勢[e]	AC及び／又はDC(±)
15	低水素系	全姿勢[e]	DC(+)
16	低水素系	全姿勢[e]	AC及び／又はDC(+)
18	鉄粉低水素系	PGを除く全姿勢	AC及び／又はDC(+)
19[c]	イルミナイト系	全姿勢[e]	AC及び／又はDC(±)
20[c]	酸化鉄系	PA及びPB	AC及び／又はDC(−)
27[c]	鉄粉酸化鉄系	PA及びPB	AC及び／又はDC(−)

注 [a]　溶接姿勢は，JIS Z 3011による。PA：下向，PB：水平すみ肉，PG：立向下進
　　[b]　電流の種類に用いている記号の意味は，次による。
　　　　AC：交流，DC(+)：棒プラス，DC(−)：棒マイナス，DC(±)：棒プラス及び棒マイナス
　　[c]　当該被覆剤は，溶着金属の化学成分の記号 1M3 だけに適用する。
　　[d]　当該被覆剤は，E5513-1CM 及び E6213-2CM だけに適用する。
　　[e]　PG（立向下進）は必す（須）ではなく，その適用可否は製造業者の規定による。

表 11−12 に溶着金属の化学成分を，表 11−13 に溶着金属の機械的性質を示す。

表11-12 溶着金属の化学成分（JIS Z 3223：2010）

単位 %（質量分率）

記号	化学成分 [a) b) c)]								
	C	Si	Mn	P	S	Cr	Mo	V	その他
1M3	0.12 以下	0.80 以下	1.00 以下	0.030 以下	0.030 以下	−	0.40～0.65	−	−
CM	0.05～0.12	0.80 以下	0.90 以下	0.030 以下	0.030 以下	0.40～0.65	0.40～0.65	−	−
C1M	0.07～0.15	0.30～0.60	0.40～0.70	0.030 以下	0.030 以下	0.40～0.60	1.00～1.25	0.05 以下	−
1CM	0.05～0.12	0.80 以下	0.90 以下	0.030 以下	0.030 以下	1.00～1.50	0.40～0.65	−	−
1CML	0.05 以下	1.00 以下	0.90 以下	0.030 以下	0.030 以下	1.00～1.50	0.40～0.65	−	−
2C1M	0.05～0.12	1.00 以下	0.90 以下	0.030 以下	0.030 以下	2.00～2.50	0.90～1.20	−	−
2C1ML	0.05 以下	1.00 以下	0.90 以下	0.030 以下	0.030 以下	2.00～2.50	0.90～1.20	−	−
2CML	0.05 以下	1.00 以下	0.90 以下	0.030 以下	0.030 以下	1.75～2.25	0.40～0.65	−	−
2CMWV	0.03～0.12	0.60 以下	0.40～1.50	0.030 以下	0.030 以下	2.00～2.60	0.05～0.30	0.15～0.30	Nb 0.010～0.050 W 1.00～2.00
2CMWV-Ni	0.03～0.13	0.30～0.90	0.40～1.50	0.030 以下	0.030 以下	1.90～2.60	0.20 以下	0.10～0.40	Nb 0.010～0.060 W 1.00～2.00 Ni 0.70～1.20
2C1MV	0.05～0.15	0.60 以下	0.40～1.50	0.030 以下	0.030 以下	2.00～2.60	0.90～1.20	0.20～0.40	Nb 0.010～0.050
3C1MV	0.05～0.15	0.60 以下	0.40～1.50	0.030 以下	0.030 以下	2.60～3.40	0.90～1.20	0.20～0.40	Nb 0.010～0.050
5CM	0.05～0.10	0.90 以下	1.00 以下	0.030 以下	0.030 以下	4.0～6.0	0.45～0.65	−	Ni 0.40以下
5CML	0.05 以下	0.90 以下	1.00 以下	0.030 以下	0.030 以下	4.0～6.0	0.45～0.65	−	Ni 0.40以下
9C1M	0.05～0.10	0.90 以下	1.00 以下	0.030 以下	0.030 以下	8.0～10.5	0.85～1.20	−	Ni 0.40以下
9C1ML	0.05 以下	0.90 以下	1.00 以下	0.030 以下	0.030 以下	8.0～10.5	0.85～1.20	−	Ni 0.40以下
9C1MV	0.08～0.13	0.30 以下	1.20 以下	0.01 以下	0.01 以下	8.0～10.5	0.85～1.20	0.15～0.30	Ni 0.80以下 (Mn+Ni) 1.50以下 Cu 0.25以下 Al 0.04以下 Nb 0.02～0.10 N 0.02～0.07
9C1MV1	0.03～0.12	0.60 以下	0.85～1.80	0.025 以下	0.025 以下	8.0～10.5	0.80～1.20	0.15～0.30	Ni 1.0以下 Cu 0.25以下 Al 0.04以下 Nb 0.02～0.10 N 0.02～0.07
9CMWV-Co	0.03～0.12	0.60 以下	0.40～1.30	0.025 以下	0.025 以下	8.0～10.5	0.10～0.50	0.10～0.50	Co 1.00～2.00 Nb 0.010～0.050 W 1.00～2.00 Ni 0.30～1.00 N 0.02～0.07
9CMWV-Cu	0.05～0.10	0.50 以下	0.40～1.30	0.030 以下	0.030 以下	8.0～11.0	0.10～0.50	0.10～0.50	Cu 1.00～2.00 Nb 0.010～0.050 W 1.00～2.00 Ni 0.50～1.20 N 0.02～0.07
10C1MV	0.03～0.12	0.60 以下	1.00～1.80	0.025 以下	0.025 以下	9.5～12.0	0.80～1.20	0.15～0.35	Ni 1.0以下 Cu 0.25以下 Al 0.04以下 Nb 0.04～0.12 N 0.02～0.07
G	化学成分の要求値は，受渡当事者間の協定による。								

注 a) 分析値は，JIS Z 8401によって，表中に規定する値と同じ有効数字に丸めなければならない。
　b) "−"は，その化学成分を規定しないことを意味する。
　c) 鉄以外の成分であって，この表で規定しない成分を溶着金属の分析試験の過程で検出したとき又は意図的に添加したときは，それらの成分の合計は，0.50%（質量分率）以下でなければならない。また，この表で規定しない成分を意図的に添加したときは，分析値を報告しなければならない。

溶 接 法

表 11-13 溶着金属の機械的性質（JIS Z 3223：2010）

溶着金属の機械的性質の記号[a]	被覆剤の種類の記号[a]	溶着金属の化学成分の記号	引張強さ MPa	耐力[b] MPa	伸び[c] %	予熱及びパス間温度 ℃	溶接後熱処理 温度[d] ℃	保持時間[e] min
49	XX	1M3	490 以上	390 以上	22 以上	90〜110	605〜645	60
49	YY	1M3	490 以上	390 以上	20 以上	90〜110	605〜645	60
55	XX	CM	550 以上	460 以上	17 以上	160〜190	675〜705	60
55	XX	C1M	550 以上	460 以上	17 以上	160〜190	675〜705	60
55	XX	1CM	550 以上	460 以上	17 以上	160〜190	675〜705	60
55	13	1CM	550 以上	460 以上	14 以上	160〜190	675〜705	60
52	XX	1CML	520 以上	390 以上	17 以上	160〜190	675〜705	60
62	XX	2C1M	620 以上	530 以上	15 以上	160〜190	675〜705	60
62	13	2C1M	620 以上	530 以上	12 以上	160〜190	675〜705	60
55	XX	2C1ML	550 以上	460 以上	15 以上	160〜190	675〜705	60
55	XX	2CML	550 以上	460 以上	15 以上	160〜190	675〜705	60
57	XX	2CMWV	570 以上	490 以上	15 以上	160〜190	700〜730	120
57	XX	2CMWV-Ni	570 以上	490 以上	15 以上	160〜190	700〜730	120
62	XX	2C1MV	620 以上	530 以上	15 以上	160〜190	725〜755	60
62	XX	3C1MV	620 以上	530 以上	15 以上	160〜190	725〜755	60
55	XX	5CM	550 以上	460 以上	17 以上	175〜230	725〜755	60
55	XX	5CML	550 以上	460 以上	17 以上	175〜230	725〜755	60
62	XX	9C1M	620 以上	530 以上	15 以上	205〜260	725〜755	60
62	XX	9C1ML	620 以上	530 以上	15 以上	205〜260	725〜755	60
62	XX	9C1MV	620 以上	530 以上	15 以上	230〜290	745〜775	120
62	XX	9C1MV1	620 以上	530 以上	15 以上	205〜260	725〜755	60
69	XX	9CMWV-Co	690 以上	600 以上	15 以上	205〜260	725〜755	480
69	XX	9CMWV-Cu	690 以上	600 以上	15 以上	200〜230	725〜755	300
83	XX	10C1MV	830 以上	740 以上	12 以上	205〜260	675〜705	480
AA	ZZ	G	機械的性質の要求値は，受渡当事者間の協定による。					

注記　1 MPa＝1 N/mm²

注 [a] 被覆剤の種類の記号の XX は，15，16 又は 18 とし，YY は，10，11，19，20 又は 27 とし，ZZ は，表 11-12 に規定するいずれかの記号とする。溶着金属の機械的性質の記号の AA は，49，52，55，57，62，69 又は 83 とする。
[b] 降伏が発生した場合は，下降伏点とし，それ以外は，0.2％耐力とする。
[c] 伸びは，破断伸びとする。
[d] 加熱速度は，85〜275 ℃/h でなければならない。また，300 ℃以上の温度域の冷却は，200 ℃/h 以下の速度で炉内で行わなければならない。
[e] 保持時間の許容差は，$^{+10}_{0}$ min とする。

（2） サブマージアーク溶接

サブマージアーク溶接は，厚肉構造物の多層溶接に適用され，特に圧力容器の分野では二電極タンデム溶接が採用されている。

溶接材料の選択は，原則として溶接金属の化学成分及び機械的性質が母材と同等になるものが選ばれる。また，この溶接法では比較的高い電流を使用するため能率面で有利となるが，大電流で高速溶接を行う場合，高温割れを発生しやすくなるので注意が必要である。

表11-14にサブマージアーク溶接用ワイヤの種類を，表11-15にワイヤの化学成分を示す。

表11-14 サブマージアーク溶接のワイヤの種類（JIS Z 3351：2012）

種類	成分系(参考)	種類	成分系(参考)
YS-S1	Si-Mn系	YS-N1	Ni系
YS-S2		YS-N2	
YS-S3		YS-NM1	Ni-Mo系
YS-S4		YS-NM2	
YS-S5		YS-NM3	
YS-S6		YS-NM4	
YS-S7		YS-NM5	
YS-S8		YS-NM6	
YS-M1	Mo系	YS-NCM1	Ni-Cr-Mo系
YS-M2		YS-NCM2	
YS-M3		YS-NCM3	
YS-M4		YS-NCM4	
YS-M5		YS-NCM5	
YS-CM1	Cr-Mo系	YS-NCM6	
YS-CM2		YS-NCM7	
YS-CM3		YS-CuC1	Cu-Cr系
YS-CM4		YS-CuC2	Cu-Cr-Ni系
YS-1CM1		YS-CuC3	
YS-1CM2		YS-CuC4	
YS-2CM1		YS-G	-
YS-2CM2			
YS-3CM1			
YS-3CM2			
YS-5CM1			
YS-5CM2			

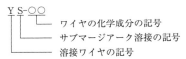

溶 接 法

表11-15 ワイヤ化学成分（JIS Z 3351：2012）

単位 ％（質量分率）

種類	化学成分								
	C	Si	Mn	P	S	Cu a)	Ni	Cr	Mo
YS-S1	0.15 以下	0.15 以下	0.20～0.90	0.030 以下	0.030 以下	0.40 以下	0.25 以下 b)	0.15 以下 b)	0.15 以下 b)
YS-S2			0.80～1.40						
YS-S3	0.18 以下	0.15～0.60							
YS-S4		0.15 以下	1.30～1.90						
YS-S5		0.15～0.60							
YS-S6		0.15 以下	1.70～2.80						
YS-S7		0.15～0.60							
YS-S8	0.15 以下	0.35～0.80	1.10～2.10						
YS-M1	0.18 以下	0.20 以下	1.30～2.30	0.025 以下	0.025 以下	0.40 以下	0.25 以下 b)	0.15 以下 b)	0.15～0.40
YS-M2		0.60 以下							
YS-M3		0.40 以下	0.30～1.20						0.30～0.70
YS-M4		0.60 以下	1.10～1.90						
YS-M5			1.70～2.60						
YS-CM1	0.15 以下	0.40 以下	0.30～1.20	0.025 以下	0.025 以下	0.40 以下	0.25 以下 b)	0.30～0.70	0.30～0.70
YS-CM2	0.08～0.18		0.80～1.60						
YS-CM3	0.15 以下		1.70～2.30						
YS-CM4		0.40 以下	2.00～2.80	0.025 以下	0.025 以下	0.40 以下	0.25 以下 b)	0.30～1.00	0.60～1.20
YS-1CM1	0.15 以下	0.60 以下	0.30～1.20	0.025 以下	0.025 以下	0.40 以下	0.25 以下 b)	0.80～1.80	0.40～0.65
YS-1CM2	0.08～0.18		0.80～1.60						
YS-2CM1	0.15 以下	0.35 以下	0.30～1.20					2.20～2.80	0.90～1.20
YS-2CM2	0.08～0.18		0.80～1.60						
YS-3CM1	0.15 以下	0.35 以下	0.30～1.20	0.025 以下	0.025 以下	0.40 以下	0.25 以下 b)	2.75～3.75	0.90～1.20
YS-3CM2	0.08～0.18		0.80～1.60						
YS-5CM1	0.15 以下	0.60 以下	0.30～1.20					4.50～6.00	0.40～0.65
YS-5CM2	0.05～0.15		0.80～1.60						
YS-N1	0.15 以下	0.60 以下	1.30～2.30	0.018 以下	0.018 以下	0.40 以下	0.40～1.75	0.20 以下 b)	0.15 以下 b)
YS-N2			0.50～1.30				2.20～3.80		
YS-NM1	0.15 以下	0.60 以下	1.30～2.30	0.018 以下	0.018 以下	0.40 以下	0.40～1.75	0.20 以下 b)	0.30～0.70
YS-NM2		0.20～0.60	1.30～1.90				1.70～2.30		
YS-NM3	0.05～0.15	0.30 以下	1.80～2.80				0.80～1.40		0.50～1.00
YS-NM4	0.15 以下	0.60 以下	0.50～1.30				2.20～3.80		0.15～0.40
YS-NM5									0.30～0.90
YS-NM6			1.30～2.30						
YS-NCM1	0.05～0.15	0.40 以下	1.30～2.30	0.018 以下	0.018 以下	0.40 以下	0.40～1.75	0.05～0.70	0.30～0.80
YS-NCM2	0.10 以下	0.60 以下	1.20～1.80				1.50～2.10	0.20～0.60	
YS-NCM3	0.05～0.15		1.30～2.30				2.10～2.90	0.40～0.90	0.40～0.90
YS-NCM4	0.10 以下	0.05～0.45	1.30～2.30				2.10～3.20	0.60～1.20	0.30～0.70
YS-NCM5	0.08～0.18	0.40 以下	0.20～1.20				3.00～4.00	1.00～2.00	
YS-NCM6							4.50～5.50	0.30～0.70	
YS-NCM7	0.15 以下	0.50 以下	1.30～2.20				0.50～4.00	0.40～1.50	0.30～0.80
YS-CuC1	0.15 以下	0.30 以下	0.80～2.20	0.030 以下	0.030 以下	0.20～0.45	－	0.30～0.60	
YS-CuC2	0.15 以下	0.30 以下	0.80～2.20	0.030 以下	0.030 以下	0.30～0.55	0.05～0.80	0.50～0.80	－
YS-CuC3		0.50 以下				0.20～0.55	0.05～1.50	0.40～0.80	
YS-CuC4			1.30～2.20	0.018 以下	0.018 以下	0.30～1.00	0.50～4.00	0.40～1.50	0.30～0.80
YS-G	0.20 以下	0.90 以下	3.00 以下	0.030 以下	0.030 以下	－ c)	－ c)	－ c)	－ c)

注 a) 銅めっきが施されている場合は，めっきの銅を含む。
 b) 含有量が明らかに微量であって，この表の規定値を十分満足することが予想できる場合は，分析試験を省略することができる。
 c) 添加した場合には，その成分の分析試験を行う。

(3) ガスシールドアーク溶接

a．ティグ溶接

　ティグ溶接は，パイプの突合せ継手における初層裏波溶接や薄板の溶接を中心に用いられている。最近では自動化が進み，熱交換機の管材の溶接などは自動溶接で行われているケースもある。

b．マグ溶接

　シールドガスに100％ CO_2 を用いるとスパッタの発生量が多く，ビード外観も劣る。また，溶接金属中の酸素量が多くなるため，じん性も劣る傾向にある。そのため，シールドガスには80％ Ar ＋ 20％ CO_2 などの混合ガスが適用されている。

　モリブデン鋼及びクロムモリブデン鋼用ガスシールドアーク溶接溶加棒及びソリッドワイヤについてはJIS Z 3317：2011 に，モリブデン鋼及びクロムモリブデン鋼用マグ溶接フラックス入りワイヤについては，JIS Z 3318：2010 に規定されている。

第4節　ステンレス鋼の溶接

4.1　ステンレス鋼の種類と特徴

　ステンレス鋼は，不しゅう（錆）鋼ともいわれ，その名のとおりさびにくい鋼としてJISではSUS記号で示されている。

　ステンレス鋼には，合金元素としてクロムのみを含む**クロム系ステンレス鋼**と，クロムとニッケルを含む**クロムニッケル系ステンレス鋼**がある。

　ステンレス鋼がさびにくい性質を有する基本的な理由には，ステンレス鋼に含まれるクロムがわずかな酸化作用によっても母材表面に強固な酸化クロムの膜を形成し，母材内部への酸化の進行をおさえる作用（不動態化）をすることにある。

　分類としては，主要合金元素の面から上記のクロム系とクロムニッケル系に大別されるが，金属組織の面からは**マルテンサイト系**（クロム鋼），**フェライト系**（高クロム鋼）及び**オーステナイト系**（クロム―ニッケル鋼）に分類される。主なステンレス鋼のJISを表11－16，表11－17，表11－18に示す（JIS G 4305：2021）。

　ステンレス鋼は，大気中でさびにくいという性質以外にも，低温，高温など各種環境での耐食性や耐酸化性に優れ，加工性も良好な鋼である。この様々な優れた特性を利用して，食器，厨房器具，化学設備，船舶，車両，原子力機器などに広く使用されており，各材料の主要用途をまとめて示したものが表11－19である。

溶 接 法

表 11-16　マルテンサイト系の化学成分（JIS G 4305：2021）

単位 %

種類の記号	C	Si	Mn	P	S	Cr
SUS403	0.15 以下	0.50 以下	1.00 以下	0.040 以下	0.030 以下	11.50〜13.00
SUS410	0.15 以下	1.00 以下	1.00 以下	0.040 以下	0.030 以下	11.50〜13.50
SUS410S	0.08 以下	1.00 以下	1.00 以下	0.040 以下	0.030 以下	11.50〜13.50
SUS420J1	0.16〜0.25	1.00 以下	1.00 以下	0.040 以下	0.030 以下	12.00〜14.00
SUS420J2	0.26〜0.40	1.00 以下	1.00 以下	0.040 以下	0.030 以下	12.00〜14.00
SUS440A [a]	0.60〜0.75	1.00 以下	1.00 以下	0.040 以下	0.030 以下	16.00〜18.00

Ni は，0.60％を超えてはならない。

注 [a]　SUS440A の Mo は，0.75％を超えてはならない。

表 11-17　フェライト系の化学成分（JIS G 4305：2021）

単位 %

種類の記号	C	Si	Mn	P	S	Cr	Mo	N	その他
SUS405 [a]	0.08以下	1.00以下	1.00以下	0.040以下	0.030以下	11.50〜14.50	−	−	Al：0.10〜0.30
SUS410L [a]	0.030以下	1.00以下	1.00以下	0.040以下	0.030以下	11.00〜13.50	−	−	−
SUS429 [a]	0.12以下	1.00以下	1.00以下	0.040以下	0.030以下	14.00〜16.00	−	−	−
SUS430 [a]	0.12以下	0.75以下	1.00以下	0.040以下	0.030以下	16.00〜18.00	−	−	−
SUS430LX [a]	0.030以下	0.75以下	1.00以下	0.040以下	0.030以下	16.00〜19.00	−	−	Ti 又は Nb：0.10〜1.00
SUS430J1L [a], [b]	0.025以下	1.00以下	1.00以下	0.040以下	0.030以下	16.00〜20.00	−	0.025以下	Ti, Nb 若しくは Zr 又はそれらの組合せ：8×（C％＋N％）〜0.80　Cu：0.30〜0.80
SUS434 [a]	0.12以下	1.00以下	1.00以下	0.040以下	0.030以下	16.00〜18.00	0.75〜1.25	−	−
SUS436L [a]	0.025以下	1.00以下	1.00以下	0.040以下	0.030以下	16.00〜19.00	0.75〜1.50	0.025以下	Ti, Nb 若しくは Zr 又はそれらの組合せ：8×（C％＋N％）〜0.80
SUS436J1L [a]	0.025以下	1.00以下	1.00以下	0.040以下	0.030以下	17.00〜20.00	0.40〜0.80	0.025以下	Ti, Nb 若しくは Zr 又はそれらの組合せ：8×（C％＋N％）〜0.80
SUS443J1 [a]	0.025以下	1.00以下	1.00以下	0.040以下	0.030以下	20.00〜23.00	−	0.025以下	Ti, Nb 若しくは Zr 又はそれらの組合せ：8×（C％＋N％）〜0.80　Cu：0.30〜0.80
SUS444 [a]	0.025以下	1.00以下	1.00以下	0.040以下	0.030以下	17.00〜20.00	1.75〜2.50	0.025以下	Ti, Nb 若しくは Zr 又はそれらの組合せ：8×（C％＋N％）〜0.80
SUS445J1 [a], [c]	0.025以下	1.00以下	1.00以下	0.040以下	0.030以下	21.00〜24.00	0.70〜1.50	0.025以下	−
SUS445J2 [a], [c]	0.025以下	1.00以下	1.00以下	0.040以下	0.030以下	21.00〜24.00	1.50〜2.50	0.025以下	−
SUS447J1 [d]	0.010以下	0.40以下	0.40以下	0.030以下	0.020以下	28.50〜32.00	1.50〜2.50	0.015以下	−
SUSXM27 [d]	0.010以下	0.40以下	0.40以下	0.030以下	0.020以下	25.00〜27.50	0.75〜1.50	0.015以下	−

注 [a]　SUS447J1 及び SUSXM27 の 2 種類以外の Ni は，0.60％を超えてはならない。
[b]　SUS430J1L は，この表に規定していない V を必要によって添加した場合，その含有率を報告しなければならない。
[c]　SUS445J1 及び SUS445J2 は，この表に規定していない Cu, V, Ti 及び Nb のうち，一つ又は複数の元素を必要によって添加した場合，その含有率を報告しなければならない。
[d]　SUS447J1 及び SUSXM27 の Ni は，0.50％を超えてはならない。また，Cu は 0.20％を，（Ni＋Cu）は 0.50％を超えてはならない。さらに，この表に規定していない V, Ti 及び Nb のうち，一つ又は複数の元素を必要によって添加した場合，その含有率を報告しなければならない。

表11-18 オーステナイト系の化学成分（JIS G 4305：2021）

単位 %

種類の記号	C	Si	Mn	P	S	Ni	Cr	Mo	Cu	N	その他
SUS301	0.15 以下	1.00 以下	2.00 以下	0.045 以下	0.030 以下	6.00～8.00	16.00～18.00	-	-	-	-
SUS301L	0.030 以下	1.00 以下	2.00 以下	0.045 以下	0.030 以下	6.00～8.00	16.00～18.00	-	-	0.20 以下	-
SUS301J1	0.08～0.12	1.00 以下	2.00 以下	0.045 以下	0.030 以下	7.00～9.00	16.00～18.00	-	-	-	-
SUS302B	0.15 以下	2.00～3.00	2.00 以下	0.045 以下	0.030 以下	8.00～10.00	17.00～19.00	-	-	-	-
SUS304	0.08 以下	1.00 以下	2.00 以下	0.045 以下	0.030 以下	8.00～10.50	18.00～20.00	-	-	-	-
SUS304Cu	0.08 以下	1.00 以下	2.00 以下	0.045 以下	0.030 以下	8.00～10.50	18.00～20.00	-	0.70～1.30	-	-
SUS304L	0.030 以下	1.00 以下	2.00 以下	0.045 以下	0.030 以下	9.00～13.00	18.00～20.00	-	-	-	-
SUS304N1	0.08 以下	1.00 以下	2.50 以下	0.045 以下	0.030 以下	7.00～10.50	18.00～20.00	-	-	0.10～0.25	-
SUS304N2	0.08 以下	1.00 以下	2.50 以下	0.045 以下	0.030 以下	7.50～10.50	18.00～20.00	-	-	0.15～0.30	Nb：0.15 以下
SUS304LN	0.030 以下	1.00 以下	2.00 以下	0.045 以下	0.030 以下	8.50～11.50	17.00～19.00	-	-	0.12～0.22	-
SUS304J1	0.08 以下	1.70 以下	3.00 以下	0.045 以下	0.030 以下	6.00～9.00	15.00～18.00	-	1.00～3.00	-	-
SUS304J2	0.08 以下	1.70 以下	3.00～5.00	0.045 以下	0.030 以下	6.00～9.00	15.00～18.00	-	1.00～3.00	-	-
SUS305	0.12 以下	1.00 以下	2.00 以下	0.045 以下	0.030 以下	10.50～13.00	17.00～19.00	-	-	-	-
SUS309S	0.08 以下	1.00 以下	2.00 以下	0.045 以下	0.030 以下	12.00～15.00	22.00～24.00	-	-	-	-
SUS310S	0.08 以下	1.50 以下	2.00 以下	0.045 以下	0.030 以下	19.00～22.00	24.00～26.00	-	-	-	-
SUS312L	0.020 以下	0.80 以下	1.00 以下	0.030 以下	0.015 以下	17.50～19.50	19.00～21.00	6.00～7.00	0.50～1.00	0.16～0.25	-
SUS315J1	0.08 以下	0.50～2.50	2.00 以下	0.045 以下	0.030 以下	8.50～11.50	17.00～20.50	0.50～1.50	0.50～3.50	-	-
SUS315J2	0.08 以下	2.50～4.00	2.00 以下	0.045 以下	0.030 以下	11.00～14.00	17.00～20.50	0.50～1.50	0.50～3.50	-	-
SUS316	0.08 以下	1.00 以下	2.00 以下	0.045 以下	0.030 以下	10.00～14.00	16.00～18.00	2.00～3.00	-	-	-
SUS316L	0.030 以下	1.00 以下	2.00 以下	0.045 以下	0.030 以下	12.00～15.00	16.00～18.00	2.00～3.00	-	-	-
SUS316N	0.08 以下	1.00 以下	2.00 以下	0.045 以下	0.030 以下	10.00～14.00	16.00～18.00	2.00～3.00	-	0.10～0.22	-
SUS316LN	0.030 以下	1.00 以下	2.00 以下	0.045 以下	0.030 以下	10.50～14.50	16.50～18.50	2.00～3.00	-	0.12～0.22	-
SUS316Ti	0.08 以下	1.00 以下	2.00 以下	0.045 以下	0.030 以下	10.00～14.00	16.00～18.00	2.00～3.00	-	-	Ti：5×C% 以上
SUS316J1	0.08 以下	1.00 以下	2.00 以下	0.045 以下	0.030 以下	10.00～14.00	17.00～19.00	1.20～2.75	1.00～2.50	-	-
SUS316J1L	0.030 以下	1.00 以下	2.00 以下	0.045 以下	0.030 以下	12.00～16.00	17.00～19.00	1.20～2.75	1.00～2.50	-	-
SUS317	0.08 以下	1.00 以下	2.00 以下	0.045 以下	0.030 以下	11.00～15.00	18.00～20.00	3.00～4.00	-	-	-
SUS317L	0.030 以下	1.00 以下	2.00 以下	0.045 以下	0.030 以下	11.00～15.00	18.00～20.00	3.00～4.00	-	-	-
SUS317LN	0.030 以下	1.00 以下	2.00 以下	0.045 以下	0.030 以下	11.00～15.00	18.00～20.00	3.00～4.00	-	0.10～0.22	-
SUS317J1	0.040 以下	1.00 以下	2.50 以下	0.045 以下	0.030 以下	15.00～17.00	16.00～19.00	4.00～6.00	-	-	-
SUS317J2	0.06 以下	1.50 以下	2.00 以下	0.045 以下	0.030 以下	12.00～16.00	23.00～26.00	0.50～1.20	-	0.25～0.40	-
SUS836L	0.030 以下	1.00 以下	2.00 以下	0.045 以下	0.030 以下	24.00～26.00	19.00～24.00	5.00～7.00	-	0.25 以下	-
SUS890L	0.020 以下	1.00 以下	2.00 以下	0.045 以下	0.030 以下	23.00～28.00	19.00～23.00	4.00～5.00	1.00～2.00	-	-
SUS321	0.08 以下	1.00 以下	2.00 以下	0.045 以下	0.030 以下	9.00～13.00	17.00～19.00	-	-	-	Ti：5×C% 以上
SUS347	0.08 以下	1.00 以下	2.00 以下	0.045 以下	0.030 以下	9.00～13.00	17.00～19.00	-	-	-	Nb：10×C% 以上
SUSXM7	0.08 以下	1.00 以下	2.00 以下	0.045 以下	0.030 以下	8.50～10.50	17.00～19.00	-	3.00～4.00	-	-
SUSXM15J1 [a]	0.08 以下	3.00～5.00	2.00 以下	0.045 以下	0.030 以下	11.50～15.00	15.00～20.00	-	-	-	-

注 [a] SUSXM15J1 は，この表に規定していない Cu，Mo，Nb，Ti 及び N のうち，一つ又は複数の元素を必要によって添加した場合，その含有率を報告しなければならない。

表 11-19 ステンレス鋼の性質と用途

分類	種類の記号	概略組成	性質と用途
オーステナイト系	SUS301	17Cr-7Ni	冷間加工によって高強度を得られる。鉄道車両、ベルトコンベヤ、ボルト・ナット、ばね。
	SUS301L	17Cr-7Ni-低C-N	301の低炭素鋼化、耐粒界腐食、溶接性に優れる。鉄道車両など。
	SUS303	18Cr-8Ni-高S	被削性、耐焼付性向上。自動車旋盤部品として最適。ボルト・ナット。
	SUS304	18Cr-8Ni	ステンレス鋼として最も広く使用。食品設備、一般化学設備、原子力用、建築、家庭用品。
	SUS304L	18Cr-9Ni-低C	304の極低炭素鋼。耐粒界腐食性に優れ、溶接後の熱処理ができない部品類。
	SUS304N1	18Cr-8Ni-N	304にNを添加し、延性の低下を抑えながら強度を高めた。構造用高強度部材。
	SUS304LN	18Cr-8Ni-N-低C	304LにNを添加し、同上の特性をもたせた。家庭用電気機器、衛生器具。
	SUS305	18Cr-12Ni-0.1C	304に比べ、加工硬化性が低い。へら絞り、特殊絞りとして使われる。
	SUS309S	22Cr-12Ni	耐酸化性が304より優れており、実際には耐熱鋼として使われることが多い。
	SUS310S	25Cr-20Ni	耐酸化性が309Sより優れる。各種炉材。
	SUS316	18Cr-12Ni-2.5Mo	海水をはじめ、各種媒質に304より耐食性がある。耐孔食材料。
	SUS316L	18Cr-12Ni-2.5Mo	316の極低炭素鋼。316より耐食性がもたせたもの。
	SUS316N	18Cr-12Ni-2.5Mo-N	316にNを添加し、延性の低下を抑えながら強度をもたせた。
	SUS316LN	18Cr-12Ni-2.5Mo-N-低C	316LにNを添加し、同上の特性をもたせた。用途は316Nに準じる。
	SUS317	18Cr-12Ni-3.5Mo	耐孔食性が316より良くなっている。染色設備材料など。
	SUS317L	18Cr-12Ni-3.5Mo-低C	317の極低炭素鋼。317に耐粒界腐食性を改善。
	SUS317LN	18Cr-13Ni-3.5Mo-N-低C	SUS317LにNを添加。高強度、かつ、高耐食性。各種タンク、容器など。
	SUS317J2	25Cr-14Ni-1Mo-0.3N	SUS317に対し、高Cr、低Mo、Nを添加。耐食性に優れる。
	SUS836L	22Cr-25Ni-6Mo-0.2N-低C	SUS317LよりMoを多くし、耐食性を高めた。パルプ・製紙工業、海水熱交換器など。(旧317J4L)
	SUS890L	21Cr-24.5Ni-4.5Mo-1.5N-極低C	耐海水性に優れ、各種海水使用機器などに使用。(旧317J5L)
	SUS321	18Cr-9Ni-Ti	304にTiを添加し、耐粒界腐食性を高めたもの。装飾部品には不適。
	SUS347	18Cr-9Ni-Nb	304にNbを添加し、耐粒界腐食性を高めたもの。
	SUSXM7	18Cr-9Ni-3.5Cu	304にCuを添加して冷間加工性の向上を図った鋼板。
	SUSXM15J1	18Cr-13Ni-4Si	304のNiを増し、Siを添加し、耐応力腐食割れ性を向上。塩素イオンを含む環境用。
フェライト系	SUS329J1L	22Cr-5Ni-3Mo-低C	硫化水素、炭酸ガス、塩化物などを含む環境に抵抗性がある。油井管、ケミカル・タンカー用材、各種化学装置用など。
	SUS329J4L	25Cr-6Ni-3Mo-低C	海水など、高濃度塩化物環境において、優れた耐孔食性がある。海水熱交換器、製塩プラントなど。
	SUS410L	13Cr-低C	410SよりCを低くし、溶接部曲げ性、加工性、自動車排ガス処理装置、ボイラ燃焼室、バーナなど。
	SUS429	16Cr	430の溶接部性改良鋼板。
	SUS430	18Cr	耐食性の優れた汎用鋼種。建築内外装材、オイルバーナ部品、家庭用品類、家電部品。
	SUS430LX	18Cr-Ti又はNb-低C	430にTi又はNbを添加。Cを低下し、加工性、溶接性改良。温水タンク、給湯用、衛生器具。
	SUS430J1L	18Cr-Nb-0.5Cu-Nb-極低C(C,N)	430にCu、Nbを添加し、Cを低くしNbを添加した。耐食性、成形性、溶接性の優れた外装材。家庭用電気機器、厨房器具。
	SUS436J1L	18Cr-1Mo-Ti、Nb、Zr-極低(C,N)	434のCとN、Nを低下し、Ti、Nb又はZrを単独又は複合添加した。加工性、溶接性を改良。建築内外装、車両部品、給水器具。
	SUS436J1L	19Cr-0.5Mo-Nb-極低(C,N)	430にMo、Nbを添加し、極低C、Nとした。耐食性、溶接性を改善。厨房機器。
	SUS444	19Cr-2Mo-Ti、Nb、Zr-極低(C,N)	436LよりMoを多くし、更に耐食性を高めた。太陽熱温水器、熱交換器、食品機器、貯湯槽、割れ用。
	SUS445J1	22Cr-1Mo-極低(C,N)	436LよりCrを増やし、更に耐食性を良好とした。チシャーポット、刃物、屋根材。
	SUS445J2	22Cr-2Mo-極低(C,N)	444にCrを増やし、耐食性を増やした。屋根材。
	SUS447J1	30Cr-2Mo-極低(C,N)	更にCrを増やし、更に耐食性を改善。乳酸などの有機酸関係プラント、かせソーダ製造プラント、ハロゲンイオンによる耐応力腐食割れた使用。公害防止機器。
マルテンサイト系	SUS410	13Cr	良好な耐食性。機械加工性、熱入れ状態で硬度が高く、13Crより耐食性が良好。タービン、ノズル、弁座、バルブ、直尺など。
	SUS420J1	13Cr-0.2C	焼入れ状態での硬度をもつ。一般用途。
	SUS420J2	13Cr-0.3C	420J1より焼入れ後の硬度が高い種類、13Crより耐食性が良好。刃物、ノズル、シャフト類、タービン部品。
析出硬化系	SUS630	17Cr-4Ni-4Cu-Nb	Cuの添加で析出硬化性をもたせた部品。積層板の押板、スチールベルト。
	SUS631	17Cr-7Ni-1Al	Alの添加で析出硬化性をもたせた種類。スプリング、ワッシャ、計器部品。

(注) この表には、JIS G 4303, 4304, 4305, 4308, 4313, 4316, 4317, 4318など棒、板、帯、線材及び形鋼に規定されている鋼を掲載。

（1）マルテンサイト系ステンレス鋼

　マルテンサイト系ステンレス鋼は，クロム系ステンレス鋼の炭素（C）含有量を高めた鋼であり，焼入れによってマルテンサイト組織が得られる。マルテンサイト組織は，強くて硬く，もろい性質があるが，これに適当な熱処理（焼戻し）を行うと優れた機械的性質が得られる。したがって，マルテンサイト系ステンレス鋼は，刃物，医療用器具，ダイス，ゲージ，耐食性ベアリング，化学工業用機械部品など，高強度で耐摩耗性，耐熱性が要求される部材に多く用いられる。この場合，含まれる炭素量が多いほど硬くなり，刃物としての切れあじ，機械部品としての耐摩耗性はよくなるが，炭素量が多いことで炭素とクロムが結合した炭化物を作りやすく，それだけ基地の固溶クロム量が減少する。したがって，マルテンサイト系ステンレス鋼はほかのステンレス鋼に比べると耐食性は劣る。

　なお，この材料の溶接においては，溶接部は硬化して割れやすく200 ℃～400 ℃の予熱と700 ℃～760 ℃の溶接後熱処理が不可欠である。この鋼種の代表的なものとしては13% Cr鋼のSUS410がある。

（2）フェライト系ステンレス鋼

　フェライト系ステンレス鋼は，マルテンサイト系ステンレス鋼に比べて炭素含有量を低くおさえたクロム鋼で，高温から常温まで安定したフェライト組織を示す。フェライト系ステンレス鋼は高温，常温ともに加工性に富み，板，管，棒，線又は鍛造品として家庭用器具，化学工業その他に広く用いられている。この鋼は変態が起こらないので実質的な焼入れ硬化性を示さない。しかし，約900 ℃以上に加熱されると結晶粒の粗大化が起こり，ぜい化する。したがって，溶接に際しては100 ℃～200 ℃の予熱と700 ℃～800 ℃の溶接後熱処理を施工して，継手の強度を回復させることが必要である。耐食性や高温での耐酸化性が良好な18% Cr鋼のSUS430が代表的なものである。

　高クロムフェライト系ステンレス鋼を溶接など高温で取り扱う場合は，次のようなぜい化現象が発生する危険があり注意が必要である。

a．シグマ（σ）相ぜい化

　シグマ（σ）相は，600 ℃～800 ℃で長時間加熱されると析出する非磁性の鉄とクロムの金属間化合物で，少量の析出によっても著しい延性やじん性の劣化をもたらす。シグマ相ぜい化した鋼は，850 ℃～900 ℃で短時間加熱して急冷することで，シグマ相は素地中に固溶し，ぜい性は回復する。

b．475 ℃ぜい化

　475 ℃ぜい化は，この材料を475 ℃近くの温度に長時間加熱すると，硬さや引張強さは増加するが，延性，じん性及び耐食性が低下する現象である。475 ℃ぜい化したものは，約600 ℃以上の温度で短時間焼なまし処理することで回復させることができる。

c．高温ぜい化

高温ぜい化は，1150 ℃以上の高温から急冷された場合に生じ，結晶粒が粗大化して，著しい耐粒界腐食性の劣化や，延性及びじん性の低下をもたらす。

（3）　オーステナイト系ステンレス鋼

　オーステナイト組織のステンレス鋼は，18 Cr―8Ni 合金（SUS304）に代表される耐食性，耐熱性及び低温じん性に優れた材料として広く使用されている。このステンレス鋼は，高温から常温まで変態のないオーステナイト組織であることから，基本的には変態点をもたず，焼入れ硬化性はなく加工性は良好である。ただ，加工硬化性が大きく，冷間加工によりマルテンサイト組織が現れて硬化する場合がある。

　なお，このステンレス鋼は，溶接性もよく，溶接割れの恐れは少ない。溶接などの熱加工において，500 ℃～800 ℃に加熱するかこの温度範囲で徐冷すると，オーステナイトの結晶粒界に**クロム炭化物**が析出して粒界が腐食されやすくなる。

（4）　ステンレス鋼の物理的性質

　ステンレス鋼の物理的性質としては，次のような特徴がある。

① 　熱伝導率が低い。

　　マルテンサイト系とフェライト系は炭素鋼の約 1/2 で，オーステナイト系は約 1/3 である。

② 　熱膨張係数が大きい。

　　マルテンサイト系とフェライト系は炭素鋼とほぼ同程度であるが，オーステナイト系は炭素鋼の約 1.5 倍と大きい。このため，オーステナイト系ステンレス鋼の溶接では，特に変形やひずみが発生しやすい。また，熱膨張係数の異なるフェライト系とオーステナイト系ステンレス鋼の異材継手では，温度変化の激しい環境下で熱応力による割れが発生しやすいので注意を要する。

③ 　電気抵抗が大きい。

　　ステンレス鋼の電気抵抗はいずれの系の場合も炭素鋼に比べて極めて大きい。中でも，オーステナイト系のものは炭素鋼の 5 倍程度にも及んでいる。したがって，被覆アーク溶接では，棒焼けを起こしやすいことから適正電流は炭素鋼用のものに比べかなり低めに設定されなければならない。

④ 　磁性の有無

　　マルテンサイト系及びフェライト系のステンレス鋼は，炭素鋼と同様に強磁性を有し磁石につくが，オーステナイト系ステンレス鋼の場合は通常磁性がなく，磁石につかない。したがって，ステンレス鋼の鋼種の簡単な判別法として，こうした磁性が利用できる。ただ，オーステナイト系ステンレス鋼においては，冷間加工によってマルテンサイト変態が生じて磁性を帯びることがある。

表11-20に，代表的なステンレス鋼の物理的性質を示す。

表11-20 代表的なステンレス鋼の物理的性質

種類	鋼種 JIS	鋼種 AISI	密度 10^3 kg/m³	比電気抵抗 $\mu\Omega$-cm	磁性	比熱 KJ/kg·K 0～100℃	平均線膨張係数 10^{-6}/℃ 0～100	0～315	0～538	0～649	0～816	熱伝導率 10^{-2} W/mK 100	500	縦弾性係数 10^3 N/mm²
炭素鋼	-	-	7.86	15	有	0.50	11.4	11.5	-	-	-	46.9	-	206
マルテンサイト系	SUS410	410	7.75	57	有	0.46	9.9	11.4	11.6	11.7	-	24.9	28.7	200
	SUS403	403	7.75	57	有	0.46	9.9	11.4	11.6	11.7	-	24.9	28.7	200
	SUS420J2	420	7.75	55	有	0.46	10.3	10.8	11.7	12.2	-	24.9	-	200
フェライト系	SUS405	405	7.75	60	有	0.46	10.8	11.6	12.1	13.5	-	27.0	-	200
	SUS430	430	7.70	60	有	0.46	10.4	11.0	11.4	11.9	12.4	23.9	26.0	200
	SUS444	444	7.75	60	有	0.46	10.4	-	-	11.5	-	25.9	-	206
オーステナイト系	SUS301	301	7.93	72	無	0.50	17.0	17.2	18.2	18.8	-	16.3	21.5	193
	SUS304	304	7.93	72	無	0.50	17.2	17.8	18.4	18.8	-	16.3	21.5	193
	SUS321	321	7.93	72	無	0.50	16.6	17.2	18.6	19.1	20.2	16.1	22.2	193
	SUS347	347	7.98	73	無	0.50	16.6	17.2	18.6	19.1	20.0	16.3	22.2	193
	SUS316	316	7.98	74	無	0.50	15.9	16.2	17.5	18.6	20.0	16.5	21.5	193
	SUS310S	310S	7.98	78	無	0.50	15.9	16.2	17.0	17.5	-	14.2	18.7	200
オーステナイト・フェライト系	SUS323L	S32304	7.75	80	有	0.48	13.0	14.0	15.0	-	-	17.0	22.0	200
	SUS329J3L	S32205	7.80	80	有	0.50	13.0	14.0	15.0	-	-	17.0	22.0	200
	SUS327L1	S32750	7.79	80	有	0.49	13.0	14.0	15.0	-	-	17.0	22.0	200
析出硬化系	SUS630	S17400	7.78	80	有	0.46	10.8	10.8	11.2	11.3	-	18.4	22.7	196
高純度アルミニウム(99.996%)	-	-	2.70	2.7	無	0.92	24.6 (20～100℃)	-	-	-	-	238 (20～400)	-	70
チタン	-	-	4.51	42	無	0.54 (常温)	9.0 (20～100)	-	-	-	-	17.2	-	106

（5） ステンレス鋼の機械的性質

　ステンレス鋼は，マルテンサイト系，フェライト系及びオーステナイト系に分けられるように，その機械的性質はそれぞれの金属組織との関連が強く，それぞれに固有の特徴がある。代表的なステンレス鋼の機械的性質を表11-21に示す。

溶 接 法

表11-21 代表的なステンレス鋼の常温での機械的性質

種 類	鋼 種 JIS	AISI	状 態	耐力(0.2%) N/mm²	引張強さ N/mm²	伸び %	絞り %	硬さ HB	硬さ HR	アイゾット衝撃値 J
マルテンサイト系	SUS410	410	焼なまし 焼入れ 焼入焼戻し	265 1030 960	480 1080 1270	20～35 10～15 15	－ － －	135～160 380～415 360～380	－ － －	109～150 27～61 27～61
	SUS403	403	焼なまし 焼入れ 焼入焼戻し	265 1030 960	480 1080 1270	20～35 10～15 15	－ － －	135～160 380～415 360～380	－ － －	109～150 27～61 27～61
	SUS420J1	420	焼なまし 焼入れ 焼入焼戻し	345 1520 1350	620 1780 1590	15～30 2～8 8	－ － －	160～190 530～560 470～530	－ － －	102～109 11～20 11～20
フェライト系	SUS405 SUS430 SUS444	405 430 444	焼なまし 焼なまし 焼なまし	315 315 421	520 520 529	30 30 29	65 65 －	156 156 160	B82 B82 －	－ 20～68 －
オーステナイト系	SUS301 SUS304 SUS304L SUS321 SUS347 SUS316 SUS316L SUS310S	301 304 304L 321 347 316 316L 310S	固溶化熱処理 固溶化熱処理 固溶化熱処理 固溶化熱処理 固溶化熱処理 固溶化熱処理 固溶化熱処理 固溶化熱処理	275 245 195 245 245 225 205 275	730 590 550 590 620 550 550 660	55 60 60 55 50 55 55 47	70 70 70 65 65 70 70 65	167 149 146 149 159 149 149 183	B85 B80 B78 B80 B83 B78 B78 B89	136～163 136～163 136～163 129～163 129～163 129～163 129～163 136～157
オーステナイト・フェライト系	SUS323L SUS329J3L SUS329J4L	S32304 S32205 S31260	固溶化熱処理 固溶化熱処理 固溶化熱処理	536 551 608	726 795 813	38 32 31	－ － －	222 240 247	－ － －	－ － －
析出硬化系	SUS630	S17400	析出硬化熱処理 H900	1255	1350	14	50	430	C44	20
アルミニウム合金	1060-O	－	焼なまし	29	69	43	－	19	－	－
	7N01-T4	－	溶体化・焼入れ後に自然時効	221	358	16	－	95	－	－
チタン	純Ti (JIS1種)	－	焼なまし	190	296	48	－	－	－	－
	Ti-6Al-4V	－	焼なまし	921	980	14	－	－	－	－

(6) ステンレス鋼の耐食性

　ステンレス鋼の耐食性は，表面に不動態と呼ばれる保護酸化皮膜が形成されることによって得られる。この皮膜の形成は，含有される合金元素や組織，表面状態及び使用される腐食環境などで左右され，形成された保護皮膜が破壊されると腐食を生じる。

　図11-12は，実際に起こる腐食をその形態によって分類したものである。

a．全面腐食

　全面腐食とは，鋼の表面全体がほぼ一様に腐食される現象であり，高温での酸化や酸溶液中での溶解がこれにあたる。

　なお，ステンレス鋼は，硝酸のような酸化性の酸に対しては安定な不動態皮膜を形成する

ので全面腐食は受けにくい。しかし，希硫酸のような非酸化性又は還元性の酸に対しては，クロムのみのマルテンサイト系やフェライト系ステンレス鋼では全面腐食を受けやすい。

b．孔食とすきま腐食

孔食とは，金属表面の大部分に不動態皮膜が形成しているが，ある特定の場所のみ腐食され，腐食孔を生じるような腐食である。また，**すきま腐食**とは，表面の付着物や金属同士のすきま部における選択的な腐食の進行をいう。いずれも，塩素イオンの存在する環境において生じやすく，次の粒界腐食や応力腐食割れの起点となることがある。

c．粒界腐食

粒界腐食とは，金属組織の結晶粒界又はその付近に沿って進行する腐食形態で，ステンレス鋼を約 500 ℃～850 ℃ に加熱したり，この温度範囲を徐冷すると，結晶粒界にクロム炭化物を析出し，その周辺のクロム量の減少した部分で選択的に腐食をうけることで発生する。このような粒界腐食の感受性を促進する熱的処理を**鋭敏化**と呼んでいる。なお，耐食性の改善方法として，**溶体化処理**（1000 ℃ 以上の高温に加熱し，急冷する）を行うことでクロム炭化物を消失させ，耐食性の改善ができる。

また，含有する炭素量を低くしてクロム炭化物を析出しにくくした低炭素のステンレス鋼や，クロムより炭化物を形成しやすいチタン，ニオブなどを添加してクロム炭化物の析出を防止した安定化鋼などもある。

d．応力腐食割れ

応力腐食割れは，クロム系ステンレス鋼ではほとんど起こらず，オーステナイト系ステンレス鋼において問題となる。一般に，引張応力と腐食環境の相互作用によって発生する。作用因子となる引張応力としては，溶接や機械加工による残留応力や稼働時の負荷応力がある。また，腐食環境としては，塩化物（塩素イオン）の作用が主で，そのほか原子炉における高温高水圧や石油精製装置における硫化物としてのポリチオン酸，又は水酸化ナトリウム（NaOH），水酸化カリウム（KOH）などによって発生するものなどである。応力腐食割れは，

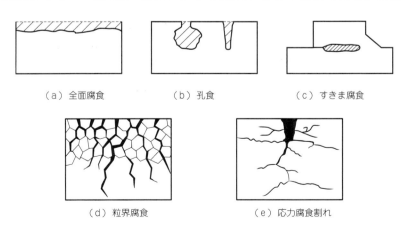

（a）全面腐食　　　（b）孔食　　　（c）すきま腐食

（d）粒界腐食　　　（e）応力腐食割れ

図 11－12　ステンレス鋼の腐食の形態

溶接法

粒界腐食や孔食などが起因となって発生するので，割れ防止にはこれらの耐食性に優れた材料の使用や引張応力の軽減などが有効である。

(7) ステンレス鋼の冶金的性質の変化

ステンレス鋼には，溶融から凝固の過程で低融点の不純物（いおう（S），りん（P），けい素（Si）など）が結晶粒界に偏析すると，凝固の過程での収縮応力により粒界に**高温割れ**を発生する。こうした高温割れの防止には，母材中の不純物の減少が有効である。また，オーステナイト系ステンレス鋼の場合は，オーステナイト組織の中に3％～8％のフェライト組織を共存させることが有効となる。これは，フェライトのほうがオーステナイト組織よりも硫黄などの低融点物質を固溶しやすいためである。したがって，オーステナイト系ステンレス鋼や異種鋼材の溶接においては，溶接棒の選択は重要な要素となっている。

このような溶接におけるオーステナイト鋼中のフェライト量の推定には，図11-13に示す**シェフラーの組織図**がよく用いられる。この図は，各母材や溶接棒の含有元素を**クロム当量，ニッケル当量**に換算し，溶接による**希釈率**などから図中の安全域となるように各種条件を選定する場合に利用する。

この安全域から外れた場合，例えばオーステナイト域では1250℃以上で高温割れ，マルテンサイト域では400℃以下でマルテンサイト割れ，フェライト域では1150℃以上でぜい化の危険性を生じることになる。

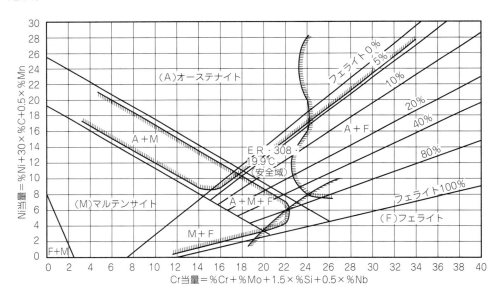

（注）A：オーステナイト　　M：マルテンサイト　　F：フェライト
溶接金属の希釈
n層目における溶接金属成分を求める公式
$Cw = Cf + (P/100)^n \cdot (Cp - Cf)$
ただしCw＝第n層目にある元素の含有量（％）
n＝層数
Cf＝全溶着金属中のある元素の含有量（％）
Cp＝母材中のある元素の含有量（％）
P＝溶込率（希釈率）（％）

図11-13 ステンレス鋼溶着金属のシェフラーの組織図

4.2 ステンレス鋼の溶接

ステンレス鋼の溶接には表11-22に示すように，多くの溶接方法の適用は可能であるが，近年は溶接装置の発達と溶接材料の進歩により，ステンレス鋼の溶接においても自動化，半自動化が進んでいる。

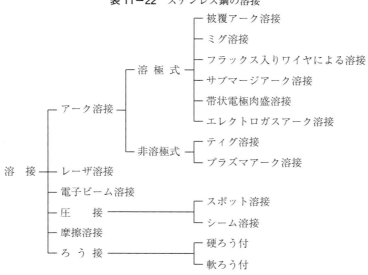

表11-22 ステンレス鋼の溶接

ここでは，ステンレス鋼の溶接に広く用いられている代表的な溶接法として，被覆アーク溶接及びガスシールドアーク溶接についてその要点を述べる。

(1) ステンレス鋼の被覆アーク溶接

a．溶接棒

ステンレス鋼の溶接には，母材の成分や性質に合致した溶接棒を選択することが重要となる。

ステンレス鋼用被覆アーク溶接棒には，ライムチタニア系とライム系（低水素系）があり，オーステナイト系ステンレス鋼の場合には，作業性を重視してルチール（TiO_2）と石灰（$CaCO_3$）を主成分とするライムチタニア系のものを多く用いる。また，フェライト系及びマルテンサイト系ステンレス鋼の場合には，耐割れ性を考慮し，良好な性質の溶着金属が得られる石灰とふっ化物を主成分とするライム系の溶接棒を多く用いる。なお，オーステナイト系ステンレス鋼用溶接棒の溶着金属は，高温割れ防止のため数％のフェライトを含んでいる。溶接棒の乾燥は，ライムチタニア系は150℃〜500℃，ライム系は300℃〜350℃で使用前に30分〜60分間行う。乾燥が不十分な場合は，スパッタ＊が多く，ブローホールやピットの発生又は溶接割れの原因となる。

図11-14にJIS Z 3221：2021によるステンレス鋼被覆アーク溶接棒を表す記号を示す。

＊**スパッタ**：アーク溶接，ガス溶接などにおいて溶接中に飛散するスラグ及び金属粒。

溶 接 法

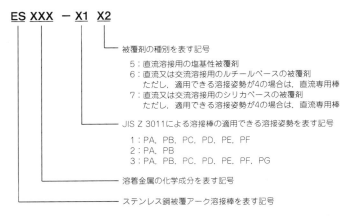

図11－14　ステンレス鋼被覆アーク溶接棒規格（JIS Z 3221：2021）

b．溶接条件

　ステンレス鋼においては，軟鋼などの炭素鋼に比較して熱伝導率は低く，熱の拡散も少ないことから母材が溶融しやすい。そのため，立向及び上向姿勢の溶接ではビードに垂れ落ちを生じやすく，溶接作業は難しくなる。したがって，ステンレス鋼の溶接はできるだけ下向姿勢で行うことが望ましい。

　また，ステンレス鋼の被覆アーク溶接棒の心線は，軟鋼用の溶接棒心線に比較して電気抵抗が大きいことから，抵抗発熱による「**棒焼け**」を起こしやすい。棒焼けを起こすと被覆剤中の有効成分は焼損し，作業性の低下やスラグの巻込み，融合不良などの欠陥のほか，シールド不良によるブローホールなどを発生しやすくなる。そこで，ステンレス鋼の被覆アーク溶接では過大な溶接電流の使用を避ける必要があり，一般の軟鋼用の溶接棒に比べて約20％〜30％低い条件を用いる。また，作業に当たっては，アーク長はできるだけ短く保って行い，溶込不良や融合不良などの欠陥を発生しないように注意する必要がある。なお，最近では被覆を厚くした**高能率溶接棒**も開発されており，こうした棒では一般の溶接棒に比べて20％程度高い電流を使用できる。

（2）　ステンレス鋼のマグ溶接

　ステンレス鋼のマグ溶接は，一般にソリッドタイプのワイヤを用い，シールドガスにはアークの安定性を改善する目的でアルゴンに数％（一般的には2％〜5％）の酸素や炭酸ガスを混合したガスを使用して行われる。なお，シールドガスとしてアルゴン＋炭酸ガスを使用した場合は溶接金属の炭素量が増えることから，低炭素ステンレス鋼（SUS304Lなど）への適用は適当でない。これらの溶接はスプレー移行となる溶接条件域で溶接を行い，アーク長は4 mm〜6 mm程度となるようにアーク電圧を調整する。

　最近ではインバータ制御方式の溶接機により，安定したパルスアーク溶接が可能となり，低電流域でも安定したアークを得られ，薄板の溶接や立向の溶接などにも，マグ溶接の適用範囲が広がっている。

また，ステンレス鋼の溶接に炭酸ガスを用いると溶接金属の炭素量が著しく増加する問題がある。そこで，ワイヤ中にフラックスを充てんしたフラックス入りワイヤを用いることで得られる溶融スラグの脱炭作用によって，炭酸ガスをシールドガスに用いても低炭素の溶接金属が容易に得られるようになった。

　こうしたフラックス入りワイヤによる溶接の特徴を以下に示す。

① 被覆アーク溶接と比較して溶着速度，溶着効率は大きく高能率である。

② アークの安定性に優れ，ビード表面に，はく離性のよいスラグを生成することで光沢のある美しいビード外観を得られる。

③ アルゴン＋酸素，アルゴン＋炭酸ガスの溶接に比べ適正溶接条件範囲が広く，スパッタの発生やブローホールなどの欠陥も少なく，X線性能のよい溶接結果を得やすい。

　この方法では，ワイヤ径1.2 mm～1.6 mmのものを多く用い，立向姿勢の溶接も被覆アーク溶接と同様な感覚で行えることからその適用は増加している。なお，薄板溶接用として直径0.8 mm程度の細径のワイヤも市販されている。

（3） ステンレス鋼のティグ溶接

　ステンレス鋼のティグ溶接は，薄板の溶接やパイプの裏波溶接を中心に用いられてきたが，十分な開先をとることで中・厚板の溶接にも利用される。

　ティグ溶接には次のような利点がある。

① スパッタの発生がほとんどなく，美しいビード外観が得られる。

② 溶着金属の酸素量が低く，高品質な継手が得られる。

③ 溶接の自動化が容易である。

④ 溶加棒（ワイヤ）に通電することで，溶着金属量を増加させる高能率溶接法が開発されている（ホットワイヤ溶接法）。

　シールドガスは，一般にアルゴンが用いられるが，溶込みを大きくしたい場合には，ヘリウム又はアルゴン＋ヘリウムの混合ガスを使用すると効果がある。裏波溶接を行う場合には，裏ビードの酸化を防止するためにバックシールドを行う必要がある。また，この溶接法は，風のある場所での使用は不向きであるとともに，母材及び溶加棒の油脂，さび，ごみなどによる汚れを完全に除去する必要がある。

　表11-23に主なステンレス鋼とティグ溶接に使用する溶加材の組合せ例を示す。

溶接法

表11−23 主なステンレス鋼とティグ溶接に使用する溶加材の組合せ例

母　材	適合溶加材 JIS			適合溶加材 AWS		
SUS304	YS308	YS308L		ER308	ER308L	
SUS304L	YS308L			ER308L		
SUS309S	YS309	YS309L	YS310　YS310S	ER309	ER310	
SUS310S	YS310	YS310S		ER310	ER310S	
SUS316	YS316	YS316L		ER316	ER316L	
SUS316L	YS316L			ER316L		
SUS316J1	YS316J1L			−		
SUS316J1L	YS316J1L			−		
SUS321	YS347			ER347		
SUS347	YS347			ER347		
SUS403	YS410	YS309	YS310	ER410	ER309	ER310
SUS405	YS410	YS309	YS310	ER410	ER309	ER310
SUS410	YS410	YS309	YS310	ER410	ER309	ER310
SUS430	YS430	YS309	YS310	ER430	ER309	ER310

第5節　鋳鉄の溶接

　鋳鉄の溶接は，鋳巣，鋳損じ，破損した鋳物の修理などに古くから用いられている。しかし，鋼の溶接のように十分な信頼性の得られる溶接を行うことができないのが現状である。主として鋳造工場や修理工場で補修に使用されている。**鋳鉄**は，鋼に比べて炭素量（C：2.5％〜4.0％）及びけい素量（Si：0.5％〜3.0％）が多く，炭素は**黒鉛（グラファイト）**の形で分布している。このため鋼に比べて非常にもろい。また，溶融急冷されると，炭素はセメンタイト（炭化鉄）になり，いわゆる**白銑化**して非常に硬化する。

　このため，溶接部は割れやすく，かつ切削加工も困難となるので十分な予熱と徐冷を必要とする。ガス溶接では予熱して溶接するが，被覆アーク溶接ではニッケル系溶接棒を使用して常温で溶接する場合がある。鋳鉄にはねずみ鋳鉄，球状黒鉛鋳鉄（ダクタイル鋳鉄），可鍛鋳鉄などの種類があるが，多く使用されているのはねずみ鋳鉄と球状黒鉛鋳鉄である。なお，JIS Z 3252：2012に鋳鉄用被覆アーク溶接棒，ソリッドワイヤ，溶加棒及びフラックス入りワイヤが規定されている。

5.1　ねずみ鋳鉄のガス溶接

（1）　溶加棒

　鋳鉄の溶接には，ほとんどの場合鋳鉄製の溶加棒を使用する。この場合，溶接中に成分の

酸化消耗があり，特にけい素（Si）は急冷時での炭素の黒鉛化を促進するため多め（約4％）に含有したものを使用する。

鋳鉄溶加棒の断面形状は円形又は正方形で，直径もしくは一片の長さは4 mm～8 mmのものが多い。溶加棒表面の黒皮は，巣の原因になるので，グラインダで取り除く必要がある。

（2）溶剤（フラックス）

鋳鉄の表面に生じる酸化鉄は，巣の原因となる。酸化鉄の溶融点（約1350 ℃）は鋳鉄の溶融点（約1200 ℃）より高いので，酸化鉄を除くためにフラックスが必要である。一般に使用される溶剤は，ほう砂[*1]，炭酸ソーダ[*2]，ふっ化カルシウム[*3]などを配合したものである。

（3）開先加工

グラインダ又はたがねを使用して開先角度を60°～90°とし，底部に丸み（アール）を付ける。

（4）予熱

母材は溶接する前に予熱する。予熱の方法は，小物の場合はガス炎で，大形の場合は火床，専用炉などを用い，できるだけ全体加熱が望ましい。予熱温度は一般に400 ℃～600 ℃の範囲とする。

（5）溶接操作

鋳鉄の溶融温度は低いが，溶融に要する熱量は大きい。したがって，火口は軟鋼の場合より大きめのものを使用し，中性炎（標準炎）または炭化炎（還元炎）で溶接する。

溶接する鋳物は，予熱後，火炎で溶接部とその周辺25 mmが完全に鈍赤色になるまで加熱する。白心を母材から3 mm～6 mm離して火炎を開先の底にあてながら，開先の角が溶けて底部の溶融池に流れ込むように開先の両側面に火炎を少しずつあて，溶融池の直径を25 mm程度につくる。

このような状態で，溶加棒を火炎で加熱し，溶剤を付けて先端を溶融池に入れ，溶加棒に火炎をあてながら溶融する。溶融池の上で溶加棒を溶かして溶滴にして落とす方法は，溶着鋳鉄と母材のなじみが悪く，強度の低い溶接部となるため避ける。

溶融池に気泡や白く輝く点が現れたら，溶剤を加えてこれらの不純物が浮上するまで火炎をその周囲にあてて，浮上すると溶加棒を用いて取り除く。鋳鉄溶接部に生じた酸化物は，溶剤と溶加棒を用いて取り除き，次層を盛る。一層の厚さは10 mm以下とする。開先が溶融鋳鉄で満たされたとき火炎を徐々に遠ざけて底部から徐々に凝固するように努める。最後

[*1] ほう砂：$Na_2B_4O_7・10H_2O$
[*2] 炭酸ソーダ：Na_2CO_3
[*3] ふっ化カルシウム：CaF_2

に，凝固直前の表面を溶加棒の平滑な面でこすり，表面の酸化物を含む溶融鋳鉄を取り除き，溶接部の表面を滑らかに仕上げる。

溶融池の保持温度は，高いほうが強度の高い溶接継手が得られる。

（6）　後熱

溶接が終わった鋳物は，①溶接部の急冷硬化を防止する，②良好な溶接部を得る，③溶接により生じた内部応力を除く，などのため一般に500℃～600℃程度の後熱を行う。

5.2　鋳鉄の被覆アーク溶接

（1）　対象となる鋳鉄

表11-24に溶接の対象となる主な鋳鉄の種類を示す。

表11-24　鋳鉄の主な種類

種　類	JIS規格番号	JIS記号
ねずみ鋳鉄	G 5501	FC100，FC150，FC200，FC250，FC300，FC350
球状黒鉛鋳鉄	G 5502	FCD400-15，FCD450-10，FCD500-7，FCD600-3，FCD700-2
黒心可鍛鋳鉄	G 5705	FCMB275-5，FCMB300-6，FCMB350-10，FCMB350-10S
白心可鍛鋳鉄	G 5705	FCMW350-4，FCMW380-12，FCMW400-5，FCMW450-7
パーライト可鍛鋳鉄	G 5705	FCMP450-6，FCMP550-4，FCMP650-2，FCMP700-2

（2）　被覆アーク溶接棒の種類

鋳鉄用の被覆アーク溶接棒はJIS Z 3252に規定されており，主に共金系（溶着金属の化学組成が母材の化学成分と類似する成分系）と非共金系（溶着金属の化学成分が母材の化学成分と異なる成分系）の溶接棒に分けられる。鋳鉄用として代表的な溶接棒は非共金系である。表11-25にJIS Z 3252に規定されている主な非共金系被覆アーク溶接棒の種類を示す。

表11-25　主な鋳鉄用被覆アーク溶接棒の種類（JIS Z 3252 : 2012より作成）

種　類	化学成分（％）									
	C	Si	Mn	P	S	Fe	Ni	Cu	その他	規定しない元素の合計
ECNi-CI	2.0以下	4.0以下	2.5以下	—	0.03以下	8.0以下	85以上	2.5以下	Al =1.0以下	1.0以下
ECNiFe-CI	2.0以下	4.0以下	2.5以下	—	0.04以下	残部	40～60	2.5以下	Al =1.0以下	1.0以下
ECSt	0.15以下	1.0以下	0.80以下	0.04以下	0.04以下	残部	—	0.35以下	—	0.35以下

（3） 溶接施工の要領

a．溶接棒の乾燥

① 低水素系溶接棒は，使用前，350 ℃で約 60 分間乾燥を行う。

② そのほか，吸湿のある溶接棒は，100 ℃〜150 ℃で約 60 分間乾燥を行う。

b．開先の準備

（a）巣埋め溶接（砂かみの補修を含む）

表面の不純物，砂などは，地金が出るまで削り取る。また，底部の丸い 90° V 形又は大きい巣，深い巣の場合には U 形の溝を掘る。

c．割れ補修の方法

① 浸透探傷法，磁気探傷法，X 線検査などにより，割れの端末，深さを確認する。

② 割れの両端に割れ成長防止孔（ストップホール：端部から割れ先端の方向に 5 mm 〜 10 mm 離れたところに径 5 mm 〜 10 mm の穴）をあける。

③ 厚みに従い直径 5 mm 〜 10 mm のドリルで底部 2 mm くらいを残して穴をあけ，溝掘りたがねで U 形に加工する。板厚の薄いときは 90° V 形にする。

d．溶接法

（a）熱間溶接

熱間溶接は，主に大形鋳物の補修に用いられる。ガス溶接と同様に約 500 ℃ 〜 600 ℃の予熱を行う。溶加棒は主に溶着金属が鋳鉄となる共金系溶接棒を用いる。共金系溶接棒にはけい素含有量の多いもの（Si 6 % 〜 9 %）が開発されている。これを使用すると大入熱で溶接するときも予熱温度を下げる（約 200 ℃の予熱）ことができる。溶接後は 600 ℃で約 60 分間焼なましを行う。

（b）冷間溶接

冷間溶接は，機械加工が難しい大形鋳物や，作動中の機械部品などで運搬も熱処理もできないとき，ひずみの発生をきらうような鋳物のときなどの欠陥や割れの補修に利用される。したがって，一般的には予熱も後熱も行わない。溶接棒としては，非共金系溶接棒（主にニッケル系，鉄―ニッケル系）を使用する。この場合，細径溶接棒（一般に 3.2 mm）を使用して，小電流でストレートに溶接する。1 回におくビードの長さは 30 mm 以下とし，ビードごとに熱間でピーニングを行うことによって，溶接部のひずみ及び残留応力の軽減を図る。

大形のもの，肉厚不同のもの，形状複雑なものなどは予熱（150 ℃以下）を行い，溶接後はできるだけ徐冷する。

40 mm 厚を超えるような大形鋳物の冷間溶接法としては，開先加工面にボルトを埋め込んで行う「スタッド溶接法」又は「バタリング溶接法」で行う。図 11 − 15 にスタッド法，図 11 − 16 にバタリング法を示す。なお図 11 − 17 に，各種の棒で溶接した溶接部の硬さ分布を示す。

溶　接　法

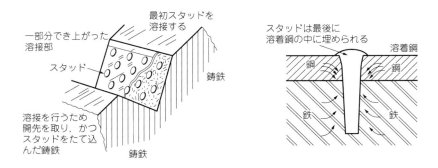

図11−15　スタッド法

図11−16　バタリング法

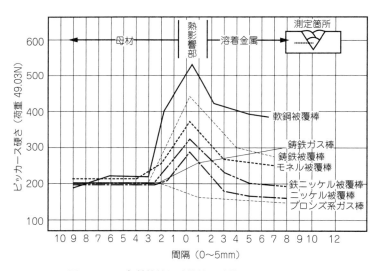

図11−17　各種鋳鉄用溶接棒の溶接部の硬さの比較

第6節　アルミニウム及びその合金の溶接

6.1　アルミニウム及びその合金の特徴

　アルミニウム（Al）及びその合金（以下**アルミニウム合金**という）は，比強度（引張強さ／密度）の高い材料である。また，耐食性がよく熱・電気の良導体で，表面が銀白色で美しいといった特徴を持っている。このように，いくつもの優れた特徴を持つアルミニウム合金は，その特徴を生かして身近な日常家庭用品から，建材，自動車・電車などの車両，船舶，航空機，電気通信，化学設備などに幅広く用いられている。また，アルミニウム合金は，低温でもろくなる性質がなく，液化天然ガスの貯蔵タンクなどの極低温用材料として使用できる優れた性質もある。

　アルミニウム材が良好な耐食性を示す理由は，アルミニウムは大気中において容易に酸素と結合して表面にち（緻）密で硬い酸化皮膜を形成し，この皮膜が腐食環境から保護的役割をするためである。ただし，この酸化皮膜（融点：約 2000 ℃）は溶接に際して母材同士や溶加材との融合を妨げ，溶接作業を難しくする要因の一つとなっている。

6.2　アルミニウム合金の分類

　アルミニウム合金は，純アルミニウムにマンガン（Mn），マグネシウム（Mg），銅（Cu），けい素（Si），亜鉛（Zn），クロムなどの各種合金元素を添加したいろいろな特徴のある合金が製造され，その種類は多い。

　その分類は，用途の面から「展伸材用*」，「鋳物用」「ダイカスト用」などがある。表11－26に主な板，条，厚板及び円板の化学成分（JIS H 4000：2022），表11－27に主なアルミニウム合金鋳物の化学成分（JIS H 5202：2010），表11－28に主なアルミニウム合金ダイカストの化学成分（JIS H 5302：2006）の規格を示す。

　展伸材は，冷間加工によって強度を増す「**非熱処理合金**」と，焼入れ，焼戻しなどの熱処理によって強度を増す「**熱処理合金**」に分けられ，その合金の主成分の違いにより1000系から7000系までの4けたの数字で分類されている。

　◎非熱処理合金……純アルミニウム系（1000系）

　　　　　　　　　　Al—Mn系（3000系）

　　　　　　　　　　Al—Si系（4000系）

　　　　　　　　　　Al—Mg系（5000系）

＊　**展伸材**：金属を圧延・鍛造・引抜き・押出しなどによって形状を作り出した材料。板・条・棒・線・管などの形状がある。

溶 接 法

表11-26 主な板，条，厚板及び円板の化学成分（JIS H 4000：2022 より作成）

単位 %

合金番号	Si	Fe	Cu	Mn	Mg	Cr	Zn	Ga, V, Ni B, Zr など	Ti	その他[a] 個々	その他[a] 合計	Al
1070	0.20 以下	0.25 以下	0.04 以下	0.03 以下	0.03 以下	-	0.04 以下	V 0.05 以下	0.03 以下	0.03 以下	-	99.70 以上
1050	0.25 以下	0.40 以下	0.05 以下	0.05 以下	0.05 以下	-	0.05 以下	V 0.05 以下	0.03 以下	0.03 以下	-	99.50 以上
1100	Si + Fe 0.95 以下		0.05～0.20	0.05 以下	-	-	0.10 以下	-	-	0.05 以下	0.15 以下	99.00 以上
1200	Si + Fe 1.00 以下		0.05 以下	0.05 以下	-	-	0.10 以下	-	0.05 以下	0.05 以下	0.15 以下	99.00 以上
2014	0.50～1.2	0.7 以下	3.9～5.0	0.40～1.2	0.20～0.8	0.10 以下	0.25 以下	-	0.15 以下	0.05 以下	0.15 以下	残部
2017	0.20～0.8	0.7 以下	3.5～4.5	0.40～1.0	0.40～0.8	0.10 以下	0.25 以下	-	0.15 以下	0.05 以下	0.15 以下	残部
2219	0.20 以下	0.30 以下	5.8～6.8	0.20～0.40	0.02 以下	-	0.10 以下	V 0.05～0.15, Zr 0.10～0.25	0.02～0.10	0.05 以下	0.15 以下	残部
3003	0.6 以下	0.7 以下	0.05～0.20	1.0～1.5	-	-	0.10 以下	-	-	0.05 以下	0.15 以下	残部
3203	0.6 以下	0.7 以下	0.05 以下	1.0～1.5	-	-	0.10 以下	-	-	0.05 以下	0.15 以下	残部
3004	0.30 以下	0.7 以下	0.25 以下	1.0～1.5	0.8～1.3	-	0.25 以下	-	-	0.05 以下	0.15 以下	残部
5005	0.30 以下	0.7 以下	0.20 以下	0.20 以下	0.50～1.1	0.10 以下	0.25 以下	-	-	0.05 以下	0.15 以下	残部
5110A	0.15 以下	0.25 以下	0.20 以下	0.20 以下	0.20～0.6	-	0.03 以下	-	-	0.05 以下	0.10 以下	残部
5052	0.25 以下	0.40 以下	0.10 以下	0.10 以下	2.2～2.8	0.15～0.35	0.10 以下	-	-	0.05 以下	0.15 以下	残部
5154	0.25 以下	0.40 以下	0.10 以下	0.10 以下	3.1～3.9	0.15～0.35	0.20 以下	-	0.20 以下	0.05 以下	0.15 以下	残部
5254	Si + Fe 0.45 以下		0.05 以下	0.01 以下	3.1～3.9	0.15～0.35	0.20 以下	-	0.05 以下	0.05 以下	0.15 以下	残部
5454	0.25 以下	0.40 以下	0.10 以下	0.50～1.0	2.4～3.0	0.05～0.20	0.25 以下	-	0.20 以下	0.05 以下	0.15 以下	残部
5083	0.40 以下	0.40 以下	0.10 以下	0.40～1.0	4.0～4.9	0.05～0.25	0.25 以下	-	0.15 以下	0.05 以下	0.15 以下	残部
5086	0.40 以下	0.50 以下	0.10 以下	0.20～0.7	3.5～4.5	0.05～0.25	0.25 以下	-	0.15 以下	0.05 以下	0.15 以下	残部
6101	0.30～0.7	0.50 以下	0.10 以下	0.03 以下	0.35～0.8	0.03 以下	0.10 以下	B 0.06 以下	-	0.05 以下	0.10 以下	残部
6061	0.40～0.8	0.7 以下	0.15～0.40	0.15 以下	0.8～1.2	0.04～0.35	0.25 以下	-	0.15 以下	0.05 以下	0.15 以下	残部
6082	0.7～1.3	0.50 以下	0.10 以下	0.40～1.0	0.6～1.2	0.25 以下	0.20 以下	-	0.10 以下	0.05 以下	0.15 以下	残部
7204	0.30 以下	0.35 以下	0.20 以下	0.20～0.7	1.0～2.0	0.30 以下	4.0～5.0	V 0.10 以下, Zr 0.25 以下	0.20 以下	0.05 以下	0.15 以下	残部

注[a] "その他"とは，通常の分析過程において，規定の値を超えるおそれがある場合に，製造業者の判断によって分析する元素である。"個々"は，表中に示してない元素だけでなく，"-"で値を示してない元素も含まれる。また，"合計"は，個々の値を合計したものである。

表11-27 主なアルミニウム合金鋳物の化学成分（JIS H 5202：2010 抜粋）

単位 %

種類の記号	Cu	Si	Mg	Zn	Fe	Mn	Ni	Ti	Pb	Sn	Cr	Al
AC2A	3.0～4.5	4.0～6.0	0.25 以下	0.55 以下	0.8 以下	0.55 以下	0.30 以下	0.20 以下	0.15 以下	0.05 以下	0.15 以下	残部
AC2B	2.0～4.0	5.0～7.0	0.50 以下	1.0 以下	1.0 以下	0.50 以下	0.35 以下	0.20 以下	0.20 以下	0.10 以下	0.20 以下	残部
AC4C	0.20 以下	6.5～7.5	0.20～0.4	0.3 以下	0.5 以下	0.6 以下	0.05 以下	0.20 以下	0.05 以下	0.05 以下	0.05 以下	残部
AC4D	1.0～1.5	4.5～5.5	0.4～0.6	0.5 以下	0.6 以下	0.5 以下	0.3 以下	0.20 以下	0.1 以下	0.1 以下	0.05 以下	残部
AC7A	0.10 以下	0.20 以下	3.5～5.5	0.15 以下	0.30 以下	0.6 以下	0.05 以下	0.20 以下	0.05 以下	0.05 以下	0.15 以下	残部
AC8A	0.8～1.3	11.0～13.0	0.7～1.3	0.15 以下	0.8 以下	0.15 以下	0.8～1.5	0.20 以下	0.05 以下	0.05 以下	0.10 以下	残部
AC9A	0.50～1.5	22～24	0.50～1.5	0.20 以下	0.8 以下	0.50 以下	0.50～1.5	0.20 以下	0.10 以下	0.10 以下	0.10 以下	残部

表11-28 主なアルミニウム合金ダイカストの化学成分（JIS H 5302：2006 抜粋）

単位 %

種類の記号	Cu	Si	Mg	Zn	Fe	Mn	Cr	Ni	Sn	Pb	Ti	Al
ADC1	1.0 以下	11.0～13.0	0.3 以下	0.5 以下	1.3 以下	0.3 以下	-	0.5 以下	0.1 以下	0.20 以下	0.30 以下	残部
ADC3	0.6 以下	9.0～11.0	0.4～0.6	0.5 以下	1.3 以下	0.3 以下	-	0.5 以下	0.1 以下	0.15 以下	0.30 以下	残部
ADC5	0.2 以下	0.3 以下	4.0～8.5	0.1 以下	1.8 以下	0.3 以下	-	0.1 以下	0.1 以下	0.10 以下	0.20 以下	残部
ADC6	0.1 以下	1.0 以下	2.5～4.0	0.4 以下	0.8 以下	0.4～0.6	-	0.1 以下	0.1 以下	0.10 以下	0.20 以下	残部
ADC10	2.0～4.0	7.5～9.5	0.3 以下	1.0 以下	1.3 以下	0.5 以下	-	0.5 以下	0.2 以下	0.2 以下	0.30 以下	残部
ADC12	1.5～3.5	9.6～12.0	0.3 以下	1.0 以下	1.3 以下	0.5 以下	-	0.5 以下	0.2 以下	0.2 以下	0.30 以下	残部
ADC14	4.0～5.0	16.0～18.0	0.45～0.65	1.5 以下	1.3 以下	0.5 以下	-	0.3 以下	0.3 以下	0.2 以下	0.30 以下	残部

◎熱処理合金………Al―Cu―Mg 系（2000 系）
　　　　　　　　　Al―Mg―Si 系（6000 系）
　　　　　　　　　Al―Zn―Mg 系（7000 系）

各系の材料の主な特徴は次のようなものである。

（1）　1000 系材料

アルミニウム純度 99.00％又はそれ以上の純アルミニウムをいう。耐食性がよく，光の反射性，電気・熱の良導体としての特性が利用される。強度は低いが，溶接や成形加工がしやすい。

（2）　2000 系材料

銅が主な添加成分で，そのほかマグネシウムなどを含む Al―Cu―Mg 系合金である。熱処理によって高い強度を得られるが，耐食性や溶接性は劣るものが多い。一般に，航空機用材料として用いられ，その接合にはリベットが利用される。なお，この系の材料でも 2219 合金は，比較的溶接性が優れている。

（3）　3000 系材料

マンガンを主な添加成分とする Al―Mn 系合金で，冷間加工により種々の質別とした非熱処理合金である。純アルミニウムに比べて強度はやや高く，耐食性，溶接性，加工性などもよい。

（4）　4000 系材料

けい素を主な添加成分とする Al―Si 系合金（非熱処理合金）で，鋳物合金や溶加材として広く用いられている。

（5）　5000 系材料

マグネシウムを主な添加成分とする Al―Mg 系合金である。強度の高い非熱処理合金で，溶接性も良好である。特に耐海水性に優れており，溶接構造材として多く利用されている。

（6）　6000 系材料

マグネシウムとけい素を主添加成分とする Al―Mg―Si 系合金である。耐食性，溶接性が良好で，形材や管として構造物に広く用いられている。

（7）　7000 系材料

亜鉛が主な添加成分であるが，これにマグネシウムを添加した高強度熱処理合金の Al―Zn―Mg 合金（A7204），さらに銅などを加えた A7075 がある。A7075 は，アルミニウム合金中最も強度の高い合金の一つであるが，溶接性や耐食性が劣る。A7204 は強度も高く搭接性が良好で，あることから溶接構造材として広く用いられている。

（8）　8000 系材料（その他の合金）

これまでの合金系に属さないその他の材料で，急冷凝固粉末冶金合金や低密度・高剛性材として開発された Al―Li 系合金などがある。日本では，Fe を添加することによって強度と

溶接法

圧延加工性を付与したアルミニウムはく用合金8021, 8079が，電気通信用や包装用として使用されている。

6.3 アルミニウム合金の表示と性質

アルミニウム合金の展伸材のJIS記号には，例えばA1100P—O，A5083P—H32, A7204—T5などの記号がある。これは図11-18に示すような方式によって定められている。

なお，代表的なアルミニウム材の物理的性質を表11-29に，機械的性質を表11-30に示す。

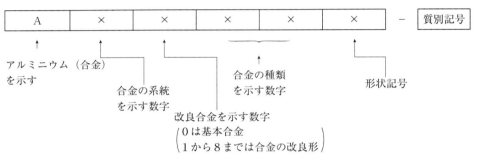

(1) 合金の系統
　　1×××……純アルミニウム系　　6×××……Al-Mg-Si系
　　2×××……Al-Cu-Mg系　　　　7×××……Al-Zn-Mg系
　　3×××……Al-Mn系　　　　　　8×××……その他の合金
　　4×××……Al-Si系
　　5×××……Al-Mg系

(2) 形状記号
　　P………板，条，円板　　　　　TD……引抜継目無管
　　PC……合せ板　　　　　　　　TW……溶接管
　　BE……押出棒　　　　　　　　TWA…アーク溶接管
　　BD……引抜棒　　　　　　　　S………押出形材
　　W………引抜線　　　　　　　　FD……型打鍛造品
　　TE……押出継目無管　　　　　FH……自由鍛造品

(3) 質別記号
　　F……製品のままの材料
　　O……焼なました材料
　　H1n…加工硬化だけをうけた材料
　　H2n…加工硬化後不完全な焼なましをうけた材料
　　H3n…加工硬化後安定化処理をうけた材料
　　　　　（n=2は1/4硬質　　n=6は3/4硬質）
　　　　　（n=4は1/2硬質　　n=8は硬質）
　　T3……溶体化処理後，冷間加工をした材料
　　T4……溶体化処理後，十分な安定状態まで時効硬化処理をした材料
　　T5……高温加工から急冷後，人工時効硬化処理をした材料
　　T6……溶体化処理後，人工時効硬化処理をした材料
　　T8……溶体化処理後，冷間加工を行い人工時効硬化処理をした材料

図11-18 アルミニウム合金の記号例

表11-29 主なアルミニウム合金の物理的性質とその比較

合金の種類	密度 Mg/m³*1	溶融温度範囲(℃)	平均比熱 (273〜373 K) J/(kg・K)	線膨張係数 (273〜373 K) 10⁻⁶/K	熱伝導率 (W/m・K)	弾性係数 GPa*2	剛性率 GPa	固有抵抗 nΩ・m
高純度アルミニウム (99.9％以上)	2.7	660	660	24	218〜226	58.8〜68.6	24.5	28
A 1100	2.7	640〜660	1005	24	218	68.6	26.0	30
A 3003	2.74	640〜655	921	23	159	68.6	26.0	40
A 5052	2.68	595〜650	963	23	138	68.6	27.0	50
A 5083	2.66	595〜640	963	25	130	68.6	26.0	62
A 6061	2.71	580〜650	921	24	155	68.6	26.0	38
A 6063	2.71	605〜650	879	23	201	68.6	26.0	31
A 7075	2.80	640	953	24	121	70.6	27.0	54
参 軟 鋼* (SS 400)	7.86 [2.7×2.9]	1500〜1257 [660×2.3]	460 [921×0.5]	12 [24×0.5]	50 [222×0.2]	206.0 [68.6×3]	82.4 [24.5×3.4]	120 [28×4]
考 ステンレス (SUS 304)	7.9	1400〜1427	586	17	17	199.1	71.6	600

(注) ＊ [ ]内は高純度アルミニウムとの比較
 ＊1 Mg/m³ = g/cm³
 ＊2 GPa = (N/mm²)×10³

溶 接 法

表11−30 代表的なアルミニウム合金展伸材の機械的性質（JIS H 4000：2022抜粋）

記号	質別	引張試験 厚さ mm	引張強さ N/mm²	耐力 N/mm²	伸び % A_{50mm}	A	曲げ試験 厚さ mm	内側半径
A5052P	H112	4.0 以上　6.5 以下	195 以上	110 以上	9 以上	−		
		6.5 を超え　13.0 以下	195 以上	110 以上	7 以上			
		13.0 を超え　50.0 以下	175 以上	65 以上	12 以上			
		50.0 を超え　75.0 以下	175 以上	65 以上	16 以上			
	O	0.2 以上　0.3 以下	170 以上 215 以下	−	14 以上	−	0.2 以上　0.8 以下 0.8 を超え　2.9 以下 2.9 を超え　6.0 以下	密着 厚さの0.5倍 厚さの1倍
		0.3 を超え　0.5 以下		65 以上	15 以上			
		0.5 を超え　0.8 以下		65 以上	17 以上			
		0.8 を超え　1.3 以下		65 以上	17 以上			
		1.3 を超え　2.9 以下		65 以上	19 以上			
		2.9 を超え　6.5 以下		65 以上	19 以上			
		6.5 を超え　75.0 以下		65 以上	18 以上			
	H12 H22 H32	0.2 以上　0.3 以下	215 以上 265 以下	−	3 以上	−	0.2 以上　0.8 以下 0.8 を超え　2.9 以下 2.9 を超え　6.0 以下	厚さの0.5倍 厚さの1倍 厚さの1.5倍
		0.3 を超え　0.5 以下		−	4 以上			
		0.5 を超え　0.8 以下		−	5 以上			
		0.8 を超え　1.3 以下		155 以上	5 以上			
		1.3 を超え　2.9 以下		155 以上	7 以上			
		2.9 を超え　6.5 以下		155 以上	9 以上			
		6.5 を超え　12.0 以下		155 以上	11 以上			
	H14 H24 H34	0.2 以上　0.5 以下	235 以上 285 以下	180 以上	3 以上	−	0.2 以上　0.8 以下 0.8 を超え　2.9 以下 2.9 を超え　6.0 以下	厚さの1倍 厚さの1.5倍 厚さの2倍
		0.5 を超え　0.8 以下			4 以上			
		0.8 を超え　1.3 以下			4 以上			
		1.3 を超え　2.9 以下			6 以上			
		2.9 を超え　6.5 以下			6 以上			
		6.5 を超え　12.0 以下			10 以上			
	H16 H26 H36	0.2 以上　0.8 以下	255 以上 305 以下	−	3 以上	−	0.2 以上　0.8 以下 0.8 を超え　1.3 以下 1.3 を超え　4.0 以下	厚さの2倍 厚さの2.5倍 厚さの3倍
		0.8 を超え　4.0 以下		205 以上	4 以上			
	H18 H38	0.2 以上　0.8 以下	270 以上	220 以上	3 以上	−	−	−
		0.8 を超え　3.0 以下			4 以上			
	H19 H39	0.15 以上　0.5 以下	285 以上	−	1 以上	−	−	−
A5083P	H112	4.0 以上　6.5 以下	275 以上	125 以上	12 以上	−		
		6.5 を超え　40.0 以下		125 以上		10 以上		
		40.0 を超え　75.0 以下		120 以上		10 以上		
	O	0.5 以上　0.8 以下	275 以上 350 以下	125 以上 200 以下	16 以上	−	0.5 以上　12.0 以下	厚さの2倍
		0.8 を超え　40.0 以下	275 以上 350 以下	125 以上 200 以下		14 以上		
		40.0 を超え　80.0 以下	270 以上 345 以下	115 以上 200 以下		14 以上		
		80.0 を超え　100.0 以下	260 以上	110 以上		12 以上		
	H22 H32	0.5 以上　0.8 以下	305 以上 380 以下	215 以上	8 以上	−	0.5 以上　1.3 以下 1.3 を超え　2.9 以下 2.9 を超え　6.5 以下 6.5 を超え　12.0 以下	厚さの2.5倍 厚さの3倍 厚さの4倍 厚さの5倍
		0.8 を超え　2.9 以下	310 以上 380 以下	235 以上 305 以下	8 以上			
		2.9 を超え　12.0 以下	305 以上 380 以下	215 以上 295 以下	10 以上			
	H321	4.0 以上　13.0 以下	305 以上 385 以下	215 以上 295 以下	12 以上	−	−	−
		13.0 を超え　40.0 以下	305 以上 385 以下	215 以上 295 以下	11 以上			
		40.0 を超え　80.0 以下	285 以上 385 以下	200 以上 295 以下	11 以上			
	H34	1.2 以上　3.0 以下	345 以上	270 以上	6 以上	−	−	−
		3.0 を超え　6.0 以下	405 以上	340 以上	8 以上			
	H116	1.5 以上　12.5 以下	305 以上	215 以上	10 以上	−	−	−
		12.5 を超え　30.0 以下	305 以上	215 以上				
		30.0 を超え　40.0 以下	305 以上	215 以上				
		40.0 を超え　80.0 以下	285 以上	200 以上				

6.4 アルミニウム及びアルミニウム合金の溶接

(1) アルミニウム及びアルミニウム合金の溶接の特徴

アルミニウム（合金）の溶接も鉄鋼材料の溶接と原理的には同じであるが，金属としての性質には大きな違いがあり，欠陥のない良質な溶接部を得ることが比較的難しい材料とされている。

アルミニウム（合金）の溶接を難しくしている要因としては次のようなことが挙げられる。

① 母材表面の強固な酸化皮膜は溶接においては有害となり，溶接に際しては酸化皮膜を除去する前処理やクリーニング作用のあるアーク溶接を用いる必要がある。

② アルミニウム自体の比重は小さく，溶融池中の酸化物は浮き上がりにくい。そのため酸化物は溶接部に巻き込まれやすく，欠陥を生じやすい。

③ 熱伝導度が高いことから（鋼の約4倍），溶接熱は分散しやすく，局部的な加熱は難しい。

④ 電気抵抗は鋼の約1/4で，抵抗溶接では大容量の電源を必要とする。

⑤ 溶融温度（純Alで660℃）が低いことから溶け落ちが発生しやすい。

⑥ 熱膨張係数が鋼の約2倍，凝固の際の収縮率は約1.5倍あり，溶接変形や凝固割れを生じやすい。

⑦ 溶融したアルミニウムは水素を吸収しやすく，一度吸収された水素は放出されにくいことから溶接部にブローホールを発生しやすい。

⑧ 熱影響部は軟化しやすく，溶接のままでは継手性能を満足しない場合が多い。アルミニウム熱処理合金の溶接部を図11-19に示す。

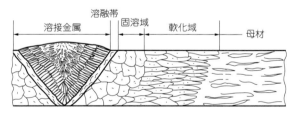

図11-19　アルミニウム熱処理合金の溶接部

(2) アルミニウム及びアルミニウム合金の溶接施工

金属の溶接法としては各種の方法があるが，これらの中で，アルミニウム（合金）の溶接に適する方法は限られている。例えば，鉄鋼材料の溶接に用いられる被覆アーク溶接法はアルミニウムの溶接にはほとんど使用されず，不活性ガスを用いるティグ溶接及びミグ溶接が最も広く利用され，そのほか抵抗（スポット）溶接法やろう付法なども比較的多く利用されている。

ここでは，一般的なティグ溶接法とミグ溶接法の溶接施工上の要点を述べる。

溶接法

a．アルミニウム及びアルミニウム合金のティグ溶接

アルミニウム（合金）のティグ溶接では，通常「**交流ティグ溶接法**」が用いられる。これは，一般的な鋼のティグ溶接で用いる直流棒マイナス（正極性）の方法では，母材表面の酸化皮膜は除去できず，その融合はほとんど不可能となるためである。なお，酸化皮膜の除去のためのクリーニング作用は直流棒プラス（逆極性）の方法でも得られるが，この方法では電極の溶融（消耗）が多くなるため，一般には交流ティグ溶接法が用いられる。

交流ティグ溶接は直流ティグ溶接に比べ，タングステン電極先端の溶融変形やアークの安定性の面で若干劣る傾向はあるが，不活性ガス（アルゴン，ヘリウム）によるシールドと比較的高い熱集中により，外観の優れた良質な溶接部を得られる。また，全姿勢溶接が可能で，手動溶接及び自動溶接いずれにも用いられている。

この溶接で用いられる電極には，純タングステン（Pure―W），酸化トリウム入りタングステン（ThO_2―W），酸化ランタン入りタングステン（La_2O_3―W），酸化セリウム入りタングステン（Ce_2O_3―W）などがある。

これらの電極の中で純タングステンは，交流で使用した場合，やや溶融変形量が多く熱集中に劣る傾向を示すが，この溶融部は半球状となり比較的安定した溶接が可能となることから，一般的に広く用いられている。一方，酸化トリウム入りタングステン（トリエーテッドタングステン）などでは，溶接中に電極先端の溶融の偏りに伴うアークの偏りで，ビードが偏向する場合もある。したがって，自動溶接などにおいては，使用する電極の選定に注意が必要となる。

交流溶接で使用される各種の酸化物入りタングステンの中では，酸化セリウム入りタングステン（Ce_2O_3―W）が一般的であるが，JIS規格にはない電極も多数市販され使用されている。

表11―31　タングステン電極棒径に対する電流範囲の例（交流）（JIS Z 3604：2016）

単位 A

電極棒の径 （mm）	溶接電流範囲	
	純タングステン	トリエーテッドタングステン，酸化ランタンタングステン及び酸化セリウムタングステン
1.0	10～60	20～80
1.6	20～100	30～130
2.0	40～130	50～180
2.4	50～160	60～220
3.2	100～210	110～290
4.0	150～270	170～360
4.8	200～350	220～450
5.0	200～350	220～450
6.4	250～450	－

表11-31にタングステン電極の使用電流範囲を示す。酸化ランタン入りや酸化セリウム入り電極の場合はアークの偏りの発生は少なく，熱集中を必要とする溶接には有効となる。

b．アルミニウム及びアルミニウム合金のミグ溶接

アルミニウム（合金）のミグ溶接は，通常アルゴンガスをシールドガスに用いて，一般的に直流棒プラスの極性で半自動又は自動溶接により行われる。近年では，交流電源も使用される。

アルミニウム合金の溶接に適用されるミグ溶接のアークの形態には，短絡アーク（ショートアーク），スプレーアーク，パルスアークなどがあり，それぞれ以下のような特徴がある。

（a）短絡アーク溶接（ショートアーク溶接）

主に1mm前後の薄板の溶接を対象に用いられる方法で，電極ワイヤ先端の溶融金属が母材に短絡することで移行する方式の溶接である。電極ワイヤは直径0.6mm～0.8mm程度の細径ワイヤを用い，ワイヤが短絡したときに座屈しないよう，溶接トーチにワイヤが内蔵されているスプールオンガン方式で溶接が行われる。

（b）スプレーアーク溶接

通常，単にミグ溶接といえばこのスプレーアーク溶接を指すことが多く，この方法では溶滴は小さな粒子でスプレー状に移行する。この方法は，主に中板の高能率溶接に多く適用されている。使用ワイヤは直径1.0mm～2.4mm程度で，溶接電流はそれぞれの使用ワイヤ径においてスプレー移行となる臨界電流以上が選択される。

また，厚板のアルミニウム（合金）の溶接用としては，ワイヤ径2.4mm～6.4mm，溶接電流400A～900Aで行う大電流ミグ溶接が有効である。

（c）パルスアーク溶接

ミグ溶接の臨界電流以上では，スプレーアークとなり安定した溶接が可能となるが，それ以下の電流条件では溶滴の移行はグロビュール移行となり溶接は不安定となる。そこで，平均電流は低入熱のグロビュール移行域の電流条件を維持しながら，周期的に臨界電流以上のパルス電流に変化させるパルス溶接では安定な溶接が可能となり，ショートアークやスプレーアークの溶接では難しい板厚2mm～6mmの材料の溶接や全姿勢の溶接に有効となる。

6.5 ティグ及びミグ溶接の作業標準

以下にアルミニウム合金のイナートガスアーク溶接作業条件のJISの一部を示す。

① 表11-32 ミグ溶接ワイヤの径及び溶接電流範囲の例（直流）（JIS Z 3604：2016）
② 表11-33 ティグ溶接の溶加棒径及び溶接電流範囲の例
③ 表11-34 標準溶接条件例（JIS Z 3604：2016）
④ 表11-35 板の突合せ継手の開先形状及び寸法
⑤ 表11-36 母材の組合せによる棒及びワイヤの選定指針

溶 接 法

表 11−32 ミグ溶接ワイヤの径及び溶接電流範囲の例（直流）（JIS Z 3604：2016）

単位 A

ワイヤの径（mm）	0.6	0.8	1.0	1.2	1.4	1.6	2.0
溶接電流範囲	20〜50	40〜100	(60) 70〜180	(80) 110〜250	130〜310	(100) 150〜350	200〜430
ワイヤの径（mm）	2.4	2.8	3.2	4.0	4.8	5.6	6.4
溶接電流範囲	250〜500	300〜580	350〜650	400〜750	450〜850	500〜950	600以上

注 （ ）内は，パルス溶接時の最低電流を示す。

表 11−33 ティグ溶接の溶加棒径及び溶接電流範囲の例

	溶接棒及び溶接ワイヤ径 mm	溶接電流範囲 A
溶接ワイヤ	0.6	20〜100
	0.8	20〜150
	1.0	30〜200
	1.2	40〜250
	1.6	40〜350
溶接棒	1.6	30〜100
	2.0	60〜130
	2.4	70〜150
	3.2	130〜150
	4.0	180〜250
	5.0	240〜360
	6.0	340以上

表11-34 標準溶接条件例（JIS Z 3604：2016 抜粋）

試験材	溶接方法	開先形状寸法 (mm)	溶接姿勢	パスの順序	溶接 電流 (A)	溶接 電圧 (V)	溶接 速度 (mm/min)	運棒法	タングステン電極 (mm)	溶接棒又は溶接ワイヤ径 (mm)	アルゴン流量 (L/min)	備考
薄板(3mm)	ティグ	a=0〜1	F	1	110〜130	−	150〜200	S	2.4又は3.2	2.4 3.2	12〜15	裏当て金なし，裏波ビードを完全に出すようにする。
			V	1	110〜130	−	150〜200	S	2.4又は3.2	2.4 3.2	12〜15	
			H	1	110〜130	−	150〜200	S	2.4又は3.2	2.4 3.2	12〜15	
			O	1	110〜130	−	150〜200	S	2.4又は3.2	2.4 3.2	12〜15	
薄板(3mm)	ミグ	①冷し金（銅，鋼） a=0〜1 ②裏当て金あり（裏当て金と試験材との間に隙間を作った方がよい。）	F	1	120〜140	13〜15	450〜550	S	−	0.8 1.2	15〜20	①開先角度70°〜90°，ルート面の高さ1mmの開先加工をすれば，よい結果が得られる。②吹き抜けない溶接速度で裏波ビードを完全に出す（冷し金使用の場合）。
			V	1	120〜140	13〜15	450〜550	S	−	0.8 1.2	15〜20	
			H	1	120〜140	13〜15	450〜550	S	−	0.8 1.2	15〜20	
			O	1	120〜140	13〜15	450〜550	S	−	0.8 1.2	15〜20	
中板(8mm)	ティグ	80°〜90° a=0〜1 1.5〜2	F	1 2 3	210〜230 210〜230 200〜220	−	120〜180	S S S, W	4.0又は4.8	3.2 3.2 4.0	12〜20	1層目で完全に裏波ビードを出す。
		80°〜90° a=0〜1 1.5〜2	V	1 2	210〜230 200〜220	−	150〜200 120〜180	S S W, S	4.0又は4.8	3.2 4.0	12〜20	1層目で完全に裏波ビードを出し，しわ（裏波ビードのアンダーカット）に注意。
		100°〜110° a=0〜1 1〜1.5	H	1 2 3 4	180〜200 180〜200 180〜200 180〜200	−	150〜200 150〜200 150〜200 150〜200	S S S S	4.0又は4.8	3.2 3.2 4.0 4.0	12〜20	裏波ビードのたれ落ちに注意。
		30°〜45° a=0〜1 2〜3	O	1 2 3 (4)	180〜200 200〜220 200〜220 (200〜220)	−	150〜200 150〜200 120〜180	S S W, S	4.0又は4.8	3.2 3.2 4.0 4.0	12〜20	裏波ビードのたれ落ちと，板面からのへこみに注意。

溶 接 法

表11－35　板の突合せ継手の開先形状及び寸法（JIS Z 3604：2016 抜粋）

単位 mm

継手の種類	開先形状	板厚	溶接層数	ルート面 ティグ	ルート面 ミグ	ルート間隔 ティグ	ルート間隔 ミグ	開先角度 ティグ	開先角度 ミグ	備考
突合せ継手 I形		$t\leqq 6$	1〜2	−	−	$a\leqq 3$	$a\leqq 2$	−	−	
V形		$4\leqq t\leqq 25$	1以上	$b\leqq 3$		$a\leqq 3$		$\theta°=50〜90°$		
裏当て金付きV形		$4\leqq t$	1以上	$b\leqq 3$		$3\leqq a\leqq 6$		$\theta°=45〜70°$		$c=20〜50$ $t'=4〜10$
X形		$8\leqq t$	2以上	$b\leqq 2$		$a\leqq 3$		$\theta°=50〜90°$		裏はつり後裏溶接する。
U形		$16\leqq t$	2以上	$3\leqq b\leqq 5$		$a\leqq 2$		$\theta°=40〜60°$		$r=4〜8$
H形		$16\leqq t$	2以上	$b\leqq 3$		$a\leqq 2$		$\theta°=40〜60°$		$r=6〜8$ 裏はつり後裏溶接する。
J形		$16\leqq t$	2以上	−	$3\leqq b\leqq 5$	−	$a\leqq 2$	−	$\theta°=40〜60°$	$r=6〜8$
両J形		$16\leqq t$	2以上	−	$b\leqq 3$	−	$a\leqq 2$	−	$\theta°=50〜90°$	$r=6〜8$ 裏はつり後裏溶接する。

第11章 各種金属の溶接

表11-36 母材の組合せによる棒及び溶接ワイヤの選定指針（JIS Z 3604：2016）

母材＼母材	AC7A	AC4D	AC4C AD C12	A7003 A7204 (A7N01)	A6061 A6005C (A6N01) A6063 A6101	A5086 A5083 A5056	A5154 A5254 A5454	A5052	A5005 A5110A (A5N01)	A2219	A2014 A2017	A3004	A1200	A1100 A3003 A3203	A1070 A1050
A1070 A1050	b), e) A4043	f) A4043	e), f) A4043	b), d), e) A5356	e), g) A4043	b) A5356	b), d), e) A5356	b) A4043	a), d), e) A1100	d), e) A4145	A4145	b), e) A4043	A1200	a), d), e) A1100	a), d), e) A1100
A1100 A3003 A3203	b), e) A4043	f) A4043	e), f) A4043	b), d), e) A5356		b) A5356	b), d), e) A5356	b) A4043	a), d), e) A1100	d), e) A4145	A4145	b), e) A4043	A1200	a), d), e) A1100	
A1200	b), e) A4043	f) A4043	e), f) A4043	b), d), e) A5356	e), g) A4043	b) A5356	b), d), e) A5356	b) A4043	a), d), e) A1200	d), e) A4145	A4145	b), e) A4043	A1200		
A3004	b) A4043	e) A4043	e) A4043	b), d), e) A5356	e), g) A4043	b) A5356	b), d), e) A5356	b), d), e) A5356	b), d), e) A1200	d), e) A4145	A4145	b), c), d) A5356			
A2014 A2017	—	f) A2319	d), e) A4145	—	A4145	—	—	—	A4145	d), e) A4145	i) A4145				
A2219	e) A4043	d), e), f) A2319	e) A4145	e) A4043	e), f) A4043	—	—	e) A4043	e), f) A4043	d), e), f) A2319	i) A4145				
A5005 A5110A (A5N01)	b), e) A5356	e) A4043	e) A4043	b), d), e) A5356	e) A4043	b) A5356	b), d), e) A5356	b), d), e) A4043	b), c), d), h) A5356						
A5052	b) A5356	e) A4043	b), c), d) A4043	b), d), e) A5356	b), d), e), g) A4043	b) A5356	b), d), e) A5356	b), c), d) A5356							
A5154 A5254 A5454	b), e) A5356	—	b), c), d) A5356	b), d), e) A5356	b), d), e), g) A4043	b) A5356	b), c) A5356								
A5086 A5083 A5056	b) A5356	b), d), e) A5356	b), d), e) A5356	b) A5356	b) A4043	b) A5183									
A6061 A6005C (A6N01) A6063 A6101	b), d), e) A5356	e) A4043	e) A4043	b), d), e) A5356	b), d) A4043										
A7003 A7204 (A7N01)	b), c) A5356	e) A4043	e), f) A4043	b) A5356											
AC4C ADC12	b), c), d) A4043	e), h) A4043	e), f), h) A4043												
AC4D	—	b), c), d) A5356													
AC7A	b), c), d) A5356														

注記1　この組合せは、常温及び低温で使用される一般的な溶接構造物を対象としたものであるが、使用温度が65℃を超える可能性のある場合には、A5356、A5183、A5556及びA5654の使用は避けたほうがよい。
注記2　棒及びワイヤを示すBY及びWYは、省略した。
注記3　母材のうち製造工場又は製品形状を表す記号は省略したが、いずれの形状のものにも適用できる。

注 a) A1100又はA1200を用いてもよい。
　　b) A5356、A5556又はA5183を用いてもよい。
　　c) A5654又はA5554を用いてもよい。
　　d) 用途によってはA4043を用いてもよい。
　　e) A4047を用いてもよい。
　　f) A4145を用いてもよい。
　　g) 陽極酸化処理後、色調差を生じてはならないときは、A5356を用いたほうがよい。
　　h) 母材と同組成の溶加材を用いてもよい。
　　i) A2319を用いてもよい。

第7節　チタン及びその合金の溶接

7.1　チタンの物理的性質

他の金属と比較したチタン（Ti）の物理的性質を表11-37に示す。チタンの主な特徴は次のとおりである。

① 比重は鉄の約60％と小さいが、比強度は高い。
② 融点が高い。
③ 熱膨張係数が鉄の約2/3、オーステナイト系ステンレス鋼の約1/2と小さい。
④ ヤング率が鉄の約1/2であり、たわみやすい。
⑤ 表面に強固な酸化チタンの不動態皮膜を形成することにより、優れた耐食性を示す。

表11-37　チタン及びその他金属の物理的性質

	純チタン	チタン合金 Ti—6Al—4V	アルミニウム	鉄	ステンレス鋼 SUS 304
原子番号	22	22 (Ti)	13	26	26 (Fe)
原子量	47.90	—	26.97	55.85	—
融点(℃)	1,668	1,540〜1,650	660	1,530	1,400〜1,427
結晶構造	hcp	hcp	fcc	fcc	fcc
密度（Mg/m^3）	4.51	4.42	2.70	7.86	8.03
ヤング率 MPa	10.63×10^4	11.31×10^4	6.91×10^4	19.21×10^4	19.91×10^4
ポアソン比	0.34	0.30〜0.33	0.33	0.31	0.29
電気比抵抗（nΩ・m）	470〜550	1710	27	97	720
電気伝導度（Cu比）	3.1	1.1	64.0	18.0	2.4
熱伝導率（W/m・K）	17.4	7.7	207	61.6	16.6
熱膨張係数（10^{-6}/K）	8.4	8.8	23.0	12.0	16.5
比熱 J/(kg・K)	544	544	878	460	502

（注）fcc：面心立方晶、hcp：稠密六方晶

7.2　チタン及びチタン合金の種類と特徴

(1)　チタン及びチタン合金の種類

チタン（合金）は，その平衡状態図*における相により分類されている。表11-38にチタン及びチタン合金の種類，寸法，仕上方法及び記号を，表11-39に化学成分を，表11-40に機械的性質を示す。

(2)　チタン及びチタン合金の特徴

a．純チタンの特徴

純チタンの機械的性質に最も影響を与えるのは，酸素，窒素及び鉄であり，JIS H 4600では酸素と鉄の含有量により強度を分類している。

純チタンの耐食性はステンレス鋼より優れ，各種化学薬品の環境下において安定で，特に酸化性の酸に対して優れた耐食性を示す。このことから，純チタンは化学工業や耐食性を要求される構造物に適用されている。

b．α相チタン合金及びnear α相チタン合金の特徴

α相チタン合金は，高温強度と高温クリープ特性に優れている。Ti―5Al―2.5Snが代表的なα相チタン合金である。さらに優れたクリープ特性を有するように改良したものが，near α相チタン合金で，1％～2％のβ相安定化元素（バナジウム，モリブデン，クロムなど）を添加して，α＋β相合金の高強度特性とα相合金の高温特性を兼ね備えている。

c．α―β相チタン合金の特徴

α相とβ相の両相の特性を兼ね備えており，実用チタン合金の多くがこのタイプである。Ti―6Al―4Vが代表的なα―β相チタン合金で，熱処理性，加工性及び溶接性の面でバランスがとれた材料である。特にTi―6Al―4Vチタン合金は通称64チタンと言われ，チタン合金の中で最もよく使用される。

d．β相チタン合金の特徴

高強度にもかかわらず加工性が良好な材料で，Ti―13V―11Cr―3Alが代表的なβ相チタン合金である。熱処理及び冷間加工を行うことにより強度を向上させることができる。しかし，急冷によってβ相を室温まで残留させた準安定相であるため，比較的低温の再加熱でα相とβ相に分解する。表11-41にチタン及びチタン合金の溶接性を示す。

---

*　平衡状態図：合金の組成と温度によって，その合金に現れる種々の形態のものが安定に存在できる範囲の境界を図示したもの。

溶 接 法

表 11-38 チタン及びチタン合金の種類，寸法，仕上方法及び記号（JIS H 4600：2012）

種類	厚さ mm	仕上方法	記号 板	記号 条	特色及び用途例（参考）
1種	0.2 以上 50 以下	熱間圧延	TP 270 H	TR 270 H	工業用純チタン 耐食性に優れ，特に耐海水性がよい。 化学装置，石油精製装置，パルプ製紙工業装置などに用いる。
		冷間圧延	TP 270 C	TR 270 C	
2種		熱間圧延	TP 340 H	TR 340 H	
		冷間圧延	TP 340 C	TR 340 C	
3種		熱間圧延	TP 480 H	TR 480 H	
		冷間圧延	TP 480 C	TR 480 C	
4種		熱間圧延	TP 550 H	TR 550 H	
		冷間圧延	TP 550 C	TR 550 C	
11種		熱間圧延	TP 270 Pd H	TR 270 Pd H	耐食チタン合金 耐食性に優れ，特に耐隙間腐食性に優れる。 化学装置，石油精製装置，パルプ製紙工業装置などに用いる。
		冷間圧延	TP 270 Pd C	TR 270 Pd C	
12種		熱間圧延	TP 340 Pd H	TR 340 Pd H	
		冷間圧延	TP 340 Pd C	TR 340 Pd C	
13種		熱間圧延	TP 480 Pd H	TR 480 Pd H	
		冷間圧延	TP 480 Pd C	TR 480 Pd C	
14種		熱間圧延	TP 345 NPRC H	TR 345 NPRC H	
		冷間圧延	TP 345 NPRC C	TR 345 NPRC C	
15種		熱間圧延	TP 450 NPRC H	TR 450 NPRC H	
		冷間圧延	TP 450 NPRC C	TR 450 NPRC C	
16種		熱間圧延	TP 343 Ta H	TR 343 Ta H	
		冷間圧延	TP 343 Ta C	TR 343 Ta C	
17種		熱間圧延	TP 240 Pd H	TR 240 Pd H	
		冷間圧延	TP 240 Pd C	TR 240 Pd C	
18種		熱間圧延	TP 345 Pd H	TR 345 Pd H	
		冷間圧延	TP 345 Pd C	TR 345 Pd C	
19種		熱間圧延	TP 345 PCo H	TR 345 P Co H	
		冷間圧延	TP 345 PCo C	TR 345 P Co C	
20種		熱間圧延	TP 450 PCo H	TR 450P Co H	
		冷間圧延	TP 450 PCo C	TR 450P Co C	
21種	0.2 以上 50 以下	熱間圧延	TP 275 RN H	TR 275 RN H	耐食チタン合金 耐食性に優れ，特に耐隙間腐食性に優れる。 化学装置，石油精製装置，パルプ製紙工業装置などに用いる。
		冷間圧延	TP 275 RN C	TR 275 RN C	
22種		熱間圧延	TP 410 RN H	TR 410 RN H	耐食チタン合金 耐食性に優れ，特に耐隙間腐食性がよい。 化学装置，石油精製装置，パルプ製紙工業装置などに用いる。
		冷間圧延	TP 410 RN C	TR 410 RN C	
23種		熱間圧延	TP 483 RN H	TR 483 RN H	
		冷間圧延	TP 483 RN C	TR 483 RN C	
50種		熱間圧延	TAP 1500 H	TAR 1500 H	α合金（Ti-1.5Al） 耐食性に優れ，特に耐海水性に優れる。耐水素吸収性及び耐熱性がよい。 二輪車マフラーなどに用いる。
		冷間圧延	TAP 1500 C	TAR 1500 C	
60種	0.5 以上 100 以下	熱間圧延	TAP 6400 H	－	α-β合金（Ti-6Al-4V） 高強度で耐食性がよい。 化学工業，機械工業，輸送機器などの構造材（例えば，高圧反応槽材，高圧輸送パイプ材，レジャー用品，医療材料）に用いる。
60E種	0.5 以上 75 以下	熱間圧延	TAP 6400 E H	－	α-β合金［Ti-6Al-4V ELI[a]］ 高強度で耐食性に優れ，極低温までじん（靱）性を保つ。 低温及び極低温用にも使える構造材。例えば，有人深海調査船の耐圧容器，医療材料に用いる。
61種	0.5 以上 100 以下	熱間圧延	TAP 3250 H	TAR 3250 H	α-β合金（Ti-3Al-2.5V） 中強度で，耐食性，溶接性及び成形性がよく，冷間加工性に優れる。はく（箔），医療材料，レジャー用品などに用いる。
		冷間圧延	TAP 3250 C	TAR 3250 C	
61F種	0.6 以上 5 未満	熱間圧延	TAP 3250 F H	－	α-β合金（切削性のよい Ti-3Al-2.5V） 中強度で，耐食性及び熱間加工性がよく，切削性に優れる。 自動車用エンジンコンロッド，シフトノブ，ナットなどに用いる。
80種[b]	0.6 以上 5 未満	熱間圧延	TAP 4220 H	TAR 4220 H	β合金（Ti-4Al-22V） 高強度で耐食性に優れ，冷間加工性がよい。 自動車用エンジンリテーナー，ゴルフクラブのヘッドなどに用いる。
		冷間圧延	TAP 4220 C	TAR 4220 C	

注記1 特色及び用途例の欄に記載している合金の種類で，元素記号の前の数字は，それぞれの合金元素の成分比率（％）の公称値を示す。
注記2 溶体化処理とは，室温で安定なα相の一部又は全部がβ相に変態する温度以上に加熱して十分な時間保持した後，急冷する熱処理をいう。
注[a] ELIは，酸素，窒素，水素及び鉄の含有率を特別に低く抑えていることを意味する。
[b] 80種については，溶体化処理を行った板及び条について規定する。

表 11−39 チタン及びチタン合金の化学成分 (JIS H 4600：2012)

単位 %

種類	N	C	H	Fe	O	Al	V	Ru	Pd	Ta	Co	Cr	Ni	S	La+Ce+Pr+Nd	その他[a] 個々	その他[a] 合計	Ti
1種	0.03以下	0.08以下	0.013以下	0.20以下	0.15以下	−	−	−	−	−	−	−	−	−	−	−	−	残部
2種	0.03以下	0.08以下	0.013以下	0.25以下	0.20以下	−	−	−	−	−	−	−	−	−	−	−	−	残部
3種	0.05以下	0.08以下	0.013以下	0.30以下	0.30以下	−	−	−	−	−	−	−	−	−	−	−	−	残部
4種	0.05以下	0.08以下	0.013以下	0.50以下	0.40以下	−	−	−	−	−	−	−	−	−	−	−	−	残部
11種	0.03以下	0.08以下	0.013以下	0.20以下	0.15以下	−	−	−	0.12〜0.25	−	−	−	−	−	−	−	−	残部
12種	0.03以下	0.08以下	0.013以下	0.25以下	0.20以下	−	−	−	0.12〜0.25	−	−	−	−	−	−	−	−	吸部
13種	0.05以下	0.08以下	0.013以下	0.30以下	0.30以下	−	−	−	0.12〜0.25	−	−	−	−	−	−	−	−	残部
14種	0.03以下	0.08以下	0.015以下	0.30以下	0.25以下	−	−	0.02〜0.04	0.01〜0.02	−	−	0.10〜0.20	0.35〜0.55	−	−	−	−	残部
15種	0.05以下	0.08以下	0.015以下	0.30以下	0.35以下	−	−	0.02〜0.04	0.01〜0.02	−	−	0.10〜0.20	0.35〜0.55	−	−	−	−	残部
16種	0.03以下	0.08以下	0.010以下	0.15以下	0.15以下	−	−	−	−	4.00〜6.00	−	−	−	−	−	−	−	残部
17種	0.03以下	0.08以下	0.015以下	0.20以下	0.18以下	−	−	−	0.04〜0.08	−	−	−	−	−	−	−	−	残部
18種	0.03以下	0.08以下	0.015以下	0.30以下	0.25以下	−	−	−	0.04〜0.08	−	−	−	−	−	−	−	−	残部
19種	0.03以下	0.08以下	0.015以下	0.30以下	0.25以下	−	−	−	0.04〜0.08	−	0.20〜0.80	−	−	−	−	−	−	残部
20種	0.05以下	0.08以下	0.015以下	0.30以下	0.35以下	−	−	−	0.04〜0.08	−	0.20〜0.80	−	−	−	−	−	−	残部
21種	0.03以下	0.08以下	0.015以下	0.20以下	0.10以下	−	−	0.04〜0.06	−	−	−	0.40〜0.60	−	−	−	−	−	残部
22種	0.03以下	0.08以下	0.015以下	0.30以下	0.15以下	−	−	0.04〜0.06	−	−	−	0.40〜0.60	−	−	−	−	−	残部
23種	0.05以下	0.08以下	0.015以下	0.30以下	0.25以下	−	−	0.04〜0.06	−	−	−	0.40〜0.60	−	−	−	−	−	残部
50種	0.03以下	0.08以下	0.015以下	0.30以下	0.25以下	1.00〜2.00	−	−	−	−	−	−	−	−	−	−	−	残部
60種	0.05以下	0.08以下	0.015以下	0.40以下	0.20以下	5.50〜6.75	3.50〜4.50	−	−	−	−	−	−	−	−	0.10以下	0.40以下	残部
60E種	0.03以下	0.08以下	0.0125以下	0.25以下	0.13以下	5.50〜6.50	3.50〜4.50	−	−	−	−	−	−	−	−	0.10以下	0.40以下	残部
61種	0.03以下	0.08以下	0.015以下	0.25以下	0.15以下	2.50〜3.50	2.00〜3.00	−	−	−	−	−	−	−	−	0.10以下	0.40以下	残部
61F種	0.05以下	0.10以下	0.015以下	0.30以下	0.25以下	2.70〜3.50	1.60〜3.40	−	−	−	−	−	−	0.05〜0.20	0.05〜0.70	−	0.40以下	残部
80種	0.05以下	0.10以下	0.015以下	1.00以下	0.25以下	3.50〜4.50	20.0〜23.0	−	−	−	−	−	−	−	−	−	−	残部

注 [a] その他の成分とは，表中で成分値を規定していない化学成分及び表に観定していない化学成分をいい，その取捨選択は受渡当事者間の協定による。

溶接法

表 11-40　代表的なチタン合金の種類と機械的性質（JIS H 4600：2012）

種類	厚さ mm	引張強さ MPa	耐力 MPa	伸び %	厚さ mm	曲げ角度	内側半径 mm
1 種	0.2 以上　50 以下	270〜410	165 以上	27 以上	0.5 以上　5 未満	180°	厚さの 2 倍
2 種		340〜510	215 以上	23 以上	0.5 以上　5 未満	180°	厚さの 2 倍
3 種		480〜620	345 以上	18 以上	0.5 以上　5 未満	180°	厚さの 3 倍
4 種		550〜750	485 以上	15 以上	0.5 以上　5 未満	180°	厚さの 3 倍
11 種	0.2 以上　50 以下	270〜410	165 以上	27 以上	0.5 以上　5 未満	180°	厚さの 2 倍
12 種		340〜510	215 以上	23 以上	0.5 以上　5 未満	180°	厚さの 2 倍
13 種		480〜620	345 以上	18 以上	0.5 以上　5 未満	180°	厚さの 3 倍
14 種		345 以上	275〜450	20 以上	0.5 以上　5 未満	180°	厚さの 2 倍
15 種		450 以上	380〜550	18 以上	0.5 以上　5 未満	180°	厚さの 3 倍
16 種		343〜481	216〜441	25 以上	0.5 以上　5 未満	180°	厚さの 2 倍
17 種		240〜380	170 以上	24 以上	0.5 以上　5 未満	180°	厚さの 2 倍
18 種		345〜515	275 以上	20 以上	0.5 以上　5 未満	180°	厚さの 2 倍
19 種		345〜515	275 以上	20 以上	0.5 以上　5 未満	180°	厚さの 2 倍
20 種		450〜590	380 以上	18 以上	0.5 以上　5 未満	180°	厚さの 3 倍
21 種		275〜450	170 以上	24 以上	0.5 以上　5 未満	180°	厚さの 3 倍
22 種		410〜530	275 以上	20 以上	0.5 以上　5 未満	180°	厚さの 3 倍
23 種		483〜630	380 以上	18 以上	0.5 以上　5 未満	180°	厚さの 3 倍
50 種		345 以上	215 以上	20 以上	0.5 以上　2 未満	105°	厚さの 2 倍
					2 以上　5 未満	105°	厚さの 2.5 倍
60 種	0.5 以上　100 以下	895 以上	825 以上	10 以上	0.5 以上　1.5 未満	105°	厚さの 5.5 倍
					1.5 以上　5 未満	105°	厚さの 6 倍
60E 種	0.5 以上　75 以下	825 以上	755 以上	10 以上	0.5 以上　1.5 未満	105°	厚さの 5.5 倍
					1.5 以上　5 未満	105°	厚さの 6 倍
61 種	0.5 以上　100 以下	620 以上	485 以上	15 以上	0.5 以上　1.5 未満	105°	厚さの 2.5 倍
					1.5 以上　5 未満	105°	厚さの 3 倍
61F 種	0.6 以上　5 未満	650 以上	600 以上	10 以上	0.6 以上　1.5 未満	105°	厚さの 5.5 倍
		650 以上	600 以上	10 以上	1.5 以上　5 未満	105°	厚さの 6 倍
80 種		640〜900	850 以下	10 以上	0.6 以上　1.5 未満	180°	厚さの 5.5 倍
		640〜900	850 以下	10 以上	1.5 以上　5 未満	180°	厚さの 6 倍

注記　1MPa = 1N/mm^2

表 11-41　チタン及びチタン合金の溶接性

種　　類		溶接性
工業用純チタン		A
α合金	Ti-0.2Pd	A
	Ti-5Al-2.5Sn	B
	Ti-5Al-2.5SnELI	A
near α合金	Ti-8Al-1Mo-1V	A
	Ti-6Al-2Cb-1Ta-0.8Mo	A
	Ti-6Al-4Zr-2Mo-2Sn	B
α-β合金	Ti-6Al-4V	B
	Ti-6Al-4V ELI	A
	Ti-7Al-4Mo	C
	Ti-6Al-6V-2Sn	C
	Ti-8Mn	D
β合金	Ti-13V-11Cr-3Al	B

(注) A：非常に良好，B：良好，C：限定使用
　　 D：溶接は好ましくない
（AWS Welding Hand Book 7th Edition による）

7.3　チタン及びチタン合金の溶接

（1）　チタン及びチタン合金の溶接施工

a．大気による汚染

　チタン（合金）は高温で酸素，窒素，水素など大気中の元素と容易に反応し，ぜい化するため溶接時には十分なシールドを行わなければならない。大気によって汚染された場合は，溶接部表面の変色状況でその程度を知ることができる。表11-42にチタン溶接技術検定における溶接部の変色程度と合否判定基準を示す。

表 11-42　溶接部の変色程度と合否の判定基準（WES 7102：2012）

チタン溶接部の変色の程度	溶　接　部　の　性　質	参　考 チタンの溶接技術検定における合否
銀　　色	コンタミネーションのない健全な溶接部である。	合格
金色又は麦色	ほとんどコンタミネーションがない溶接部である。	
紫又は青	溶接部表面の延性に少し影響する。しかし溶接部全体としては，その性質にほとんど影響がないとみてよい。	
青白又は灰色	かなりのコンタミネーションがある。薄板の溶接部では延性がかなり低下する。	不合格
白又は黄白	溶接部はぜい弱となる。	

溶 接 法

　チタン酸化物の色調は酸素の少ない順に，TiO が黄金色，Ti_2O_3 が濃青色，TiO_2 が白又は灰色へと変化する。表面の薄い酸化汚染層も，この関係で変色する。チタン溶接技術検定では，銀色から青色までを外観検査において合格としている。

　また，外表面の色調判定だけですべてを判断するのは危険である。タック溶接時にシールドが不十分でも，本溶接で適切なシールドを行えば仮付け時の変色は消え，最終的な色調は正常な銀白色又は黄色を呈する。しかし，仮付け部は局部的に硬化しており割れが生じることもあるので十分注意しなければならない。

　大気中で溶接を行う場合は，溶融池とその高温加熱部へのトーチシールド，溶接部裏面へのバックシールド，そして凝固後のアフターシールドが必要となる。図 11－20 に，アフターシールド用トレーリングシールドジグの一例を示す。シールドガスを加熱部の全面へ均一に，かつ適量流すことが重要で，単にガス圧を高め，流速と流量を増すことは逆に大気の巻込みやアークの乱れを引き起こすこともあるので，注意が必要である。

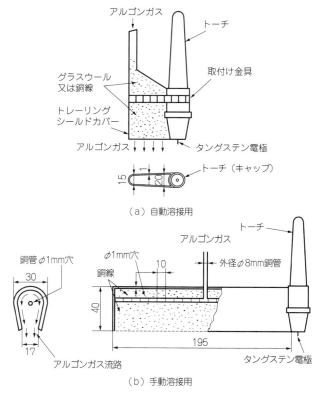

図 11－20　トレーリングシールドジグ

b．チタン溶接部のブローホール

チタン（合金）の溶接では，ブローホールを発生しやすい。このブローホールは鋼やアルミニウムの溶接で生じるものと比較すると，微細ではあるが多数発生する傾向がある。表11－43にブローホールに影響する因子と対策を示す。この中で特に重要なのは開先面及び溶加材の汚れである。したがって，溶接材料は溶接前にブラッシングやアセトンなどで脱脂をして，清潔な溶接用手袋を着用して溶接を行わなければならない。

表11－43　ブローホールに影響する因子と対策

因　子	対　策
溶　接　環　境	風，塵埃（じんあい）の少ない場所で溶接する。
シールド条件	JISに規定される純アルゴンを使用し，配管内に汚れや漏えいのないこと。
開先面母材の汚れ	溶接前にブラッシングして，金属光沢面を出しておき，アセトン又はアルコールで十分脱脂する。
溶加材の表面汚染	表面が汚れないように取扱いに注意するとともに，保管中も表面にガスが吸着しないように配慮する。
溶接施工条件	溶接入熱を高く，溶接速度を遅くする。また，積層厚さが薄くなるように，溶加材送給速度は遅いほうがよい。
開　先　形　状	積層厚があまり厚くならないように，ある程度開先角度を大きくする。

（2）　チタン及びチタン合金の各種溶接方法

a．ティグ溶接

ティグ溶接は，チタン（合金）の溶接に最も一般的に用いられている溶接方法である。溶接は直流（棒マイナス）で行い，電極成分が溶接部を汚染するのを防止するため交流は一般に用いない。

図11－21に，チタンのティグ溶接要領を示す。加熱部が高温の状態で大気に触れないようシールド用ジグを用い，トーチと溶加材の挿入角度に注意して溶接を行う。その際，溶加材の先端は常にシールドガスで保護される範囲内に位置するように心掛ける。

表11－44にタック溶接のピッチと溶接長を示す。また，表11－45に工

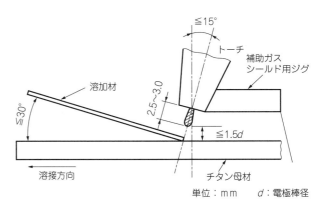

図11－21　ティグ溶接要領

表11－44　仮付け溶接のピッチと溶接長

単位 mm

板　厚	ピッチ	溶　接　長
＜　3	40　～　50	2　～　3
3　～　6	50　～　60	3　～　5
＞　6	60　～　80	10　～　12

溶接法

業用純チタンのティグ溶接条件を示す。チタン合金の場合は熱伝導度が純チタンに比べて小さいので，指示電流範囲の低電流側を使用する。

表11-45 工業用純チタンのティグ溶接条件

板厚 mm	継手形状	パス数	開先寸法 ルート間隔 b mm	開先寸法 ルート面 d mm	開先寸法 角度 γ 度	すみ肉 脚長 mm	電極棒径 mm	溶接電流* A	溶加材 mm	シールドガス流量** L/min トーチ	シールドガス流量** L/min 補助	シールドガス流量** L/min 裏面	ガスカップノズル径 mm
0.5		1	—	0.5	—	—	0.8	20～30	0.8	6～8	15～18	20～30	6.4
		1	—	—	—	—		25～35	—	8～12			
1.5		1	—	1.5	—	—	1.6	50～60	1.6	11～15	20～25	20～35	9.6
3.0		2	—	1.5	45～60	—	2.4	70～100	2.4	11～15	25～35	30～40	9.6
		1	—	3	—	3		90～120					
5.0		3	0～2	1.5	45～90	—	3.2	100～130	2.4	12～16	25～35	30～40	9.6
		2	—	5	—	5		110～140					
10.0		表2 裏2	0～2	1.5	60～90	—	3.2	120～150	2.4	12～16	20～35	30～40	9.6

＊ 立向，横向（水平）の場合には溶接電流値を15％程度低くし，かつ溶接速度も遅くする。U形，X形及びH形開先を用いる場合，パス数は変わるが，溶接条件は同様である。同一板厚のパイプの溶接では溶接電流値を約20％程度低くする。
＊＊ シールドガスの流量はジグの形状，寸法によりそれぞれ異なる。

b．ミグ溶接

ミグ溶接は，ティグ溶接に比べ高能率であるので厚板に適用される。溶接を行ううえでの基本的な留意事項は，すべてティグ溶接と同じである。

表11-46に，ミグ溶接施工条件を示す。アークの形態はスプレー移行の電流域で，できるだけ低入熱の条件で溶接する。また，片面裏波溶接では初層はティグ溶接で行うことが望ましい。

表11-46 ミグ溶接施工条件

板厚 mm	開先形状	パス数	溶接用電極ワイヤ径 mm	溶接電流 A	溶接速度 mm/min	シールドガス流量* L/min トーチ	シールドガス流量* L/min 補助	シールドガス流量* L/min 裏面
5～9	V	1～2	1.6	260～300	550	20	20～30	30～40
＞9	V又はX	＞2	1.6～2.3	260～320	450～500			

＊ シールドガス流量はノズルの形状，寸法によりそれぞれ異なる。

c．プラズマ溶接

プラズマ溶接では，プラズマアークを母材裏面まで貫通させるキーホール法が採用される。このため，板厚が約 10 mm まで 1 パス溶接が可能であり，高能率な溶接方法である。

表 11－47 に，プラズマ溶接施工条件を示す。プラズマ溶接の継手性能は，ティグ溶接と同等であり溶加材も不要であることから，比較的薄板に適した溶接方法といえる。

表 11－47 プラズマ溶接施工条件の例

継手形状	開先形状	板厚(mm)	溶接条件			ガス流量（L／min）			
			電流(A)	電流(V)	速度(mm／min)	プラズマ	トーチ	アフタ	バック
突合せ	I 形	10	190	21	110	5.5	15	60	30

d．電子ビーム溶接

電子ビーム溶接は，真空中で溶接が行われるので大気からの汚染をほぼ完全に防止でき，チタン（合金）に適した溶接方法である。しかし，真空チャンバ（容器）内での溶接となるため被溶接物の寸法，形状などに制限が生じること，設備費が高いことなどが欠点となることは否めない。

電子ビーム溶接では，ビーム径が小さいため溶融部の幅が狭く深溶込みの溶接が可能である。そのため，厚板でも I 形開先で 1 パス溶接が行え，変形の少ない溶接継手が得られる。

e．レーザ溶接

レーザ溶接は，電子ビーム溶接と同様に高いエネルギー密度を持つ溶接法であるため，幅が狭く変形の少ない高精度の溶接が可能である。また，大気中でシールドガスを用いた溶接が可能で，磁気による不安定化の問題がない。

炭酸ガスレーザは大出力が得られるので厚板に，YAG レーザ，ファイバーレーザは薄板で高精度な（ひずみや焼けを抑制できる）溶接に適用される。

f．抵抗溶接

チタン（合金）は，ステンレス鋼と同程度の電気抵抗と熱伝導度を有している。そのため，比較的容易に抵抗溶接が可能で，溶着した材料を短時間で溶接するので，他の溶接法で必要とされるシールドガスを用いずに大気中で溶接することができる。

g．拡散溶接

拡散溶接は，真空中で二つの材料を加圧した状態で適当な温度に加熱し，溶接部を溶融させることなく少ない変形で接合する固相接合法の一つである。

良好な溶接を行うためには，接合面を清浄にして酸化膜を除去すること，適切な温度に加熱して均一に加圧することが重要である。

h．ろう接

チタン（合金）のろう接には，真空ろう付又は不活性雰囲気中のろう付が最も適している。

溶接法

その他の方法では，高周波ろう付，炉中ろう付，ガスろう付などがある。ガスろう付は経済的ではあるが，できるだけ短時間で施工すること，ろう付後のフラックス除去を確実に行うことが必要である。

表11-48に，ろう材の組成，ろう付温度及びせん断強さの例を示す。

表11-48 主なチタン用ろうの組成，ろう付温度及びせん断強さの例

	組　　　成	ろう付温度（℃）（液相線温度℃）	せん断強さの例（MPa）
Ag	Ag Ag-10Cu Ag-7.5Cu-0.2Li Ag-20Cu-2Ni-0.4Li Ag-28Cu-0.2Li Ag-40Cu-Zn-Cd Ag-28Cu-20Pd Ag-3Li Ag-15Mn Ag-5Al-0.5Mn Ag-12Al-0.2Mn Ag-30Al-5Cu	970（960） 890（870） 920 920 830 630 910 800 980（970） 850 730 680	105（Ti） 204（Ti） 191（Ti） 301（Ti） 〜78（Ti-6Al-4V） ＞98（Ti-5Al-2.5Sn） — 160（Ti） 〜137（Ti-6Al-4V） 137〜167（Ti-6Al-4V） 137〜206（Ti-6Al-4V） 431（Ti-6Al-4V）
Al	Al（1100） Al（3003） 6951+Al-7.5Si* 3003+4004*	＞660 ＞660 604 610	73（Ti-6Al-4V） 89（Ti-6Al-4V） 〜98（Ti-6Al-4V） 〜206（引張り）
Ti	Ti-25Ni-10Cu Ti-25Ni-15Cu Ti-14Ni-14Cu Ti-14Ni-14Cu-0.238e Ti-48Zr-4Be Ti-37.5Zr-10Ni-15Cu** Ti-35Zr-15Ni-15Cu** Ti-25Zr-50Cu**	1000（910） 1000（930） 960 950 ＞1050（1049） 850-900（815） 850-900（820） 850-900（815）	258（Ti） 354（Ti） 309（Ti-6Al-4V） 445（Ti-6Al-4V） — CPTi　Ti-6Al-4V 共に母材破断 （引張り）
Cu	Cu***	1000（880）	母材破断

　＊アルミニウムブレージングシート
　＊＊恩沢らの作製ろう（アモルファスろう）
＊＊＊拡散ろう付用

第8節　銅及び銅合金の溶接

8.1　銅及び銅合金の性質

銅（合金）の性質として，次のようなことが挙げられる。

① 純銅の融点は1084℃であり，銅合金の融点も軟鋼と比較するとかなり低い。

② 熱伝導度は大きく，純銅では軟鋼の約8倍もあるため，溶接熱は加熱部から母材へ逃げやすく，予熱を必要とする場合がある。

③ 熱膨張係数が大きいために，溶接後に大きなひずみを発生し，割れを生じやすい。
④ 電気伝導度が大きい。

8.2 銅及び銅合金の種類と特徴

(1) 銅の種類

銅には酸素を0.03％～0.04％含むタフピッチ銅と，酸素を含まない脱酸銅や無酸素銅などがある。酸素を若干含むタフピッチ銅は電気伝導性に優れ，電気材料として用いられているが，溶接部にブローホールや割れの発生を生じやすく，溶接には，脱酸銅や無酸素銅が適している。

(2) 銅合金の種類

a．黄銅

銅と亜鉛（Zn）の合金を黄銅又は真ちゅうと呼んでいる。工業用，加工用として代表的なものに，次の二つがある。

（a）7：3黄銅

加工用黄銅として代表的なもので，亜鉛を30％前後含む金属である。線，板，管などに用いられる。

（b）6：4黄銅

亜鉛を40％前後含む銅合金で，伸びが少なく常温での加工性に乏しいが，強度が高いので機械部品に用いられている。

b．青銅

青銅は銅とすず（Sn）の合金で，鋳造性や耐食性がよく，幅広く利用されている。工業用青銅は，すずを4％～12％含み板材，線材，棒材としてばね，コック，シリンダなどの機械部品に用いられている。また，青銅鋳物は砲金とも呼ばれバルブ，歯車などの鋳造に用いられている。

青銅に第三の元素として，鉛（Pb），アルミニウム，ニッケル，けい素，マンガンなどを添加したものを特殊青銅という。それぞれ，鉛青銅，ニッケル青銅，アルミ青銅，けい素青銅及びマンガン青銅と呼ばれており，軸受合金，化学工業容器，海水処理機器などに利用されている。

8.3 銅及び銅合金の溶接

(1) 被覆アーク溶接

銅（合金）は，熱伝導度，熱膨張係数が大きく，融点も低いため，鋼の被覆アーク溶接の場合とは異なり，ルート間隔や開先角度を大きくとる，タック溶接の箇所を多くする，溶接電流を高くするなどの対策が必要である。また，一般に予熱温度は約250℃，パス間温度

は約 450 ℃～550 ℃にし溶接を行う。

表11-49に銅及び銅合金被覆アーク溶接棒の種類と溶着金属の化学成分を示す。

(2) ティグ溶接

ティグ溶接法は，銅及び銅合金の溶接に最も一般的に用いられている。通常，溶接は直流（棒マイナス）で行われるがアルミ青銅やベリリウム青銅では交流を用いるほうが結果は良好である。シールドガスはアルゴン，ヘリウム及びそれらの混合ガスが用いられる。

ティグ溶接では，特別な溶接施工条件は不要であるが，溶接時のシールドには十分留意し，酸素や水素によるブローホールを防止することが大切である。

(3) ミグ溶接

銅（合金）のミグ溶接は，比較的容易に行える。この溶接法の利点としては次のようなものがある。

① 溶接速度が速い。

② 溶接金属中のブローホールが少ない。

③ ひずみが少ない。

表11-50に銅及び銅合金イナートガス溶加棒及びソリッドワイヤの種類と化学成分を示す。

(4) ろう接

ろう接は銅（合金）の接合手段として有効で，母材の融点以下で施工できるためひずみや化学成分の変化の少ない溶接方法である。

タフピッチ銅を融接法により溶接した場合，酸素によるぜい化が問題となるが，ろう接ではその心配はない。

また，銀ろうや黄銅ろうを用いて銅（合金）と鋼などのいわゆる異種金属の接合も行うことができる。

表11-51に銀ろうの種類，表11-52に銅及び銅合金ろうの種類を示す。

第11章　各種金属の溶接

表11-49　銅及び銅合金被覆アーク溶接棒の種類と化学成分（JIS Z 3231 : 2007）

単位 %

溶接棒		電流の種類		溶接棒の種類	化学成分									
溶接棒の種類	成分系	種別			Cu (含Ag)	Sn	Si	Mn	P	Pb	Al	Fe	Ni	Zn	*の成分の合計[2]
DCu	銅	DC	DC(+)	DCu	95.0 以上	—	0.5 以下	3.0 以下	0.30 以下	*0.02 以下	*	*	*	*	0.50 以下
		AC	AC又はDC(+)												
DCuSiA	けい素青銅	DC	DC(+)	DCuSiA	93.0 以上	—	1.0〜2.0	3.0 以下	0.30 以下	*0.02 以下	*	—	*	*	0.50 以下
DCuSiB		AC	AC又はDC(+)	DCuSiB	92.0 以上	—	2.5〜4.0	3.0 以下	0.30 以下	*0.02 以下	*	—	*	*	0.50 以下
DCuSnA	りん青銅	DC	DC(+)	DCuSnA	残部	5.0〜7.0	*	*	0.30 以下	*0.02 以下	*	*	*	*	0.50 以下
DCuSnB		AC	AC又はDC(+)	DCuSnB	残部	7.0〜9.0	*	*	0.30 以下	*0.02 以下	*	*	*	*	0.50 以下
DCuAl	アルミニウム青銅	DC	DC(+)	DCuAl	残部	—	1.0 以下	2.0 以下	—	*0.02 以下	7.0〜10.0	1.5 以下	0.5 以下	*	0.50 以下
DCuAlNi	特殊アルミニウム青銅	AC	AC又はDC(+)	DCuAlNi	残部	—	1.0 以下	2.0 以下	—	*0.02 以下	7.0〜10.0	2.0〜6.0	2.0 以下	*	0.50 以下
DCuNi-1	白銅	DC	DC(+)	DCuNi-1[1]	残部	—	0.5 以下	2.5 以下	0.020 以下	*0.02 以下	Ti 0.5 以下	2.5 以下	9.0〜11.0	*	0.50 以下
DCuNi-3		AC	AC又はDC(+)	DCuNi-3[1]	残部	—	0.5 以下	2.5 以下	0.020 以下	*0.02 以下	Ti 0.5 以下	2.5 以下	29.0〜33.0	*	0.50 以下

備考1. 電流の種類に用いた記号は、次のことを意味する。
AC：交流、DC(+)：直流（棒プラス）

注[1]　DCuNi-1及びDCuNi-3のSは、0.015%以下。
　[2]　*の成分の存在が微量であることが予知される場合は、分析を省略することができる。

表 11−50 銅及び銅合金イナートガス溶加棒及びソリッドワイヤの種類と化学成分 (JIS Z 3341:2007)

単位 %

棒及びワイヤの種類	成分系		化学成分 %											
		Cu (含Ag)	Sn	Si	Mn	P	Pb	Al	Fe	Ni	Zn	Ti	S	*の成分の合計
YCu	銅	98.0 以上	1.0 以下	0.5 以下	0.5 以下	0.15 以下	*0.02 以下	*0.01 以下	*	*	*	—	—	0.50 以下
YCuSi A	けい素青銅	94.0 以上	1.5 以下	2.0~2.8	1.5 以下	*	*0.02 以下	*0.01 以下	0.5 以下	*	1.5 以下	—	—	0.50 以下
YCuSi B		93.0 以上	1.5 以下	2.8~4.0	1.5 以下	*	*0.02 以下	*0.01 以下	0.5 以下	*	1.5 以下	—	—	0.50 以下
YCuSn A	りん青銅	残部	4.0~6.0	*	*	0.10~0.35	*0.02 以下	*0.01 以下	*	*	*	—	—	0.50 以下
YCuSn B		残部	6.0~9.0	*	*	0.10~0.35	*0.02 以下	*0.01 以下	*	*	*	—	—	0.50 以下
YCuAl	アルミニウム青銅	残部	—	0.10 以下	—	—	*0.02 以下	9.0~11.0	1.5 以下	*	*0.02 以下	—	—	0.50 以下
YCuAlNi A	特殊アルミニウム青銅	残部	—	0.10 以下	0.5~3.0	*	*0.02 以下	7.0~11.0	2.0 以下	0.5~3.0	*0.10 以下	—	—	0.50 以下
YCuAlNi B		残部	—	0.10 以下	0.5~3.0	*	*0.02 以下	7.0~9.0	2.0~5.0	0.5~3.0	*0.10 以下	—	—	0.50 以下
YCuAlNi C		残部	—	0.10 以下	0.6~3.5	*	*0.02 以下	8.5~9.5	3.0~5.0	4.0~5.5	*0.10 以下	—	—	0.50 以下
YCuNi-1	白銅	残部	*	0.20 以下	0.5~1.5	0.02 以下	*0.02 以下	—	0.5~1.5	9.0~11.0	*	0.1~0.5	0.01 以下	0.50 以下
YCuNi-3		残部	*	0.15 以下	1.0 以下	0.02 以下	*0.02 以下	—	0.40~0.75	29.0~32.0	*	0.2~0.5	0.01 以下	0.50 以下

備考 棒及びワイヤの種類を示す記号の付け方は，次による。

例 Y　Cu
　　┬──── 棒及びワイヤの化学成分
　　└──── 棒又はワイヤ

第11章 各種金属の溶接

表11-51 銀ろうの種類（JIS Z 3261：1998）

種類 記号A	種類 記号B[1]	化学成分（mass%）Ag	Cu	Zn	Cd	Ni	Sn	Li	その他の元素[2]合計	温度(参考)℃ 固相線	液相線	ろう付温度
BAg-1	B-Ag45CdZnCu-605/620	44.0～46.0	14.0～16.0	14.0～18.0	23.0～25.0	－	－	－	0.15以下	約605	約620	620～760
BAg-1A	B-Ag50CdZnCu-625/635	49.0～51.0	14.5～16.5	14.5～18.5	17.0～19.0	－	－	－	0.15以下	約625	約635	635～760
BAg-2	B-Ag35CdZnCu-605/700	34.0～36.0	25.0～27.0	19.0～23.0	17.0～19.0	－	－	－	0.15以下	約605	約700	700～840
BAg-3	B-Ag50CdZnCuNi-630/660	49.0～51.0	14.5～16.5	13.5～17.5	15.0～17.0	2.5～3.5	－	－	0.15以下	約630	約690	690～810
BAg-4	B-Ag40CuZnNi-670/785	39.0～41.0	29.0～31.0	26.0～30.0	－	1.5～2.5	－	－	0.15以下	約670	約780	780～900
BAg-5	B-Ag45CuZn-665/745	44.0～46.0	29.0～31.0	23.0～27.0	－	－	－	－	0.15以下	約665	約745	745～845
BAg-6	B-Ag50CuZn-690/775	49.0～51.0	33.0～35.0	14.0～18.0	－	－	－	－	0.15以下	約690	約775	775～870
BAg-7	B-Ag56CuZnSn-620/650	55.0～57.0	21.0～23.0	15.0～19.0	－	－	4.5～5.5	－	0.15以下	約620	約650	650～760
BAg-7A	B-Ag45CuZnSn-640/680	44.0～46.0	26.0～28.0	23.0～27.0	－	－	2.5～3.5	－	0.15以下	約640	約680	680～770
BAg-7B	B-Cu36AgZnSn-630/730	33.0～35.0	35.0～37.0	25.0～29.0	－	－	2.5～3.5	－	0.15以下	約630	約730	730～820
BAg-8	B-Ag72Cu-780	71.0～73.0	残部	－	－	－	－	－	0.15以下	約780	約780	780～900
BAg-8A	B-Ag72Cu(Li)-770	71.0～73.0	残部	－	－	－	－	0.25～0.50	0.15以下	約770	約770	770～870
BAg-8B	B-Ag60CuSn-600/720	59.0～61.0	残部	－	－	－	9.5～10.5	－	0.15以下	約600	約720	720～840
BAg-20	B-Cu38ZnAg-675/765	29.0～31.0	37.0～39.0	30.0～34.0	－	－	－	－	0.15以下	約675	約765	765～870
BAg-20A	B-Cu41ZnAg-700/800	24.0～26.0	40.0～42.0	33.0～35.0	－	－	－	－	0.15以下	約700	約800	800～890
BAg-21	B-Ag63CuSnNi-690/800	62.0～64.0	27.5～29.5	－	－	2.0～3.0	5.0～7.0	－	0.15以下	約690	約800	800～900
BAg-24	B-Ag50ZnCuNi-660/705	49.0～50.0	19.0～21.0	26.0～30.0	－	1.5～2.5	－	－	0.15以下	約660	約705	705～800

注[1] 記号Bは，ISO 3677による規定で，ろうの記号の表示方法（表示の中にろうの基本成分，化学成分，固相線温度，液相線温度を記載）である。
[2] その他の元素とは，Pb，Feなどをいう。

表11-52 銅及び銅合金ろうの種類（JIS Z 3262：1998）

種類 記号A	種類 記号B[1]	化学成分（mass%）Cu	Zn	Sn	Ni	Mn	P	Si	その他の元素[2]合計	温度(参考)℃ 固相線	液相線	ろう付温度
BCu-1	B-Cu100-1083	99.90以上	－	－	－	－	－	－	0.10以下	約1,083	約1,083	1,095～1,150
BCu-1A	B-Cu99-1083	99.90以上	－	－	－	－	－	－	0.30以下	約1,083	約1,083	1,095～1,150
BCu-2[2]	B-Cu87-1083	86.50以上	－	－	－	－	－	－	0.50以下	約1,083	約1,083	1,095～1,150
BAg-3	B-Cu94Sn(P)-910/1040	残部	－	5.5～7.0	－	－	0.01～0.40	－	0.50以下	約910	約1,040	1,045～1,100
BAg-4	B-Cu88Sn(P)-825/990	残部	－	11.0～13.0	－	－	0.01～0.40	－	0.50以下	約825	約990	990～1,050
BAg-5	B-Cu60Zn-900/905	58.0～62.0	残部	－	－	－	－	0.2～0.4	0.50以下	約900	約905	905～955
BAg-6	B-Cu59ZnSn-890/900	57.0～61.0	残部	0.25～1.0	－	－	－	0.2～0.4	0.50以下	約890	約900	900～955
BAg-7	B-Cu59ZnSnNi(Mn, Si)870/890	56.0～62.0	残部	0.5～1.5	0.5～1.5	0.2～1.0	－	0.1～0.5	0.50以下	約870	約890	890～955
BAg-8	B-Cu48ZnNi(Si)890/920	46.0～50.0	残部	0.2以下	8.0～11.0	0.2以下	－	0.15～0.5	0.50以下	約890	約920	920～980

注[1] 記号Bは，ISO 3677による規定で，ろうの記号の表示方法（表示の中にろうの基本成分，化学成分，固相線温度，液相線温度を記載）である。
[2] 主成分は，酸化銅で混練されている有機物バインダは除く。
b) その他，不純物合計BCu-1 0.10%以下，BCu-1A 0.30%以下，BCu-2～8 0.50%以下，不純物合計にはPb，Alなどを含む。

第11章の学習のまとめ

　ここでは各種金属について，その特徴・種類・溶接法などを述べた。これらの金属は，その主成分の性質を基本として，用途に合わせた合金元素の添加がされており，それぞれの特徴をよく把握し，溶接施工を行うことが重要となる。

　近年，これら各種金属の用途は広がっており，溶接に携わる者として本章に示した内容についてよく理解しておく必要がある。

溶 接 法

【練 習 問 題】

次の各問に答えなさい。

（1） 鋼の中の炭素量が増えると鋼の性質はどうなるか，正しいものを選びなさい。
　　① 硬さが増す。
　　② じん性が増す。
　　③ 伸びが増す。

（2） 中・高炭素鋼の溶接の際に気を付けなければならない点は，次のうちどれか，正しいものを選びなさい。
　　① 後熱は必要だが予熱は必要ない。
　　② 予熱・後熱を十分に行う。
　　③ 溶接部の冷却速度を速める。

（3） 作業性の面からみた溶接性のよい材料の条件は次のうちどれか，正しいものを選びなさい。
　　① 高温割れや，低温割れが発生しない。
　　② 引張強さに優れている。
　　③ 耐食性に優れている。

（4） 溶接後に行う応力除去焼なましはどのような効果があるか，正しいものを選びなさい。
　　① ブローホールの低減
　　② 残留応力の緩和
　　③ 耐食性の向上

（5） ステンレス鋼が大気中で良好な耐食性を示す理由で，正しいものを選びなさい。
　　① ニッケルが含有されているため
　　② クロムが含有されているため
　　③ 炭素含有量が少ないため

第12章　溶　接　施　工

　ここでは，溶接継手や開先形状，溶接の手順や溶接条件，欠陥の種類とその対策，溶接ひずみや残留応力などの溶接施工について述べる。作業者は良好な溶接継手を得るために，それらを考慮し，適正な溶接施工を心掛けなくてはならない。

第1節　溶接施工法

1.1　施工一般

　溶接施工は，設計仕様書に従って，要求された品質の溶接構造物を製作する方法である。安全性と信頼性を備えた溶接構造物を製作するためには，その使用条件などに応じて適切な設計と適正な溶接施工が行われなければならない。

　近年，溶接ロボットに代表されるように溶接の自動化が進んでいるが，溶接条件の設定や操作などについては溶接経験者が行っている。このように，溶接技術が進歩しても溶接施工に関しては，人的要素が品質に与える影響は非常に大きい。

1.2　溶接継手と開先形状

　溶接継手は多くの種類があり，継手に要求される強度や施工の難易などを踏まえ選定する。また，開先形状は主に板の厚みによるが，使用する溶接法や溶接ひずみなども考慮して決定される。

（1）　溶接継手の種類

　溶接継手の基本的な形式を図12－1に示す。

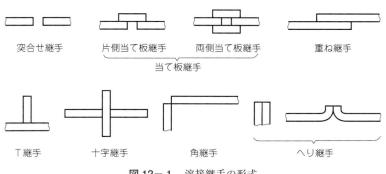

図12－1　溶接継手の形式

(2) 開先形状の種類

接合する部材の端面の形状を開先（**グルーブ**）という。図12-2に開先形状の種類を示す。また，開先各部の名称を図12-3に示す。

開先の加工について，炭素鋼では主に自動ガス切断機で加工されるが，非鉄金属や精度が要求される厚板（J，H，U開先など）では，切削加工で仕上げられる。特に，開先角度やルート面については精確な加工を要する。

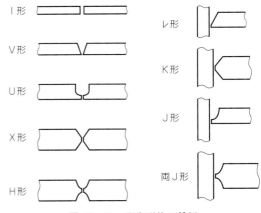

図12-2　開先形状の種類

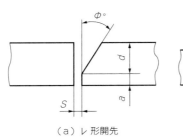
（a）レ形開先

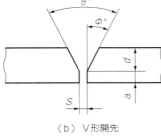
（b）V形開先

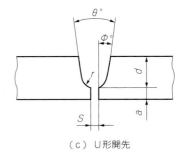
（c）U形開先

$\theta°$：開先角度　　S：ルート間隔（ルートギャップ）
$\phi°$：ベベル角度　　a：ルート面（ルートフェース）
d：開先深さ　　r：ルート半径

図12-3　開先各部の名称

(3) 溶接継手の選択

溶接継手の選択で注意しなければならない事項を図12-4に示す。

① 溶接部が局所的に集中したり，接近しすぎないようにする（図12-4(a)参照）。
② 溶接部に応力が集中することを避けるように設計し，（図12-4(b)参照），溶接部に曲げモーメントが働かないようにする。なお，曲げモーメントがかかる場合には，補強をする（図12-4(c)参照）。
③ すみ肉溶接はルート部に欠陥が発生しやすく，形状的に応力集中も大きい。したがって，できるだけ部材の形状を変えて突合せ溶接となるようにする。
④ 残留応力やひずみを少なくするため，開先形状は溶着量が少なくなる形状にする。

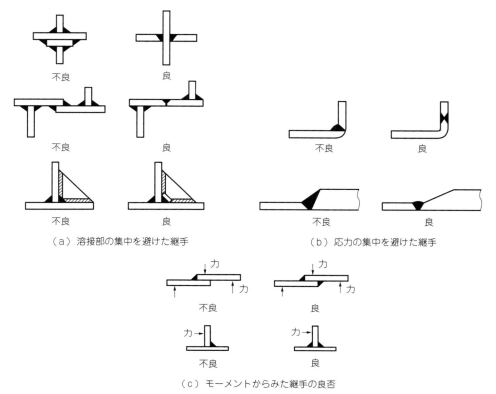

(a) 溶接部の集中を避けた継手　　(b) 応力の集中を避けた継手

(c) モーメントからみた継手の良否

図12-4　溶接継手選択上の注意事項

1.3　各種継手の溶接

　溶接継手を被覆アーク溶接や炭酸ガスアーク溶接などで接合する場合，溶着部の形状によって突合せ溶接，すみ肉溶接，プラグ（栓）溶接及びスロット溶接に分類される。

(1)　突合せ溶接

　開先を設けた2つの材をほぼ同じ面内で突合せた継手の溶接を**突合せ溶接**という。図12-5に突合せ溶接の例を示す。図12-5(a)のような継手の板厚の全域にわたって溶け込ませて接合面を完全に溶融する**完全溶込み溶接**と同図(b)のような，接合面を完全に溶かし込まない**部分溶込み溶接**がある。

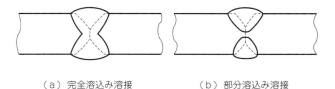

(a) 完全溶込み溶接　　(b) 部分溶込み溶接

図12-5　突合せ溶接

(2)　すみ肉溶接

　T継手，十字継手，重ね継手，当て板継手などにおいて，ほぼ直交する二つの面のすみに

溶 接 法

溶接して溶接部の形状が三角形の断面となる溶接をいう。図12−6にすみ肉溶接の例を示す。**すみ肉溶接**では，接合線を全長にわたって溶接する**連続すみ肉溶接**と断続的に溶接する**断続すみ肉溶接**がある（図12−7参照）。

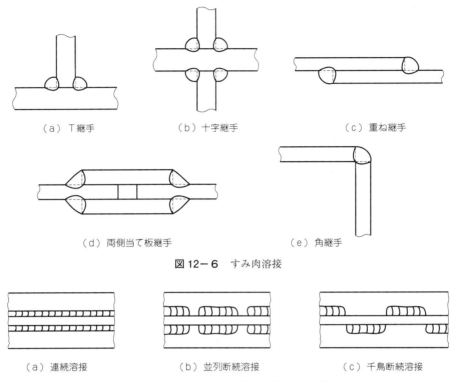

図12−6　すみ肉溶接

図12−7　連続すみ肉溶接と断続すみ肉溶接

（3）プラグ（栓）溶接及びスロット溶接

図12−8にプラグ溶接とスロット溶接の例を示す。重ね継手において，図12−8(a)に示すように片方の板に貫通孔をあけ，そこに溶着金属を充てんして両部材を接合する溶接を**プラグ（栓）溶接**という。また，同図(b)に示すように細長い溝の外形に沿って溶接する場合を**スロット（溝）溶接**という。

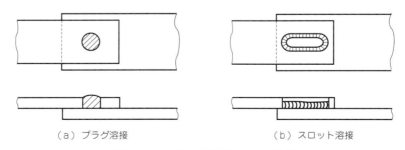

図12−8　プラグ溶接とスロット溶接

1.4 施工前の検討

(1) 溶接性の検討

材料の溶接性は，その化学成分と板厚によってほぼ決定される。炭素鋼を例に挙げると，ミルシートの化学成分を確認したうえで，炭素当量による事前の溶接性の検討が重要である。

(2) 溶接棒の選択

溶接棒の選択については，母材の炭素当量や板厚，溶接姿勢などから行われる。選定は次の順序で行う。

① 溶接性（施工した溶接継手が使用目的を満足するか。引張強さ，疲れ強さなど）
② 作業性
③ 経済性（能率性）

経済性に関しては，鉄粉をフラックス中に含ませ，良好な溶接性と作業性を備えた高能率棒を選定することで工数を減らして溶接のコストを下げることが考えられる。

(3) 溶接継手と開先形状の確認

溶接を行う前に，溶接継手と開先形状について，次のことを確認する。

① 継手は容易に溶接作業を行える状態であること。
② ルート間隔が広すぎたり狭すぎたりしていないこと。
③ 板どうしに目違いがないこと。

これらに異常がある場合は，適正な状態に修正しなければならない。

(4) 溶接姿勢の選択と溶接作業者

溶接姿勢には，基本的に下向，横向，立向及び上向の4姿勢がある。図12-9は，継手に対する溶接姿勢の種類を示したものである。

溶接作業は，なるべく溶接ジグなどを使用して下向姿勢で施工する。しかし，現場溶接で

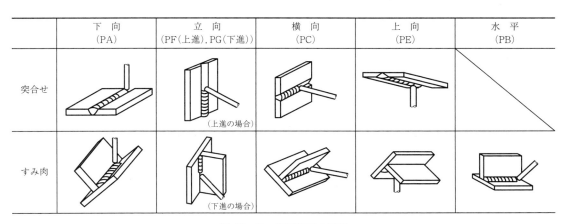

図12-9 溶接姿勢の種類

は，いろいろな姿勢で溶接せざるをえない場合が多く，施工責任者は溶接作業者の技能や経験などを十分に考慮し，適正に人員を配置する必要がある。また，溶接作業者は，指定された溶接姿勢で溶接欠陥を発生させないよう努めなければならない。

なお，JIS Z 3801 などの技術検定に規定された溶接姿勢の記号は，下向(F)，立向(V)，横向(H)，上向(O)となっている。

（5） その他

a．エンドタブ

溶接の始端，終端部にはブローホールや割れなどの溶接欠陥を発生しやすいため，図12－10に示すようなエンドタブを使用することが有効である。エンドタブは母材と同じ鋼製のものやセラミック製のものがある。

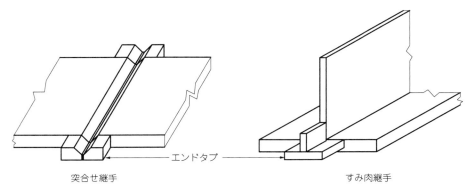

図12－10　エンドタブの取付け要領

b．予熱

母材の炭素当量が高い場合や板厚が厚い場合，割れ防止や溶込み不足の改善のために予熱処理が有効である。予熱することで，溶接部の冷却速度がゆるやかになり，熱影響部の硬化と拡散性水素の残留を抑制することができる。

1.5　タック溶接と溶接ジグ

（1）　タック溶接

タック溶接は，部品を組み立て，製品の形を正しい寸法に保ち，変形やひずみを最小限にするために本溶接の前に行う重要な作業である。一般にビードは短く，入熱量の小さい溶接を施すため，ブローホールや割れなどの溶接欠陥を発生しやすい。また，本溶接の後は溶接金属の一部となることを考慮し，欠陥のない溶接を行わなければならない。

タック溶接の要点は，次のとおりである。

① タック溶接の位置は，応力の集中しやすい端部や角部を避ける（図12－11）。
② 溶接電流は本溶接より 10～20％ 高くする。
③ タック溶接のビードの長さは，本溶接中の応力に十分耐えるものにする。

④ 溶接棒径は，本溶接のものより少し細いものを使用する。

⑤ タック溶接専用溶接棒を使用すると欠陥の発生が少なく，全姿勢のタック溶接を同一の溶接電流で行えるなど有利である。

⑥ **ストロングバック**などの固定ジグを使用すると，直接本溶接が行えるので，タック溶接による欠陥が防止できて効果が大きい（図12－12）。

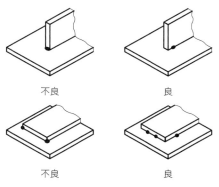

図12－11 タック溶接の位置の良否

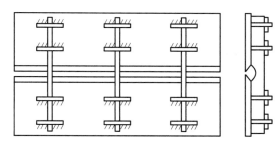

図12－12 固定ジグ（ストロングバック）

（2） 溶接ジグ

溶接ジグには図12-13に示すような種類があり，これを利用することで，次のような利点が得られる。

① 製品の精度が向上する。

② 溶接作業が容易になるので，能率が向上する。

③ 溶接構造物を固定し，拘束できるので，変形を防止できる。

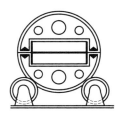

（a）Ｉガーダ用回転ジグ

（b）鋼管用回転ジグ

（c）ポジショナー

（d）簡易ガーダ回転ジグ

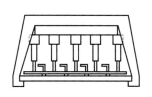

（e）クランピンガーダ

（f）パネル用逆ひずみジグ

図12－13 溶接ジグの例

1.6 本溶接における確認事項

本溶接に先立ち，継手やタック溶接の良否を確かめ，不良の場合には手直しを行う。また溶接のひずみにより変形が発生しそうな部分については，ひずみを防止する対策を行う。

さらに，本溶接に当たって留意しなければならない事項は，次のとおりである。

(1) 開先の清掃

開先内に水分や油などが付着している場合には，ガスバーナで焼くことも有効である。さびやスケールについてはグラインダで除去する。また，ごみやほこりなどについては，エアかワイヤブラシで除くようにする。

(2) 溶接棒の乾燥

溶接棒は，使用前に所定の条件で乾燥したものを用いる。（第2章，第3節，3.6を参照）また，指定された溶接棒は間違えないように乾燥器内で区別し，棒端の色で見分けられるようにする。

(3) 適正電流の設定

溶接棒の適正電流は，使用する溶接棒の種類やその棒径，溶接姿勢などにより異なる。使用可能な電流値については，購入時の梱包箱に表示されている値やカタログなどで確かめ，その範囲内で母材の板厚や大きさを考えて調整する。アークの安定のためには，少し高めの電流値に調整することが望ましい。また，溶接により母材の温度が上昇した場合には，少し電流を下げ，常に適正電流で溶接を行う。

(4) アーク電圧

アーク電圧は，アークの長さによって間接的に調整される。被覆アーク溶接でのアークの長さについては，原則として，棒径4 mmまでは溶接棒の心線の直径程度，棒径4 mm以上では4 mm程度とする。ただし，溶接欠陥の発生を防止する目的では，アーク長は短めにするほうがよい。

第2節　溶接欠陥とその防止方法

溶接は，材料を局部的に加熱して溶融させ，その後，急速に冷却されるという熱加工である。このため，溶接部にはいろいろな欠陥が発生する危険性がある。したがって，溶接作業者は，溶接による欠陥の発生原因とその防止方法について十分な知識をもつことが必要である。

2.1 欠陥の種類

溶接欠陥には，金属表面に現れる外部欠陥と，X線透過試験や超音波探傷試験をしなけ

れば発見できない金属内部に発生する内部欠陥がある。表12-1と図12-14に溶接欠陥の分類とその種類を示す。

表12-1 溶接欠陥の分類

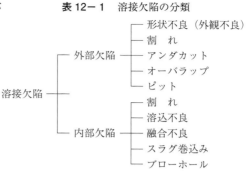

（1）割れ

（2）すみ肉溶接の割れ

（3）アンダカット
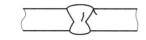

（4）オーバラップ

（5）ピットとブローホール
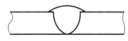

（6）溶込不良
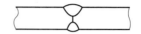

（7）溶接パス間の融合不良

（8）母材と溶接金属との間の融合不良

（9）溶接パス間の細長いスラグ巻込み

（10）孤立したスラグ巻込み

図12-14 溶接欠陥の種類

2.2 欠陥の発生原因と防止方法

主な溶接欠陥の発生原因とその対策を以下の(1)～(8)に示す。

(1) アンダカット

原　　因	対　　策
溶接電流が高すぎる。	溶接電流を適正にする。
溶接棒の保持角度が不適当である。	適正な溶接棒の保持及び運棒をする。
溶接速度が速すぎる。	溶接速度を適正にする。
アークの長さが長すぎる。	アークの長さを短く保つ。
溶接棒の選択の誤り。	溶接条件に適した溶接棒及び棒径を使用する。

溶 接 法

（2） オーバラップ

原　　　　因	対　　　　策
溶接電流が低すぎる。	溶接電流を適正にする。
溶接速度が遅すぎる。	溶接速度を適正にする。
溶接棒の選択の誤り。	溶接条件に適した溶接棒及び棒径を使用する。

（3） 融合不良

原　　　　因	対　　　　策
溶接電流が低すぎる。	溶接電流を適正にする。
アークがかたよる。	開先の両へりを均等に溶かすような運棒操作をする。
溶接速度が速すぎる。	溶接速度を適正にする。

（4） 溶込不良

原　　　　因	対　　　　策
開先角度が小さすぎる。	開先角度を大きくし，開先角度に適した棒径を選択する。 ルート間隔を広げる。
ルート面が過大すぎる。	ルート面を小さくする。
溶接電流が低すぎる。	スラグの被包性を害しない程度まで電流を上げ，溶接棒の保持角度を垂直に近づけ，アークの長さを短く保つ。

（5） スラグ巻込み

原　　　　因	対　　　　策
前層のスラグ除去が不完全である。	前層のスラグを完全に除去する。
溶接速度が遅すぎ，スラグが先行する。	溶接電流をやや高くし，溶接速度を適正にする。
運棒が不規則である。	規則正しい運棒をする。
開先形状が不適当である。	ルート間隔を広くし，運棒操作のしやすい開先にする。

（6） ブローホール及びピット

原　　　　因	対　　　　策
溶接電流が過大である。	適正な溶接電流を使用する。
アークの長さが長すぎる。	アークを短く保つ。
開先部に不純物が付着している。	開先部のさび，油などを除去する。
溶接棒が吸湿している。	溶接棒を適正条件で十分に乾燥する。
溶接部の冷却速度が速い。	ウィービング，予熱などにより冷却速度を遅くする。
溶接棒の選択の誤り。	ブローホールの発生の少ない溶接棒を使用する。

（7） 高温割れ

原　　　　因	対　　　　策
溶接電流が過大である。	適正な溶接電流を使用する。
ルート間隔が広すぎる。	ルート間隔を適正にし，クレータ処理を完全に行う。
母材にいおう（S）が多い。	低水素系溶接棒を使用し，溶接入熱を小さくする。

(8) 低温割れ

原　　　　　因	対　　　　　策
母材の炭素や合金元素が多い。	予熱及び低水素系溶接棒を使用し，必要な場合には後熱を行う。
継手の拘束が大きい。	予熱及び低水素系溶接棒を使用し，応力発生の小さい溶接順序を選択する。
溶接部が急冷される。	予熱及び低水素系溶接棒を使用する。
溶接棒が吸湿している。	溶接棒を適正条件で十分に乾燥する。

第3節　溶接ひずみ及び残留応力

3.1　溶接ひずみ及び残留応力

　金属は加熱されると膨張し，冷却されると収縮する性質がある。したがって，自由な状態にある材料全体が均一に熱せられ，均一に冷却されるならば，板の膨張と収縮は一様に生じ，熱による**ひずみ**や**残留応力**は発生しない。しかし，溶接のように，材料の一部が加熱され冷却されると，膨張と収縮のバランスは崩れ，ひずみや残留応力を発生する。こうしたひずみや残留応力の発生は，製品の寸法精度や継手品質を低下させる。したがって，溶接で製品を組み立てる場合には，それらの発生のメカニズムを十分に理解し，防止対策を施しながら溶接しなくてはならない。また，それらの発生が避けられないような複雑な形状の製品の溶接では，発生するひずみや残留応力の除去法なども知っておく必要がある。

(1) ひずみの発生機構

　図12-15(a)〜(d)に，溶接ひずみが発生するメカニズムを示す。図(a)の位置にある母材は，アーク熱によって加熱され膨張し，図(b)のようになる。その後，開先内は溶接金属で充てんされ凝固過程で，溶接金属がδ_1だけ収縮し，同時に母材もδ_2だけ収縮すると（$\delta_1 + \delta_2$）が縮まろうとする。その結果，母材の両端が固定されていない場合には，図(c)のようになる。特に図のようなV形開先であれば，母材上部の収縮は（$\delta_1 + \delta_2$）だけ縮まるが，下部の開先底部では溶接金属量も少ないために収縮量が（$\delta_1 + \delta_2$）より小さくなるため，図(d)のような変形を生じる。

(2) 残留応力の発生機構

　図12-15(e)に示すように，母材の両端が

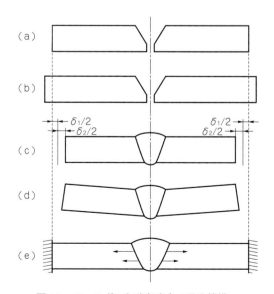

図12-15　ひずみと残留応力の発生機構

固定されている場合には，$(\delta_1 + \delta_2)$ の収縮量に相当する力が開先部に働くが，外部から拘束されているために収縮が抑制され，図(d)のように変形することなく凝固して，この力が部材内部に残留する。この力を残留応力という。この応力は溶接結果に大きく影響し，溶接部の強さがこの残留応力に耐えられなくなると，溶接部に割れが発生する。また，残留応力がそれほど大きくなくても，外力が加わったときにはそれと合成されて，溶接部やその他の部分が破壊することがある。さらに，残留応力がある部分は，腐食されやすくなる。

溶接継手の残留応力は，厚板で複雑な形状の溶接では非常に大きくなり，外部からの小さな荷重によっても破壊することがある。こうしたことから，圧力容器やボイラの製品では，残留応力の除去処理が義務づけられている。

3.2 溶接による変形の種類

溶接による変形（ひずみ）は，使用する材料，適用する溶接法，施工条件などによりその発生の形態や過程が異なる。表12-2に溶接変形の分類を示す。

表12-2 溶接変形の分類

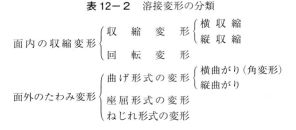

（1） 横収縮

横収縮は，図12-16に示すように溶接線と直角方向の長さが縮む変形である。突合せ溶接の場合，板厚，開先形状，ルート間隔などによる開先断面積，すなわち溶着金属の量によって収縮量は異なる。

（2） 縦収縮

縦収縮は，図12-17に示すように溶接線方向の長さが縮む変形で，突合せ溶接だけでなくすみ肉溶接にも発生する。縦収縮の量は溶接線の長さによって大きく異なり，溶着金属量が増せば増大し，板厚が増せば減少する傾向がある。長尺な溶接構造物の場合は，センチメー

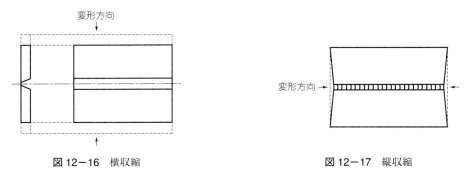

図12-16 横収縮　　　　　　　　　　図12-17 縦収縮

トル（cm）単位で収縮する可能性があるので注意する必要がある。

（3） 回転変形

回転変形は，図12-18に示すように溶接の進行過程でまだ溶接されていない開先の部分が広がったり，狭くなったりする変形のことをいう。被覆アーク溶接のような小入熱，低速度の溶接では開先が狭められ，サブマージアーク溶接のような大入熱，高速度の溶接では広がる傾向がある。

この回転変形は，強固なタック溶接を行うことで減少させることができる。

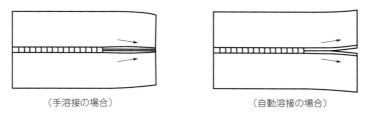

図12-18 回転変形

（4） 横曲がり変形（角変形）

図12-19に示すような横曲がり変形は，一般に**角変形**とも呼ばれる。この変形は，溶着金属量が表面と裏面で異なったり，温度変化が板厚方向で異なる場合に発生する。突合せ溶接で角変形を減少させるには，表面と裏面の溶着金属量や入熱量の差が少なくなるような開先形状で，両面溶接する方法が有効である。

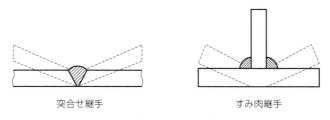

図12-19 横曲がり変形（角変形）

（5） その他の変形

a．縦曲がり変形

図12-20に示すようにビード溶接やすみ肉溶接で，溶接線方向に発生するたわみ形式の変形をいう。

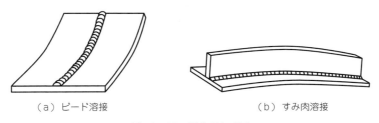

図12-20 縦曲がり変形

b．座屈形式の変形

図12−21に示すような薄板の溶接でよく見られる変形である。板自身の剛性が低いことから，溶接部に生じる収縮応力により発生する複雑な変形をいう。

図12−21　座屈形式の変形

c．ねじれ形式の変形

柱やはりなどの細長い材料で，ねじれを起こしたような変形をいう。

3.3　溶接ひずみの軽減

局部的に材料を溶融するまで加熱する溶接は，ひずみの発生が避けられない。また，ひずみの要因が非常に複雑で，事前にひずみ（変形）の形態や程度を精確に予測することは難しい。したがって，設計，前加工，溶接の各段階で，ひずみの発生を最小限にするためのさまざまな配慮が必要となる。

（1）　溶接前の対策

溶接ひずみの発生を防止して，製品全体として正確な形状や精度を確保するには，実際に溶接を行う前の工程からさまざまな注意や対策が必要となる。

a．計画，設計段階における留意点

① 溶接線をできるだけ少なくした設計とする。
② ひずみの発生が少ない溶接法や開先形状の選定を行う。
③ 溶接後のひずみ除去を考慮した工程計画を作成する。

b．材料の運搬，保管及び加工段階の留意点

① 大きな材料の運搬や保管の際には，積み重ねや吊（つ）り方によるわん曲，衝突による変形などを生じさせないよう注意する。
② ガス切断などの熱切断加工時のひずみを抑える対策を行う。
③ 部材の機械加工精度の向上を図る。

c．部材組付け段階の留意点

① 組立ジグなどを用いた精確な組立てを行う。
② 正確なタック（仮付け）溶接を行う。

（2）　溶接時の対策

溶接によるひずみの発生を少なくするためには，次のような基本的な考え方に基づいて溶接を行うとよい。

① 溶接入熱と溶着金属量を最小限にする。

② ひずみの発生を機械的に拘束する。
③ ひずみの発生する方向とその量を見越して，前もって逆方向にひずませておく（逆ひずみ法）。
④ 加熱による母材の温度分布が均一になるよう，溶接順序を工夫する。
⑤ 熱伝導性のよい銅などの冷し金や水冷により余分な熱を取り除く。
⑥ 大形構造物では，ひずみの発生が大きくなる部分から先に溶接を行い，ひずみを外へ逃がす。

なお，具体的なひずみの軽減法には，次のような方法がある。

a．溶接入熱及び溶着金属量を少なく抑える方法

低電流低速度でパス数の多い溶接では，ひずみの発生が大きくなる。したがって，できるだけ溶込みが深くなる大電流高速度の溶接を利用する。また，余盛を最小限に抑えることも大きな効果がある。

b．拘束法

拘束法は，ひずみの発生を強制的に押さえ込む方法である。図12-22に示すように万力やクランプなどで機械的に拘束したり，図12-23に示すような**ストロングバック**と呼ばれる拘束のための補強材などをタック（仮付け）溶接し，溶接後に取り外すなどの拘束法がある。ただし，あまりに強い拘束を行うと残留応力が大きくなるので，割れに注意する必要がある。

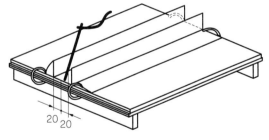

図12-22 薄板の拘束

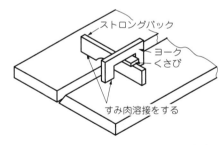

図12-23 ストロングバックによる拘束

c．逆ひずみ法

逆ひずみ法は，発生が予想されるひずみの量を見込んで，溶接する前に反対方向にひずませてから溶接を行う方法である。プレスなどで塑性変形させる塑性ひずみ法（図12-24），ジグなどにより逆方向に曲げて行う弾性逆ひずみ法（図12-25）がある。

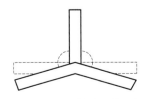

図12-24 塑性逆ひずみ法

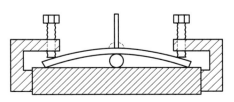

図12-25 弾性逆ひずみ法

溶接法

d．適切な溶接順序による方法

溶接熱による母材の温度分布ができるだけ均一になるように溶接線を区切って溶接を進める方法である。溶接の順序により，**前進法**（図12-26），**後退法**（バックステップ溶接）（図12-27），**対称法**（図12-28），**飛石法**（図12-29）などがある。また，T継手のすみ肉溶接などでは，両側の溶接を同時に行い，ひずみを互いに打ち消すような方法も大きな効果がある。

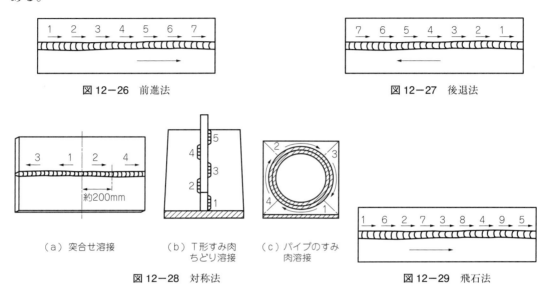

図12-26　前進法　　　　　　　　　　　図12-27　後退法

（a）突合せ溶接　　（b）T形すみ肉ちどり溶接　　（c）パイプのすみ肉溶接

図12-28　対称法　　　　　　　　　　　図12-29　飛石法

e．吸熱法

溶接部に熱伝導のよい銅などの当て金を置くか，溶接部を裏面から水冷するなどして，余分な熱を吸収する方法である（図12-30）。特に，薄板を溶接する場合に大きな効果がある。

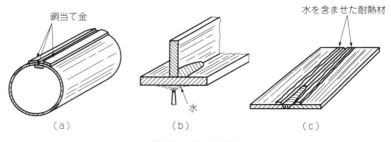

図12-30　吸熱法

f．ピーニング法

溶接直後にビード表面を先端の丸い特殊なハンマでたたくことで，溶接金属の収縮を防ぎ，ひずみの発生を軽減する方法である。これは，ビードが高温（約700℃以上）のうちに行う。低温になってから行うと，溶接金属をもろくすることがあるから注意する。

3.4 溶接ひずみのきょう正

溶接構造物では，いろいろなひずみの防止対策を行っても，なお取り除かなければならないひずみ（変形）が生じる場合がある。このような場合には，ひずみのきょう正（ひずみ取り）作業を行わなければならない。ひずみ取りの基本は，①溶接によって収縮した部分を伸ばす，②伸びたり，たるみの生じた部分を縮めるなどである。それらの方法には，機械的な方法と加熱による方法がある。

表12-3にひずみのきょう正方法を示す。

表12-3　ひずみのきょう正法

```
                        ┌─(冷間)─┬─プレス
                        │        ├─ジャッキ
           ┌─機械的方法─┤        ├─ローラ
           │            │        └─ハンマ
ひずみのきょう正法─┤            └─(加熱)─┬─プレス
(ひずみ取り)   │                      └─ハンマ
           │            ┌─点加熱(灸すえ)
           └─局部加熱法─┼─線状加熱
                        └─三角焼き
```

(1) 機械的方法

プレスやきょう正ローラなど機械力を利用したり，ハンマでたたくなどしてひずみのきょう正をする方法である。また，これらの方法に加熱を併用すると一層効果が高められる。

(2) 局部加熱法

局部加熱法は，溶接部が急激な加熱と冷却により収縮してひずむ原理を逆にひずみのきょう正に利用する方法である。溶接後，伸びやたるみの生じた部分をガスバーナで局部的に加熱し，約 600 ℃～ 650 ℃になったときに水をかけて急冷する。この加熱急冷された部分が収縮することで，伸びやたるみなどの変形がきょう正される。

また，周囲が拘束されたパネル構造の板にたるみが生じた場合には**点加熱法**（灸すえ・図12-31），突合せ溶接やすみ肉溶接で生じた角変形のきょう正には**線状加熱法**（背焼き・図12-32），板の周囲のたるみやＴ継手のわん曲などのきょう正には**くさび状加熱法**（三角焼き・図12-33）が用いられる。

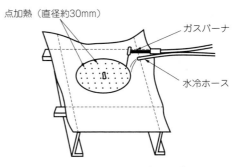

図12-31　点加熱法（灸すえ）

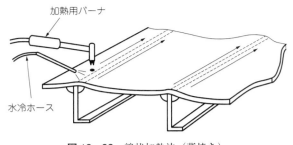
図12-32 線状加熱法(背焼き)

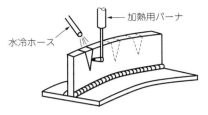
図12-33 くさび状加熱法(三角焼き)

3.5 残留応力の低減

　残留応力は,その大きさをひずみのように直接目で見ることが困難であり,継手周辺の拘束や溶接入熱などの条件から予測することしかできない。しかし,溶接された部材には残留応力が発生しており,溶接後に機械加工で仕上げを必要とする製品や大きな荷重のかかる製品の場合には,残留応力を低減させる処理を行う必要がある。これには**応力除去焼なまし**による低減(第11章,第4節,4.2参照)と機械的方法による低減がある。

　機械的に残留応力を低減させる方法としては,引張応力を負荷する方法とピーニング法があり,前者の方法は,圧力容器に内圧を加えるなどして継手方向に引張応力を負荷し,塑性変形を生じさせた後に除荷することで,ほぼ加えた外力だけ残留応力が低減できる。後者のピーニング法は,前述したように,ひずみの軽減法としても行われるが,引張残留応力を緩和する方法としても有効である。

第12章の学習のまとめ

　溶接作業では,溶接欠陥の発生などさまざまな問題が発生する。この章で述べた内容をよく理解し,適切な施工法を選定することで溶接欠陥をかなり低減させることができる。
　ひずみや残留応力を避けることは難しいが,ジグの使用やガス炎による熱処理などで低減させることができる。溶接施工を行うに当たっては,残留応力の発生のメカニズムをよく理解して,できる限りその抑制に努めることが重要である。

【練 習 問 題】

次の各問に答えなさい。

（1） 継手の名称で間違っているものを選びなさい。

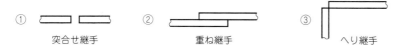

（2） 溶接欠陥について，正しいものを選びなさい。

① 溶接割れは内部のみに発生して，外部には発生しない。

② 溶接電流が高すぎするとアンダカットが発生しやすくなる。

③ 完全溶込み継手において，裏当て金まで溶けていないのは融合不良である。

（3） タック溶接を行う際に気を付けなければならないことについて，正しいものを選びなさい。

① 応力が集中しやすい場所に行う。

② 仮付けビードの長さは，できるだけ短くする。

③ 溶接電流を本溶接より10％～20％高くする。

（4） ジグを利用する利点について，正しいものを選びなさい。

① 製品精度の向上

② 残留応力の低減

③ 割れの防止

（5） アンダカットの主な原因について，正しいものを選びなさい。

① 溶接速度が遅い。

② 溶接電流が高い。

③ 溶接棒が吸湿している

第13章　溶接部の試験・検査

溶接部は溶接金属部とその周辺を総称するものであるが，この部分には溶接特有の金属組織の変化や欠陥を発生しやすい。そこで，こうした欠陥などの有無を調べて溶接部の品質を確認するため，各種の試験が必要となる。一方，検査は，厳密に定義するとこれらの試験結果に対し，判定基準によって合否の判定を行うことである。実際には，試験とその判定を含め，試験・検査として取り扱われる場合が多い。

溶接部の試験方法は，破壊試験と非破壊試験に大別され，その多くが日本産業規格（JIS）などで規定されている。

主な溶接部の試験方法の分類を表13－1に示す。

表13－1　溶接部試験の分類

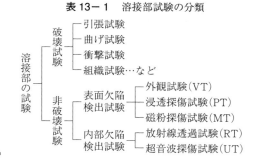

第1節　破壊試験

1.1　破壊試験の種類

破壊試験については，溶接部を含めた構造物の一部または模型を用いて行う場合と，溶接継手についてのみ行う場合がある。前者は製品の調査研究のために行われることが多く，一般的には後者の試験・検査が行われることが多い。

溶接継手の破壊試験には，表13－2に示すような各種の試験方法がある。

表13－2　溶接継手の破壊試験方法

試験の種類		試験の目的
機械試験	引張試験　溶接継手試験	溶接継手の引張性能を調べる。
	溶着金属試験	溶接材料の引張性能を調べる。
	曲げ試験	溶接部の延性又は加工性を調べる。
	衝撃試験	溶接部のじん性又はぜい性を調べる。
疲労試験		溶接部の疲労特性及び疲労限度などを調べる。
硬さ試験		溶接部の硬さを調べる。
破面試験		溶接部の破面について内部欠陥の有無を調べる。
金属組織試験	ミクロ試験	溶接部の断面を腐食液で処理し，顕微鏡によって金属組織を調べる。
	マクロ試験	溶接部の断面又は表面を研磨し，腐食液で処理する。肉眼で溶込み，熱影響部及び欠陥等の状態を調べる。
溶接割れ試験		溶接部の割れを調べる。
化学分析試験		溶接部の化学成分を調べる。

溶 接 法

1.2 引張試験

(1) 溶接継手の引張試験

　この試験で試験材から採取される板材の試験片には，JIS Z 3121：2013（突合せ溶接継手の引張試験方法）に定める1号試験片及び1A号試験片があり，例として，図13-1に1A号試験片を示す。1号試験片では，単に継手の引張強さだけを測定するのに対し，1A号試験片では，必要に応じて継手全体の伸びや降伏点を測定することができるようになっている。

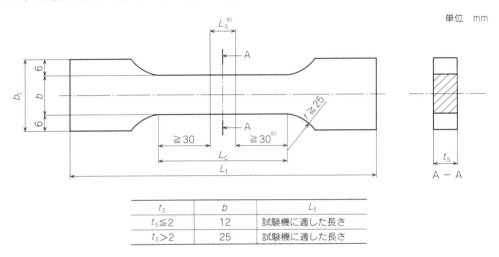

t_S	b	L_t
$t_S \leq 2$	12	試験機に適した長さ
$t_S > 2$	25	試験機に適した長さ

　注 a) 圧接及びビーム溶接（ISO 4063のプロセスグループ2，4，51及び52）の場合，$L_S=0$とする。
　　 b) ある種の金属材料（アルミニウム，銅，それらの合金など）においては，50 mm以上が必要になる場合がある。

図 13-1　板の試験片（1A号試験片）（試験片の厚さ ≧ 20 の場合）

　一般に，試験機にはアムスラー万能試験機を用いる。試験機の能力が不足して試験片の板厚では試験ができない場合には試験機の能力に合うまで，厚さ方向にできる限り均等に薄く切り分けて試験片をつくることができる。この場合には，切り分けた試験片のすべてについて試験を行うことが必要である。

(2) 溶着金属の引張及び衝撃試験

　溶着金属の引張及び衝撃試験はJIS Z 3111：2005（溶着金属の引張及び衝撃試験方法）に規定され，それら試験片もすべては溶着金属部からつくられる。溶接棒など溶接材料の性能試験を目的に行われる。

1.3 曲げ試験

　曲げ試験は，板状の試験片を所定の半径まで曲げて，曲げられた面（引張応力を受けた湾曲部表面）に生じる割れなどの微小欠陥や継手の曲げ性能を調べるために行われる試験である。この試験には，曲げられる面（試験面）に応じて，表曲げ試験（溶接部の表側），裏曲げ試験（溶接部の裏側）及び側曲げ試験（溶接部の横断面）などがあり，その試験方法は

JIS Z 3122：2013（突合せ溶接継手の曲げ試験方法）に規定されている。

図13-2に試験片の一例として，表曲げ試験片の形状及び寸法を示す。また，曲げ試験用ジグとして規定されている型曲げ，ローラ曲げ及び巻付け曲げのうち，例として型曲げ試験用ジグの形状と寸法を図13-3に示す。

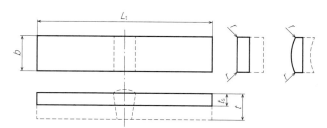

備考（試験片寸法：mm）
- t_s：試験片の厚さ＊
- t：試験材の厚さ
- b：試験片の幅
  関連適用規格に規定される場合以外は $b ≥ 4t_s$
- L_t：試験片の全長
  関連適用規格に規定される場合以外は $L_t ≥ 15t_s$
- r：試験片のりょうの丸み（半径）
  $r < 0.2$（但し最大3mm）

※試験片の厚さ t_s は，最大厚さ30mmまでは溶接継手に隣接する母材の厚さに等しくする。
ただし，試験材厚さ t が10mmより大きい場合，t_s は，破線で示すように，厚さが10±0.5mmまで試験面の反対側から機械加工又は同等の手法で加工してもよいが，$d ≥ 1.3L_s - t_s$ の制限が満足されなくてはならない。
d：試験機の押しジグ先端の直径（mm），L_s：機械加工後の溶接金属の最大幅（mm）

図13-2　板の表曲げ試験片の形状及び寸法

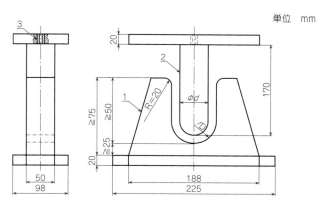

1：U型ジグ　　2：押しジグ　　3：押しジグを試験機に取り付ける孔
d：押しジグ先端直径　　r_D：U型ジグの底の半径（$r_D = d/2 + t_s + 2$）

<u>注記</u>　上図中の寸法は参考である。

図13-3　型曲げ試験用ジグの形状と寸法

1.4　衝撃試験

衝撃試験は，材料に衝撃が加わったときのじん性（ぜい性破壊に対する抵抗値＝ねばり強

さ）を調べる試験であり，試験片の破壊に要したエネルギー（吸収エネルギーと呼ぶ）を測定することによってその材料のじん性を評価する。材料は一般に低温になると伸びやじん性が低下する。そのため，この試験は，主に低温で使用される材料や割れ感受性の高い材料のじん性を評価する方法として用いられる。溶接部の溶接金属と熱影響部では，母材よりじん性などが劣ることがあるのでこの2箇所の衝撃試験が必要となる。

衝撃試験は，JIS Z 3128：2017（溶接継手の衝撃試験片採取方法）に従って試験片を採取し，JIS Z 2242：2023（金属材料のシャルピー衝撃試験方法）によって行われる。通常，試験片は，一つの試験温度当たり3本用いる。

1.5 疲労試験

材料に動的な繰返し荷重が作用すると，静的強さよりはるかに低い応力で破壊する。この繰返し応力による破壊強さは，繰返しの回数によって異なる。この破壊強さ（**疲労限度**）を調べるのが疲労試験である。溶接部は，繰返し応力を生じる場合には母材の疲労限度よりも低下するのが一般的である。このため，繰返し荷重の作用する溶接部についてはあらかじめ疲労試験を行って負荷応力に対する疲労寿命と疲労限度を確かめる必要がある。疲労寿命と疲労限度を調べるには，引張応力に対してはJIS Z 3103：1987（アーク溶接継手の片振り引張疲れ試験方法）がある。

1.6 硬さ試験

溶接部付近は，溶接熱の影響を受け材質が変化している。したがって，溶接部の硬さを測定することは溶接部の材質の不連続性や割れ感受性を推定するのに便利である。

硬さ試験には，ビッカース硬さ試験，ショア硬さ試験，ロックウェル硬さ試験，ブリネル硬さ試験などがあるが，溶接部の材質変化には，微小部分の硬さの測定が可能なビッカース硬さ試験が一般に用いられる。溶接熱影響部の硬さ試験方法については，JIS Z 3101：1990（溶接熱影響部の最高硬さ試験方法）などに規定されている。

1.7 金属組織試験

（1） ミクロ試験

溶接部の組織は，溶接金属部，熱影響部（**HAZ**）及び母材部の三つからなっている。それぞれの組織は，その表面を十分に研磨した後，酸などの溶液（腐食液）で軽く腐食させ，顕微鏡で数十倍から数百倍に拡大して観察する。ときには，電子顕微鏡により数千倍に拡大して観察することもある。図13-4は，SS400とSUS304の溶接部ミクロ組織の顕微鏡写真の一例である。

このように，組織の状態や結晶粒の粗さなどを容易に確認することが可能となる。

第13章 溶接部の試験・検査

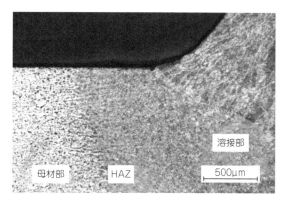
SS400（母材部・HAZ・溶接部）

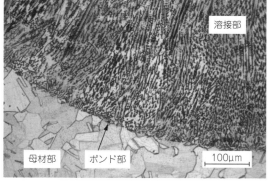
SUS304（母材部・ボンド部・溶接部）

図13-4 溶接部ミクロ組織

（2） マクロ試験

ミクロ試験は局部的な一部分の組織を詳細に調べる方法であるのに対し，マクロ試験は溶接部の溶込み状況やパス数，組織のち密さ，欠陥の有無などを肉眼で観察する方法である。マクロ試験は，これらを肉眼で観察できるように濃度のやや濃い腐食液で溶接断面を腐食させて調べる。図13-5は，マクロ試験によって観察された組織の一例である。

この試験方法については，JIS G 0553：2019（鋼のマクロ組織試験方法）などで規定されている。

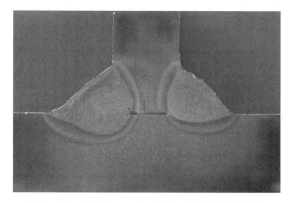
図13-5 溶接部のマクロ組織（すみ肉溶接継手）

1．8 溶接割れ試験

溶接部の性質で最も重要なものは，割れに対する感受性である。割れの存在する溶接部は，製品として使用される過程で，割れに起因する破壊につながる危険性が大きいためである。

日本産業規格（JIS）では，高温割れ，低温割れなどについて様々な試験方法が定められている。（例：JIS Z 3153：1993（T形溶接割れ試験方法）など）

溶　接　法

第2節　非破壊試験

2．1　非破壊試験の種類

非破壊試験とは，溶接部などを破壊することなく，欠陥の存在や健全性を試験する方法である。その主な方法は表13－3に示すとおりである。

表13－3　溶接部に対して行われる非破壊試験方法（JIS Z 3021：2016引用）

試験方法	検出できる主な溶接欠陥	検出範囲
放射線透過試験（RT）	割れ，ブローホール，スラグ巻込み，溶込み不良，融合不良など	内部のみ
超音波探傷試験（UT）		
磁粉探傷試験（MT）	表面又は表面直下数mmまでの割れ	表面及び表面直下数mmまで
浸透探傷試験（PT）	表面の割れ，ピット	表面のみ
外観試験（VT）	ビード不整，アンダカット，オーバラップなど	

2．2　放射線透過試験（RT：Radiographic Testing）

放射線透過試験には，X線やγ（ガンマ）線を主として用いる。これらの放射線は一種の電磁波であり，物質を透過する能力が強く，金属をよく透過する。この透過した放射線の強弱をX線フィルムに撮影すると，内部の欠陥が影となって現れる。図13－6は放射線透過試験の原理である。

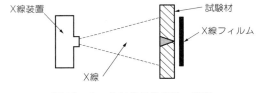

図13－6　放射線透過試験の原理

この試験では，立体状の欠陥を投影してフィルムに平面状に表示するので，欠陥位置の判定にあたっては投影方法などに留意しなければならない。

この試験方法については，JIS Z 3104：1995（鋼溶接継手の放射線透過試験方法）などに規定されている。

2．3　超音波探傷試験（UT：Ultrasonic Testing）

通常，人間の耳に聞こえる音波（可聴音）は，周波数が20 Hz～20000 Hz（1 Hzは1秒間に1サイクルの周期をもつ音波）である。これより高い周波数の音波を超音波という。

超音波は，普通の音波に比べ一定方向に強く放射される性質（指向性）があり，水や金属の中でもよく伝播する。また，音波は反射や屈折など，光と同じような性質をもっている。こうしたことから，超音波が溶接部に入射されると，内部の欠陥などに反射して返ってくる。この反射してきた音波をとらえることで欠陥を探知する方法を超音波探傷試験という。普通，

鋼の溶接部には 1 MHz ～ 5 MHz（メガヘルツ：1 MHz = 10^6 Hz）の超音波を利用する。特に，割れなどの放射線透過試験で探知困難な欠陥を検出することができる。

図13-7に，超音波探傷試験（斜角）の原理を示す。

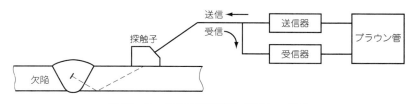

図13-7 超音波探傷試験（斜角）の原理

この試験方法については，JIS Z 3060：2015（鋼溶接部の超音波探傷試験方法）などに規定されている。

2.4 磁粉探傷試験（MT：Magnetic particle Testing）

炭素鋼を磁化したとき，図13-8に示すように表面または表面からごく浅い部分に欠陥が存在すると，その部分の磁束が漏れる（**漏れ磁束**）。この磁束の変化を調べるため，磁粉（微細な鉄粉または強磁性体の粉末）を材料表面に散布すると漏れた部分に磁粉が付着して欠陥を探知することができる。この方法を磁粉探傷試験という。

磁粉には乾式と湿式（液中に混ぜてある）がある。また，普通の磁粉と蛍光磁粉（ブラックライトを当てると光を発する磁粉でよく見える）がある。なお，この試験は，オーステナイト系ステンレス鋼などの強磁性体ではない金属へは適用できない。

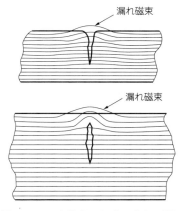

図13-8 欠陥部における磁束の漏れ

この試験方法については，JIS Z 2320-1：2017（非破壊試験－磁粉探傷試験－第1部：一般通則）などに規定されている。なお，磁粉探傷試験は，「磁気探傷試験」とも呼ばれ，JIS Z 2300：2020（非破壊試験用語）において定義されている。

2.5 浸透探傷試験（PT：Penetrant Testing）

浸透探傷試験は，表面に開口した欠陥で，しかも肉眼では発見しにくい程度の小さい欠陥を調べる方法である。この方法では，染色（普通は赤色）した液体または蛍光を発する液体（これらを浸透液という）を材料の表面に塗布して，欠陥に十分浸透させるために10分程度放置する。その後，表面の余分な浸透液を洗浄液の含ませた布などで拭き取る。次に，現像剤（白色の微粉末を，アルコールなどに混ぜたもの）を塗布または吹き付けると欠陥内に残っ

ている浸透液を微粉末の皮膜が吸い上げて，白地に赤色を呈するので肉眼で欠陥を確認することができる。また，蛍光液を用いるときはブラックライトを照射すると欠陥部に残っている浸透液は蛍光を発するため検出することができる。

この試験は操作が簡単で，磁性に関係なくあらゆる金属に応用することができ，溶接の開先部，裏はつり，初層部，各層及び最終層の欠陥などの発見に有効である。図13－9に，その原理を示す。

この試験方法については，JIS Z 2343-1：2017（浸透探傷試験方法及び浸透指示模様の分類）などに規定されている。

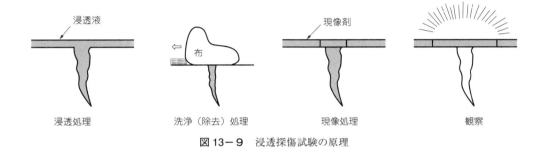

図13－9　浸透探傷試験の原理

2．6　外観試験（VT：Visual Testing）

外観試験は，溶接部の表面状況を目視によって確認する方法で，最も一般的で簡便な試験である。

一般的には肉眼によるが，低倍率の拡大鏡（レンズ）を用いることもあり，必要に応じてゲージなどを用いて寸法や形状を確認する場合もある。

外観試験では，次の項目の検査が行われる。

① 溶接部の寸法などの目測（肉眼で推定する）による適否（脚長，余盛，目違い，ひずみなど）
② 傷の有無（表面割れ，ピット，アンダカット，オーバラップなど）
③ ビード表面の形状の適否（均一性，溶込み状況など）

外観検査は，これらの試験結果について製品ごとの判定基準によって合否を決定するが，溶接の経験的な知識や能力が必要とされる。

第13章の学習のまとめ

溶接部は材質的，形状的に不連続部となるために荷重が作用した場合，破壊の起点となる危険性が高い。そのため，溶接部の品質を確認する数多くの試験・検査方法が制定されている。

ここでは，JIS で規定されている主な破壊試験方法と非破壊試験方法の概略について述べた。

【練習問題】

次の各問に答えなさい。

（1） 次の試験のうち，破壊試験に属するものはどれか，選びなさい。
   ① 超音波探傷試験
   ② 金属組織試験
   ③ 外観試験

（2） 次の溶接欠陥のうち，放射線透過試験で検出できるものはどれか，選びなさい。
   ① ブローホール
   ② ビードの不整
   ③ オーバラップ

（3） 次の試験のうち，じん性を調べる試験はどれか，選びなさい。
   ① 疲労試験
   ② 衝撃試験
   ③ 引張試験

（4） 次の試験のうち，溶接部の溶込み形状を肉眼で観察する試験はどれか，選びなさい。
   ① 曲げ試験
   ② 溶接割れ試験
   ③ マクロ試験

（5） 次の試験のうち，非破壊試験に属するものはどれか，選びなさい。
   ① 硬さ試験
   ② 磁粉探傷試験
   ③ ミクロ試験

第14章　溶接作業の安全衛生

溶接作業には数多くの危険因子が潜んでいる。人命にかかわるような危険を伴う場合もあり，ここでは溶接作業を行う際の安全衛生について，危険の要因や防止対策などについて述べる。

第1節　アーク溶接における災害と安全衛生

1.1　電撃とその防止

無負荷電圧の高い交流アーク溶接機を用いた被覆アーク溶接においては，不安全な作業状態で溶接すると，感電による電撃を受ける危険がある。したがって，この種の作業に携わる者は，電撃に関する知識をよく知り，十分な安全作業を心がける必要がある。

（1）　電撃による危険度

電撃による危険度は人体内を流れる電流の大小，通電時間，通電経路，電源の種類，人体抵抗などによって影響を受ける。

致死の電流値は通電時間によって異なり，交流において，通電時間が 500 ms（0.5 s）のとき，通電電流は 100 mA（0.1 A）である。このとき，心臓は規則正しい動きからけいれんを起こしたような細動を起こし，数分以内で死亡する。表14－1に電流値と人体への影響について示す。通電電流と通電時間の関係は，国際電気標準会議によって示されている（IEC 60479-1：2018）。また，電源の種類による危険度は，直流よりも交流のほうが高く，高周波よりも商用周波数（50 Hz, 60 Hz）のほうが高い傾向にある。したがって，被覆アーク溶接作業は，電撃の可能性が非常に高くなる。

表14－1　電流値と人体への影響

電流値	人体への影響
0.5 mA ～ 1 mA	・最小感知電流，「ピリッと」感じる，人体に危険性はない
5 mA	・人体に悪影響を及ぼさない最大の許容電流値 ・相応の痛みを感じる
10 ～ 20 mA	・離脱の限界（不随意電流），筋肉の随意運動が不能に ・持続して筋肉の収縮が起こり，握った電線を離すことができなくなる
50 mA	・疲労，痛み，気絶，人体構造損傷の可能性 ・心臓の律動異常の発生，呼吸器系等への影響 ・心室細動電流の発生ともいわれ，心肺停止の可能性も
100 mA	・心室細動の発生，心肺停止，極めて危険な状態に

一方，人体抵抗に関しては，体内抵抗（500 Ω～1000 Ω）と乾燥状態の皮膚の抵抗（10000 Ω）とでは異なるが，皮膚の抵抗は発汗すると 1/12，濡れると 1/25 に減少して体内抵抗と大差がなくなる。すなわち，濡れた皮膚が溶接棒や母材と接触する危険のある状態では，電撃の危険性は非常に高くなる。

（2） 感電防止対策

感電防止の対策として，次のことがあげられる。

① 保護具，保護衣を確実に着用すること。
② 無負荷電圧の低い溶接機を使用すること。
③ 自動電撃防止装置付きの溶接機を使用すること。
④ 絶縁の完全な溶接棒ホルダを使用すること。
⑤ ケーブル及びこれに付属する器具は被覆，または外装に損傷のないものを使用すること。
⑥ 溶接機外箱及び母材，または定盤を接地すること。接地は溶接機一次側の使用電圧の区分により表14－2に示す接地工事を施さなければならない。

表14－2　接地工事の区分

使用電圧の区分	接地工事
300 V 以下の低圧用のもの	D種接地工事
300 V を超える低圧用のもの	C種接地工事

⑦ 溶接機一次側回路に漏電遮断器を設置すること。漏電遮断器は溶接機一次側の定格電圧，電流に適合したもので，高感度（定格感度電流 5, 10, 15, 30 mA）で高速形（動作時間 0.1 秒以内）のものを用いる。
⑧ 溶接作業を休止する場合には溶接機の電源を切ること。作業者が電源から著しく離れていて，かつ，休止時間の短い場合は溶接棒をホルダから外し，ホルダを木箱などの絶縁物の上に置くこと。
⑨ 他者に気づかれにくい場所で作業するときは単独作業を避け，必ず監視者をつけること。

電撃を受けた者を発見した場合は直ちに電源を切り，救急車の出動を依頼する。到着までの間，呼吸が停止している場合は直ちに人工呼吸を行う。また，心臓が停止している場合は直ちに胸骨圧迫心臓マッサージを行う。

1.2　アーク光による障害とその防止

アーク溶接のアーク温度は数千℃～20000 ℃に達するため，高熱とともに強い光を放射する。この光には，可視光の他，多量の紫外線，赤外線などの目に見えない光線を含んでいる。このため，アーク光を直視すると目に炎症を起こしたり，皮膚にやけどを起こしたりする。

可視光は，眩しさを感じ，一時的な不快感や目のかすみの原因となる。特にブルーライト（波長 400 nm～500 nm）は光化学網膜障害を引き起こす可能性がある。この障害は浮腫や

穴のような網膜変化として観察され，視力の低下，霧視（霧の中にいるような見え方），暗点（視野の中で周囲より感度の低下している領域）のような症状が伴われる。症状は被曝後，直ちにもしくは1日以内に現れ，徐々に回復することがほとんどだが，長引く場合や最終的に回復しない場合もある。

　紫外線は，電気性眼炎を起こす原因となる。電気性眼炎は，数～12時間程の潜伏後，羞明（まぶしい）・疼痛（目が痛い）・流涙（涙が出て止まらない）・視力低下・異物感（目の中がごろごろする）及び結膜充血などの症状が現れる。症状の強い場合には目を空けることすら困難な場合もある。また，これらの症状は，紫外線のばく露量が多いほど重く，発症時期も早くなり，通常6～24時間持続し，48時間後にはほぼなくなる。

　赤外線は，長時間浴び続けると皮膚や角膜の表層部が熱傷を起こす原因になる。また，白内障になるリスクが高まる。

　したがって，溶接者及びその周辺の作業者は必ず作業に応じてJIS T 8141に定められている遮光プレートのついた保護具を使用しなければならない。表14-3に遮光保護具の使用標準を示す。また，付近に光が漏れないよう，遮光つい立てや遮光幕を使用し，作業範囲を区分しなければならない。

　目に炎症を起こしたときの応急手当としては，保冷材や冷やしたタオルなどで眼を冷やし，速やかに医師による診察及び治療を受けなければならない。

（1）　遮光保護具

　遮光保護具は，有害光から目や顔の皮膚を十分に守り，しかも作業の様子が見えるようなものでなければならない。

　遮光保護具を大別すると，遮光めがねと遮光プレートに分けられる。代表的な遮光めがねを図14-1に遮光プレートの装着される溶接用保護面を図14-2にそれぞれ示す。また，液晶式自動遮光溶接面はアークの発生時に暗転する液晶遮光プレートが装着されており溶接用保護面の未着用時のばく露防止に有効である。

表14-3 遮光保護具の使用標準 (JIS T 8141 : 2016 抜粋)

しゃ光度番号	アーク溶接・切断作業			ガス溶接・切断作業			プラズマジェット切断アンペア	高熱作業		その他の作業
	被覆アーク溶接	ガスシールドアーク溶接	アークエアガウジング	溶接及びろう付						
				重金属の溶接及びろう付	溶接及びろう付放散フラックスによる溶接(軽金属)(3)	酸素切断(2)				
1.2	散乱光又は側射光を受ける作業								―	―	雪、道路、屋根又は砂などからの反射光を受ける作業、赤外線灯又は殺菌灯などを用いる作業
1.4								―	―	
1.7								―	―	
2	散乱光又は側射光を受ける作業								―	―	
2.5								高炉、鋼片加熱炉、造塊などの作業	―	
3									―	アーク灯又は水銀アーク灯などを用いる作業
4	―	―	―	70以下	(4 d)	―	―	―	転炉又は平炉などの作業	―
5	30以下	―	―	70を超え200まで	70を超え200まで (5 d)	900を超え2000まで	―	―		―
6		―	―	200を超え800まで	200を超え800まで (6 d)	2000を超え4000まで	―	―		―
7	35を超え75まで	―	―	800を超えた場合	800を超えた場合 (7 d)	4000を超え6000まで	―	―		―
8	75を超え200まで	100以下	125を超え225まで				―	―		―
9							―	電気炉の作業		―
10		100を超え300まで	225を超え350まで				150以下			―
11	200を超え400まで						150を超え250まで			―
12		300を超え500まで	350を超えた場合				250を超え400まで	―		―
13	400を超えた場合							―		―
14		500を超えた場合						―		―
15								―		―
16								―		―

注 (1) 1時間当たりのアセチレン使用量(L)
(2) 1時間あたりの酸素の使用量(L)
(3) ガス溶接及びろう付の際にフラックスを使用する場合ナトリウム589nmの強い光が放射される。この波長を選択的に吸収するフィルタ(dと名付ける)を組み合わせて使用する。

例:4dとは遮光度番号4にdフィルタを重ねたもの。

備考 遮光度番号の大きいフィルタ(おおむね10以上)を使用する作業においては、必要な遮光度番号よりも小さい番号のものを2枚組み合わせて、それに相当させて使用するのが好ましい。
1枚のフィルタを2枚にする場合の換算は、次の式による。

$$N = (n_1 + n_2) - 1$$

ここに N:1枚の場合の遮光度番号
n_1, n_2:2枚の各々の遮光度番号

例:10の遮光度番号のものを2枚にする場合
10=(8+3)-1、10=(7+4)-1 など

第14章 溶接作業の安全衛生

二眼めがねタイプ　　　　オーバーグラスタイプ　　　　ゴグルタイプ

図14-1　遮光めがね

手持ち溶接面　　　　かぶり溶接面　　　　自動遮光液晶溶接面

図14-2　溶接用保護面

1.3　溶接ヒュームによる健康障害とその防止

(1) 溶接ヒュームについて

　ヒュームとは，高熱により気化した金属の蒸気が空気中で冷却され凝固することによって生成する微粒子で，鋳鉄などの出・注湯時や，金属の溶接及び溶断時によく発生する（図14-3）。溶接アークから発生する溶接ヒュームの場合，凝固した直後の一次粒子は粒径が数 nm〜100 nm 程度の球形粒子だが，それらは短時間で凝集して直鎖状の二次粒子になり環気中を浮遊する（図14-4）。溶接作業者がばく露するヒュームはこの二次粒子の方で，

図14-3　アークから発生する溶接ヒューム

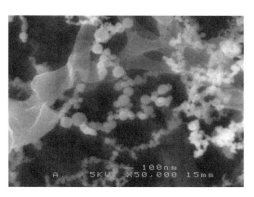

図14-4　電子顕微鏡で観察した溶接ヒューム

その粒径は空気動力学相当径（＝その粒子と終末沈降速度が等しい密度 1 g/cm³ の球の直径）として 0.1 μm ～ 1 μm 程度であるため，吸入すると肺胞など呼吸器の奥深くまで侵入しやすい。

　溶接ヒュームの発生量は，溶接方法，溶接条件，溶接材料などによって大きく異なるが，概ね以下のとおりである。なお，ろう付け作業でもヒュームは発生するが，溶接ヒュームと比べれば発生量はわずかである。

被覆アーク溶接	300 mg/min ～ 800 mg/min
ガスメタルアーク溶接	200 mg/min ～ 500 mg/min
フラックスコアード溶接	900 mg/min ～ 1,300 mg/min
セルフシールドアーク溶接	2,000 mg/min ～ 3,500 mg/min
ティグ溶接	3 mg/min ～ 7 mg/min

　溶接時に作業者がばく露するヒュームの気中濃度（ばく露濃度）も，溶接方法，溶接条件，溶接材料あるいは作業者の姿勢などによって大きく異なるが，一例として炭酸ガスアーク溶接（溶接電流 200 A，JIS Z 3312 ワイヤ使用，シールドガス流量 20 L/min）を行った際の平均ばく露濃度及び呼吸域近傍の濃度を示すと以下のとおりである。

ばく露濃度（溶接用遮光面体の内側における濃度）	16.4 mg/m³ ～ 29.5 mg/m³
呼吸域近傍濃度（溶接用遮光面体の外側表面における濃度）	70.0 mg/m³ ～ 141.9 mg/m³
呼吸域近傍濃度（作業者の襟元における濃度）	21.9 mg/m³ ～ 61.9 mg/m³

　溶接ヒュームの化学組成は，溶加材の組成を強く反映するが，全く同じ組成になる訳ではなく，溶加材中の蒸気圧が高い成分ほど多く含まれる性質がある。また，母材の表面にメッ

表14－4　溶接時に発生するヒュームの分析値（例）

成分		溶接棒 イルミナイト系（B-17）		低水素系（LB-52）	
		不溶性（％）	可溶性（％）	不溶性（％）	可溶性（％）
SiO₂	（二酸化珪素）	16.3	0.2	6.2	0.1
Al₂O₃	（アルミナ）	tr	tr	tr	tr
Fe₂O₃	（酸化第二鉄）	54.4	1.0	26.6	0.2
MnO	（酸化マンガン）	12.6	0.1	4.0	tr
TiO₂	（二酸化チタン）	1.9	tr	0.6	tr
CaO	（酸化カルシウム）	1.2	tr	12.8	tr
MgO	（酸化マグネシウム）	0.2	tr	0.2	tr
CO₂	（二酸化炭素）	0.2	0.2	0.2	0.5
BaO	（酸化バリウム）	－	－	0.3	tr
Na₂O	（酸化ナトリウム）	tr	4.9	tr	10.2
K₂O	（酸化カリウム）	tr	6.0	tr	16.9
F	（ふっ素）	－	－	5.7	12.5
小計（％）		86.8	12.4	56.6	40.4
総計（％）		99.2		97.0	

※　可溶とは，5分間沸騰水に溶解したもの。
※　tr とは，いずれも 0.05 % 以下を示す。

キや塗装が施されていた場合，その部分から蒸発した成分がヒュームの組成に影響を及ぼすことがある。例えば，ジンクリッチ・プライマを塗布した鋼板を溶接した場合，ヒューム中には酸化亜鉛（ZnO）が約10％～30％含まれることもある。表14－4に，溶接ヒュームの組成の分析結果（例）を示す。酸化鉄が主成分であることが，ヒュームを直鎖状に凝集させる原因の一つと考えられている。

（2） 溶接ヒュームによる健康障害

溶接ヒュームの吸入に起因した人体の健康障害には，以下のようなものが知られている。

a．金属熱

「金属ヒューム熱」と呼ぶこともある。主に，亜鉛を含んだヒュームを吸入した際に生じる急性中毒だが，鉄やステンレスの溶断時に発生するヒュームを吸引して発症することもある。一般的な症状として，咳，胸部圧迫感，口渇，知覚異常，発熱，悪寒，異常な発汗，吐き気，筋肉痛，脱力感などがあり，症状が似ていることから風邪と誤認されることがある。通常は作業中からその日の夜までに発症するが，1～3日程度で緩和し，後遺症をもたらすことも慢性化することも無い。日本では昭和30年代から，主に低水素系溶接棒から発生するヒュームを吸入した後に頭痛などの症状を起こすことが問題となり，その後，有害性を低減させた溶接棒が開発されている。

b．神経機能障害

溶接ヒューム中に含まれる塩基性酸化マンガン（MnO，Mn_2O_3）が肺から吸収されると，緩徐進行性（ゆっくりと病気が進行する）の神経機能障害（マンガン中毒）を引き起こす恐れがある。国内外で，溶接作業者に神経機能障害（初期には睡眠障害や感情障害，その後，振せん，動作緩慢，筋固縮，反射障害などのパーキンソン様症状や自律神経症状）を発症する事例が多数報告されたことから，厚生労働省では令和2年に溶接ヒュームを独立した特定化学物質（特化物）／管理第2類物質と位置付け，新たな規準濃度（＝マンガンとして0.05 mg/m^3；後述）を設定した。3カ月～3年のばく露期間で発症することが多いと言われる。

c．肺がん

溶接ヒュームと肺がんに関する数多くの疫学研究の結果，溶接ヒュームへのばく露による肺がん発症リスクの増加が認められたことから，国際がん研究機関（IARC）は平成29年に溶接ヒュームをGroup 1（ヒトに対して発がん性がある）に指定した。これを受け，令和3年に（公社）日本産業衛生学会も溶接ヒュームを発がん分類第1群（ヒトに対する発がん性に十分な証拠がある）に指定したが，未だ溶接ヒューム中に含まれる発がん物質の特定には至っていないことから，令和5年の時点で，溶接ヒュームは管理がさらに厳しい特別管理物質には指定されていない。

d．じん肺

肺に沈着した粉じん粒子が原因で肺組織が繊維化し，やがて呼吸困難を起こすのがいわゆ

るじん肺で，通常，数年から十数年をかけて進行する。初期には自覚症状が無く，肺機能検査で確認されることが多い。進行に伴って，気管支炎，肺がん，気胸，肺結核などの合併症を起こす恐れもある。溶接ヒュームを吸入することで起きるじん肺を特に「溶接工肺」「酸化鉄肺」と呼び分ける場合があり，ばく露環境を離れると所見が改善される唯一のじん肺と言われる。ただし，数十年に及ぶ長期にわたってばく露し続けると，肺がニカワのように硬くなり，溶接工肺であっても治療は不可能となる。

これらの健康障害の他にも，狭くて通気の悪い空間内で溶接を行って酸欠症や一酸化炭素中毒を起こした労災事例が国内外で報告されている。また紫外線放射量が大きいアルミニウム溶接ではオゾンが生成し易くなるため，同溶接に際してはオゾンばく露による健康障害（呼吸器への刺激）のリスクも見逃せない。

（3） 溶接作業及び溶接ヒュームの安全衛生に係る法令

現行の労働安全衛生規則，粉じん障害防止規則（粉じん則），特定化学物質障害予防規則（特化則），鉛中毒予防規則，酸素欠乏症等防止規則（酸欠則），じん肺法などには，溶接作業場の管理及び溶接ヒュームのばく露防止対策について記載がある。以下では粉じん則，特化則，酸欠則の三則について詳述する。

a．粉じん則

粉じん則では，労働者が粉じんにばく露する恐れのある作業を具体的に列挙して「粉じん作業」に分類し，それらに様々な規準を課している。また，粉じん作業の中で特に健康障害リスクの高い作業を別途「特定粉じん作業」と区分して，より厳しい規準を設けている。溶接作業（※この場合の「溶接」はアーク溶接を指す。したがって，抵抗溶接やレーザビーム溶接は除く。）は前者の粉じん作業に分類されているので，ばく露防止効果が比較的低い全体換気装置の使用が認められ，局所排気装置（以下，局排）やプッシュプル型換気装置は必ずしも設置する必要はない。また，溶接作業は特定粉じん作業ではないので6ヵ月毎の作業環境測定（A測定，B測定と呼ばれる場の測定）を行う法的義務はないが，作業者のヒュームばく露の抑制を目的として自主的に行う事業所は珍しくない。溶接ヒュームの作業環境測定において設定すべき管理濃度（E）は，同ヒューム中に遊離けい酸もしくは結晶質シリカが含まれる可能性がほぼ無いことから，$E = 3.0$ mg/m^3 とするのが一般的である。なお令和2年に溶接ヒュームが特化物管理第2物質に指定されたため，作業環境測定は従来どおり任意だが，次項で述べる個人サンプラー（図14-5）を使用した個人ばく露濃度の測定は必須となっている。

現行の粉じん則の中で，溶接ヒュームのばく露対策上ポイントになると思われる条項を以下に挙げる。

・全体換気装置による換気の実施又はこれと同等以上の措置を講じなければならない。（粉じん則第5条）

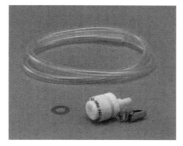
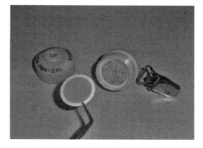

(a) サンプラー本体の外観と吸引用チューブ　　　　(b) 本体内部

図14−5　粉じん（溶接ヒューム）用 個人サンプラーの例

・作業場以外の場所に休憩設備を設けなければならない。労働者は，作業に従事したときは，休憩設備を利用する前に作業衣等に付着した粉じんを除去しなければならない。（同23条）

・屋内の作業場所については，毎日1回以上，清掃を行わなければならない。屋内作業場の床，設備等及び休憩設備が設けられている場所の床等は，たい積した粉じんを除去するため，1ヵ月以内ごとに1回，真空掃除機を用いて，又は水洗する等，粉じんの飛散しない方法で清掃を行わなければならない。（同24条）

・作業に従事する労働者に有効な呼吸用保護具を使用させなければならない。（同27条）

上記の第5条では全体換気もしくはそれと同等の措置を義務付けているが，全体換気装置の必要能力（換気量）は粉じんの発散の程度，作業場の構造，機械や設備の配置などによって異なるため，具体的な数値の定めは無い。「同等以上の措置」としては，粉じん発生源の密閉化および湿潤化，局排やプッシュプル型換気装置の設置などがある。

第24条では床掃除の頻度について「1ヵ月以内ごとに1回」と定めているが，令和2年以降は，後述する特化則においても掃除に関する規定が加わり，アーク溶接を行う作業場の床は「水洗等によって毎日1回以上掃除しなければならない」とされている。また，第24条は「粉じんの飛散しない方法で清掃」しなければならないと定めているが，清掃に従事する労働者に有効な呼吸用保護具を使用させれば，粉じんが飛散する方法（例えば，はたきをかけたり箒で掃いたりするなどの方法）で清掃を行うことも可能としている。

第27条には着用させる呼吸用保護具の性能（等級）についての記述は無いが，令和2年の溶接ヒュームの特化物指定に伴い，後述する特化則によって，溶接ヒュームの濃度測定の結果に基づく新たな保護具選定基準が設けられた。なお，令和5年の厚労省通達「防じんマスク，防毒マスク及び電動ファン付き呼吸用保護具の選択，使用等について」（基発0525第3号）では，溶接ヒュームの濃度測定結果に関わらず，使用するろ過式呼吸用保護具にはRS2，RL2，DS2，DL2以上のもの（粒径$0.06\ \mu m \sim 0.1\ \mu m$の塩化ナトリウム粒子もしくは粒径$0.15\ \mu m \sim 0.25\ \mu m$のフタル酸ジオクチル（DOP）ミストに対する粒子捕集効率が95％以上の防じんマスク）を選ぶよう，別途定めている。

溶接法

b．特化則

マンガン（正確には「マンガン及びその化合物（塩基性酸化マンガンを除く）」）には人体に神経機能障害を起こす危険のあることが知られており，以前から特化物管理第2類物質に指定されていたが，昨今，塩基性酸化マンガンにも同様の有害性が確認されたことから，厚労省は特化物の指定を「マンガン及びその化合物（塩基性酸化マンガンを除く）」から「マンガン及びその化合物」に改めると共に，新たに「塩基性酸化マンガン」と「溶接ヒューム」を第2類物質に加えた。したがって現在，溶接作業場は粉じん則の，溶接ヒュームは特化則の対象になっている。現行の特化則の中で，溶接ヒュームのばく露対策上ポイントになると思われるものは，以下の各条項である。

- 「特定化学物質及び四アルキル鉛等作業主任者技能講習」を終了した者のうちから作業主任者を選任しなくてはならない。全体換気装置等を，1ヵ月を超えない期間ごとに1回点検する。保護具の使用状況を監視する。（特化則第27, 28条）
- 個人ばく露測定により，空気中の溶接ヒュームの濃度を測定しなければならない。（同38条の21第2項）
- 事業者は，アーク溶接等作業に労働者を従事させるときは，厚生労働大臣の定めるところにより，当該労働者に有効な呼吸用保護具を使用させなければならない。（同38条の21第7条項）
- 事業者は，アーク溶接等作業に労働者を従事させるときは，当該作業場の床等を水洗等によって毎日1回以上掃除しなければならない。（同38条の21第11条項）
- 雇入れ又は当該業務への配置替えの際及びその後6月以内ごとに1回，定期に，規定の事項について健康診断を行わなければならない。健診結果は5年間保存する。（同39～42条）

なお，特化則が義務付ける溶接ヒュームの濃度測定は，その規準濃度が「マンガンとして0.05 mg/m^3」と定められていることから，実際は気中マンガンのばく露濃度測定を行うことになる。後述するように，労働者に使用させる呼吸用保護具はこの測定結果に基づいて等級の選定を行わなければならず，令和2年厚生労働省告示第286号（第38条の21第7項関係）により，選定後の保護具に対してはフィットテスト（呼吸用保護具の密着具合，漏れ込みの有無を，測定機器を用いて評価する試験）の実施が義務付けられている。

特化則第38条の21（金属アーク溶接等作業に係る措置）に則り溶接作業場で行うべき具体的な必要措置の流れを図14-6に示す。当措置の対象になるのは「金属アーク溶接等作業を継続して行う屋内作業場」であり，かつ「新たな金属アーク溶接等作業の方法を採用するとき または 溶接方法を変更しようとするとき」だが，これには令和4年3月末までを期限とする経過措置が取られていたため，現在国内で溶接を行っている事業所は令和4年度末までに最低1回の溶接ヒューム濃度測定を（第1種作業環境測定士もしくは作業環境測定機

第14章 溶接作業の安全衛生

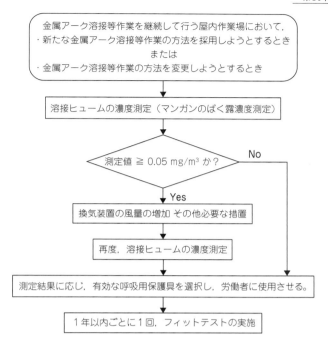

図14－6 特化則第38条の21が定める必要な措置の流れ

関を通じて）実施していることになる。

ヒューム濃度測定時の試料空気を採取する際は呼吸域（＝溶接用遮光面体の内側）から行うよう定められているので，通常，サンプラーは図14－7に示したように取り付ける。図中(a)のように，伸縮性のヘッドバンドと留め具を使ってサンプラーを側頭部から口元近くに懸垂させると良いが，(b)のように留め具等を利用して面体の内側に直接サンプラーを取り付けても良い。

（a）

（b）

図14－7 溶接ヒューム用個人サンプラーの取付け方法（2例）

サンプラーを装着する労働者は1作業場当たり2名以上とし，溶接等作業に従事する全労働時間にわたって採取することになっている。採取し終えたヒュームを分析した結果，「マンガンとして 0.05 mg/m³」を超える測定値があった場合は，当該作業場の全体換気装置の

233

溶接法

排気風量を増加させる，もしくは「その他必要な措置」を講じ，その後，2回目の溶接ヒュームの濃度測定を行う。2回目の測定で得られたマンガン濃度の最大値（C）を以下の計算式に代入して要求防護係数（PFr）を算定し，

$$PFr = C / 0.05$$

この要求防護係数を上回る指定防護係数（表14－5）の呼吸用保護具を市販製品の中から選定して，労働者に着用させる。なお，全体換気装置の風量増加は，ばく露濃度の低減に実質的な効果はほとんどないので，「マンガンとして 0.05 mg/m³」を超えた場合には，「その他必要な措置」を講じることが現実的な選択になる。特化則第38条の21第3項では，その措置の具体策として，溶接方法及び溶接材料等の変更や，集じん装置や移動式送風機の利用などを例示している。

表14－5　ろ過式呼吸用保護具の指定防護係数（抜粋）

呼吸用保護具の種類				指定防護係数
防じんマスク	取替え式	全面形面体	RS3，RL3	50
			RS2，RL2	14
			RS1，RL1	4
		半面形面体	RS3，RL3	10
			RS2，RL2	10
			RS1，RL1	4
	使い捨て式		DS3，DL3	10
			DS2，DL2	10
			DS1，DL1	4
電動ファン付き呼吸用保護具（P-PAPR）	面体形	全面形面体	S級　PS3，PL3	1,000
			A級　PS2，PL2	90
			A級，B級　PS1，PL1	19
		半面形面体	S級　PS3，PL3	50
			A級　PS2，PL2	33
			A級，B級　PS1，PL1	14
	ルーズフィット形（フード形またはフェイスシールド形）		S級　PS3，PL3	25
			A級　PS3，PL3	20
			S級，A級　PS2，PL2	20
			S級，A級，B級　PS1，PL1	11

（詳しくは，令和5年 厚生労働省通達 基発0525 第3号 等を参照）

図14－6の流れの中で，2回目のヒューム濃度測定の結果に対する基準値もしくは目標値などは規定されていないので，保護具の選定のみがヒューム濃度測定の目的と誤解されることもあるが，1回目の測定後に改善措置を講じてできる限りヒュームのばく露濃度を下げておかないと，結果的に大きな指定防護係数の保護具（＝高額な保護具）を選定することに

なり経済的不利益を招く恐れがあるので、改善を疎かにしてはならない。

こうして選定した保護具が面体を有する物であった場合は、1年以内ごとに1回、JIS T8150（呼吸用保護具の選択、使用及び保守管理方法）に則ってフィットテストを行う必要がある。このテストでは、当該保護具を労働者に着用させ、通常、図14-8に示すような装置（マスクフィットテスター）を用いて、保護具の内側と外側における大気粉じん等の濃度を測定する。得られた測定値を以下の式に代入してフィットファクターを算出し、

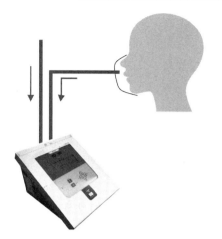

図14-8　フィットテストに用いる装置の例

（フィットファクター）＝（保護具**外**側の粉じん濃度）／（保護具**内**側の粉じん濃度）

当該保護具が全面形面体を有する物ならばフィットファクターが500を、半面形面体を有する物ならば100を超えているか確認する。フィットファクターが500もしくは100を下回った場合は、労働者の顔と保護具との密着性が不十分であることを意味するので、装着法の指導を受けるか、より顔面に合った形状・大きさの保護具を選び直すなどして、密着性を確保する。フィットテストを終えたら、その結果（テストを受けた労働者の氏名、テストを実施した日時、装着の良否、テストを外部に委託して行った場合は受託者の名称　等）を3年間保存する。

c．酸欠則

コンクリート床に埋設された排水管を補修するため床にハツリ穴を開けその内部でティグ溶接を行ったところ、裏ガスとして排水管の内側に封入していたアルゴンガスがハツリ穴内部に漏出・充満し、溶接工が酸素欠乏症になるという事故が過去に発生している。同様に、タンク内でアルゴン溶接を行っていた作業員が、裏ガスとして封入していたアルゴンガスの漏出により酸欠死した被災例もある。このように、発生頻度自体は少ないものの、溶接作業には酸欠事故のリスクを伴い、最悪死亡災害に至る場合もあることから、酸欠則では以下の規定を設けている。

・酸素欠乏危険場所＊については、作業開始前に空気中の酸素濃度を測定しなければならない。（酸欠則第3条）
・タンク、ボイラー又は反応塔の内部その他通風が不十分な場所において、アルゴン、炭

＊　労働安全衛生法施行令第21条第9号別表第6では、酸素欠乏危険場所の一つに「ヘリウム、アルゴン、窒素、フロン、炭酸ガスその他不活性の気体を入れてあり、又は入れたことのあるボイラー、タンク、反応塔、船倉その他の施設の内部」を挙げている。

溶 接 法

酸ガス又はヘリウムを使用する溶接作業に労働者を従事させるときは，換気によって酸素濃度を18％以上に保つか，労働者に空気呼吸器等を使用させなければならない。（同21条）

第3条に従い作業前にタンク内部等の酸素濃度を測定する際は，測定者自身が酸欠空気を吸入しないよう，酸素濃度計を紐などに結び付けるか棒などの先に取り付けてタンク内に吊り降ろし，安全な場所から測定を行うなどの工夫が必要である。

換気に際しては，図14－9のようにポータブルファンとフレキシブルダクトを併用して外から新鮮な空気を送り込み，内部の酸欠空気を押し出す方法（第2種換気）が，吸い出す方法（第3種換気）よりも効果的である。また，酸欠防止のために行う換気は一酸化炭素中毒の防止にも有効である。

作業中の不測の酸素濃度の低下に備え，作業者には図14－10に示すような小型の酸素濃度計（携帯型検知警報機）を着用させると良い。

図14－9　通風が不十分な場所での溶接作業に対する換気の例

図14－10　携帯型酸素計の使用例

第21条にある「労働者に使用させる空気呼吸器」とは，送気マスクや自給式呼吸器（ボンベに充てんされている空気を着用者に供給する方式の空気呼吸器）を指す。防毒マスクに酸素欠乏症を防ぐ効果はないが，酸欠空気を有毒ガスと誤認して，防毒マスクを着用して酸素欠乏危険場所に立ち入り死亡災害に至った事例があることから，注意が必要である。

（4）溶接ヒュームに対するばく露対策の原則

溶接ヒュームに限らず，作業環境における気中有害物質へのばく露対策を考える際には，以下に示す優先順位に基づいて行うのが鉄則である。

1．有害物質の使用中止 もしくは 低毒性物質への代替
2．作業工程の見直し
3．工学的対策（工場換気）
4．管理的対策
5．保護具の使用

溶接ヒュームは原材料ではなく，溶接作業に伴い不可避的に発生する副生産物なので，「使用中止」や「代替」の対象ではない。したがって，溶接ヒュームのばく露対策を進める上で最初に検討すべきは，2番目に挙げた「作業工程の見直し」になる。具体的には，溶接の方法，条件，材料などを見直して，ヒュームへのばく露もしくは発生量や毒性を低減できないか検討する。同時に，溶接作業の自動化，隔離・密閉化が可能かも検討する。

　種々の理由で「作業工程の見直し」が実施困難もしくは効果を発揮しないと判断された場合は，その次善策として「工学的対策」の実施を検討する。具体的には，局排（ヒュームコレクター等を含む）もしくはプッシュプル型換気装置の導入，吸引トーチや送風機の利用，全体換気の実施を検討する。ただし，溶接作業はその特殊性（ヒューム発生源が移動する，ガスシールドアーク溶接の場合にはアーク点近傍における強い気流が不可など）により，換気装置や送風機の適用が困難となる場合も多い。

　4番目の「管理的対策」とは，就業規則や作業標準に基づいて労働時間を制限して労働者のばく露の低減を図るというもので，有害・危険作業における交代勤務制の導入も含まれる。

　5番目に挙げた保護具は，それより上位の対策によって十分なばく露の低減が実現しない場合において採用すべきものである。現実には，防じんマスクなどの保護具によって溶接ヒュームから労働者を保護せざるを得ない事業所が多くあるものの，保護具はあくまでも"最後の砦"として位置付けられるものである。優先して行うべきは作業環境の整備や改善と心得るべきであり，防じんマスクに頼る対策を先んじてはいけない。

（5）　溶接作業場のリスクアセスメント

　上述のとおり，溶接ヒュームは特化則の対象物質（抵抗溶接やレーザ溶接から発生するヒュームは除く）なので，同則に従った評価や措置の履行が求められるが，溶接作業場には他にも感電，火傷，爆発，熱中症，騒音性難聴のような労働災害につながる物理的危険因子（リスク）が存在する。このようなリスクを，作業手順書，装置・機械の取扱説明書，ヒヤリハット事例の収集と共有化，危険予知活動（KYK），安全当番制度，安全朝礼，ツールボックス・ミーティングなどによって自律的に洗い出し，災害に至る前に低減もしくは排除すれば，災害の予防に対して大いに有効である。リスクアセスメントとは，このようにリスクを特定し，リスクの大きさに応じた改善措置と優先度を検討し，その改善措置を実行し，実行後には結果と効果の検証をするまでの主体的な取り組みなので，事業所の安全衛生計画に盛り込み計画的に実施することでより実効性のあるものとなる。労働安全衛生法第28条の2では「溶接作業を行う製造業，建設業等の事業者はリスクアセスメントの実施に努めなければならない」と定めており，平成18年度以降，リスクアセスメントの実施は該当する事業所において努力義務となっている。

1.4 その他の障害とその防止

アークの高熱や溶接部から飛び散るスパッタから身体を保護するため，かわ手袋，腕カバー，前掛け（エプロン），足カバーなどが必要である。かわ手袋はスパッタやスラグなどによるやけどを防止するために，JIS T 8113：1976 に定められたもので，1種（ひじまで）のものを用いる。

2 m 以上の高さで行う溶接作業では，溶接機に自動電撃防止装置を付けるとともに，墜落制止用器具の使用が義務づけられている。

1.5 爆発

ガス溶接・切断作業では，爆発や火災，やけどのほか，作業中に発生する有毒ガスやヒューム，有害光による障害など数多くの災害を発生しやすい。したがって，これらの原因をよく理解し，安全作業を心がけなければならない。

(1) 可燃性ガスの爆発

可燃性ガスが空気中に漏れ，密閉された室内などで爆発性混合ガスが生成されたときには，何らかの点火源によって爆発を生じる。

可燃性ガスは空気と混合した場合よりも酸素と混合した場合のほうが爆発限界は広くなり，爆発の危険性は増大する。代表的な可燃性ガスの爆発限界を表14－6に示す。こうした災害に対しては，

① ガス漏れのない器具を使用する
② 密閉された室内などには器具を放置せず，風通しのよい場所に持ち出しておくなど注意する。

(2) アセチレンの分解爆発

アセチレンは加圧すると，炭素と水素に分解しやすく，分解熱を発生して爆発を起こす。したがって，アセチレンはゲージ圧力 0.13 MPa 以下で使用しなければならない。

(3) 銅アセチライドによる爆発

銅をアセチレンに長く接触させた状態で生成する銅アセチライドは，乾燥すると摩擦や加熱（120 ℃）で容易に爆発する。特に，銅アセチライドは，銅の表面が腐食していると生成しやすい。一方，銅含有量が少ない合金（70％以下）では，アセチライドができたとしても非常に薄く，金属に固着しているので摩擦や加熱で発火することはない。したがって，アセチレン溶接装置のアセチレンに接触する恐れのある部分及び溶解アセチレンの集合装置の配管，付属器具については，銅または銅を70％以上含む合金を使用してはならない（労働安全衛生規則第311条参照）。

表 14-6　可燃性ガスの燃焼に関する性質

ガス名	分子中の炭素の結合形	1℃, 1気圧(1013hPa)のガス1 m³の総発熱量 (kJ/m³)	燃焼理論的酸素量 (m³/m³O₂)	発火温度(℃) 空気中	発火温度(℃) 酸素中	爆発限界(Vol.%) 空気との混合 下限界	爆発限界(Vol.%) 空気との混合 上限界	爆発限界(Vol.%) 酸素との混合 下限界	爆発限界(Vol.%) 酸素との混合 上限界	最高火炎速度 (m/s)	理論火炎温度 (℃)
水　　　　素	－	13	0.5	500		4.0	75	4	95	3.06	2,217
アセチレン	C≡C	59	2.5	305		2.5	100	2.3	100	1.63	2,586
エチレン	C=C	64	3.0	490	485	2.7	36	2.9	80	0.79	2,102
メチルアセチレン	C-C≡C	86	4.0			1.7	16			0.81	2,199
プロパジェン	C=C=C	88	4.0			2.16	14.8			0.85	2,188
プロピレン	C-C=C	94	4.5	460	423	2.4	11	2.1	53	0.56	2,066
プロパン	C-C-C	102	5.0	450		2.1	9.5	2.25	57	0.45	1,977
ビニルアセチレン	C=C-C≡C		5.0			2.0	100	1.7	100		
1,3-ブタジエン	C=C-C=C	118	5.5	420	335	2.0	12	1.8	58	0.67	2,141
ブチレン	C=C-C-C	125	6.0	385	310	1.6	10			0.50	2,046
イソブチレン	C=C<C,C	124	6.0	465		1.8	9.6				
ブタン	C-C-C-C	129	6.5	405	283	1.85	8.5	1.8	49	0.44	1,983
イソブタン	C-C<C,C	132	6.5	460	319	1.8	8.4	1.8	48		

注 1) ガスの総発熱量は, ガスの燃焼生成物である水と炭酸ガスが25℃, 1気圧になったときの発熱量を示す。
　 2) 発火温度は, 測定方法によってかなり異なるので, これらの値は相対的な一応の目安を示すものである。
　 3) 爆発限界は, 常温, 1気圧における測定値を示すが, これらの値は測定方法 (特に点火源の強弱) により多少異なることがある。
　 4) 空欄は, データが少ないものである。

溶接法

（4） その他の爆発

酸素ホースの内面のゴムや内部にたまったすすは，逆火や静電気などによる点火で爆発したりすることがある。このため，乾燥空気や窒素などを用いて定期的にホース内部を清掃する必要がある。

ドラム缶などの容器や化学設備の配管の修理の際，残存する引火性，爆発性の液体や気体は，溶接や切断の火花により火災や爆発を起こすことがある。このような場合は，

① 容器や配管を完全に洗浄する
② 内部を窒素ガスで置換する
③ 内部に水を注入する

などの対策を行わなければならない。

その他，溶接や切断の火花により，穀物粉やプラスチック粉，アルミニウム粉などの貯蔵タンクでは火災を発生したり，粉じん爆発を起こすことがある。このような場所での作業は，タンク内の粉を完全に除去し，散水などの対策をしなければならない。

1.6 火炎加工作業の安全衛生

ガスによる溶接や切断作業では，火花を飛散させることは避けられず，この火花により火災ややけどの危険がある。したがって，火花の飛散を考慮して作業場周辺の燃えやすいものを遠ざけたり，火花受けや防炎シートを用いる，難燃性の作業服を着用するなどの安全を考慮する必要がある。また，消火器を準備するなどの対策を講じなければならない。図14-11及び図14-12は，ガス切断の作業状態と火花の飛散状態の関係を示したものである。

特に，火炎加工においては，高温の火炎からの有害光に対し適正な遮光めがねを使用しなければならない。また，銅合金や亜鉛めっき鋼板，塗装鋼板などの溶接や切断作業では，ヒュームや中毒性ガスを発生するため通風や換気，作業に適した防毒マスクや防じんマスクの使用などに注意しなければならない。

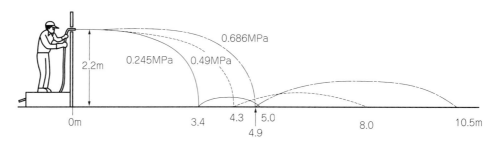

図14-11　ガス切断火花の飛散例（水平）

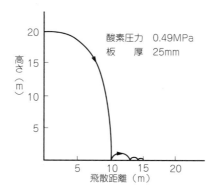

図14-12 ガス切断火花の飛散例（垂直）

第14章の学習のまとめ

電撃や可燃性ガスによる爆発などは，人命にかかわる大きな災害になる可能性があり，それらの危険性がある作業では法令を守り，十分な注意が必要である。

【練習問題】

次の各問に答えなさい

（1）アーク溶接作業時の感電防止対策について正しいものは次のうちどれか，選びなさい。
　① 無負荷電圧の高い溶接機を使用すること。
　② 自動電撃防止装置付きの溶接機を使用すること。
　③ 保護具，保護衣は作業内容によっては着用しなくてもよい。

（2）アーク光に含まれる光の種類について間違っているものは次のうちどれか，選びなさい。
　① 紫外線　② ブルーライト　③ X線

（3）アセチレンガスと酸素の混合時の爆発下限界（Vol.%）について正しいものは次のうちどれか，選びなさい。
　① 2.3　② 2.4　③ 2.5

（4）ガス溶接・切断作業で発生しやすい災害について正しいものは次のうちどれか，選びなさい。
　① やけど　② きれ・こすれ　③ 感電

（5）ガス溶接・切断作業での火花飛散を考慮した安全対策として述べているものは次のうちどれか，選びなさい。
　① 防炎シートを用いる。
　② 作業場を換気する。
　③ ポリエステルの割合が多い作業服を着用する。

【資　　　料】

- 溶接技能(者)の資格試験比較
  - 溶接用語
  - 溶接欠陥

溶　接　法

資料1　溶接技能（者）の資格試験比較

　溶接技能者資格として，最も一般的なものは，一般社団法人　日本溶接協会が主催する『溶接技能者の資格認証基準』がある。
　主な種類は，手溶接（アーク溶接等）・半自動溶接・ステンレス鋼溶接であるが，これら以外にもチタン，プラスチック溶接，銀ろう付技能者資格がある。

一般社団法人　日本溶接協会HP（https://www.jwes.or.jp/）

　アルミニウム材の溶接検定試験は，一般社団法人　軽金属溶接協会が主催するアルミニウム溶接技能者資格認証があり，ティグ溶接とミグ溶接がある。

一般社団法人　軽金属溶接協会HP（https://www.jlwa.or.jp/index.html）

このほかにも，

・一般社団法人 AW 検定協会が主催する工場溶接技能者・工事現場溶接技能者・鋼管溶接技能者・溶接ロボットオペレータの技量検定試験

一般社団法人　AW 検定協会（https://www.aw-kentei.or.jp/index.html）

・一般財団法人　日本海事協会が主催する造船・舶用工業分野特定技能試験（特定技能1号試験・特定技能2号試験）

一般財団法人　日本海事協会HP（https://www.classnk.or.jp/hp/ja/index.html）

・公益社団法人　石油学会が主催する溶接認定事業

公益社団法人　石油学会HP（https://sekiyu-gakkai.or.jp/jp/index.html）

・公益社団法人　安全衛生技術試験協会が主催する普通ボイラー溶接士・特別ボイラー溶接士免許試験

公益社団法人　安全衛生技術試験協会HP（https://www.exam.or.jp/index.htm）

・公益社団法人　日本鉄筋継手協会が主催する，鉄筋溶接技量検定試験

公益社団法人　日本鉄筋継手協会HP（https://jrji.jp/）

・高圧ガス保安協会が自主的に実施する冷凍機器溶接士の認定

高圧ガス保安協会HP（https://www.khk.or.jp/）

・NPO 法人日本エンドタブ協会が主催する受講資格証（溶接技能者）

NPO 法人日本エンドタブ協会HP（https://www.endtab.or.jp/）

等，各種試験が存在する。

資料2　溶　接　用　語

用　語	意　味	図　示
溶接金属	溶接後，固まった（凝固）金属	
熱影響部 （HAZ，ハズ）	溶接などの熱で金属組織や機械的性質などが変化した，溶融していない母材の部分	溶接金属（母材融合部＋溶着金属） 熱影響部
溶着金属	溶接棒や溶接ワイヤが溶融して溶接部に移行した金属	
溶込み（ペネトレーション）	母材が溶融した部分の最深部と母材の表面との距離	溶込み
クレータ	溶接ビードの終端にできるくぼみ	クレータ 始端　→　溶接方向　→　終端
スパッタ	溶接中に飛散するスラグ及び金属粒	スパッタ アーク
余盛（よもり）	突合せやすみ肉溶接で，溶着金属が母材の表面より盛り上がった部分	止端　余盛 のど厚 止端
止端（したん）	母材の表面と溶接金属の表面が交わる境界	
脚長（きゃくちょう）	すみ肉溶接のルートから止端までの距離	のど厚 止端　余盛 脚長　止端 脚長
のど厚	すみ肉溶接や突合せ溶接で，ルートから止端間を結ぶ直線までの最短距離	

溶 接 法

資料3　溶 接 欠 陥

用　　語	意　　味	図　　示
アンダカット	母材と溶接金属の境界にできる溝	
オーバラップ	溶着金属が止端で母材に融合しないで重なった部分	
ブローホール（気孔）ピット	溶着金属の内部に，ガスによってできたほぼ球状の空洞 ビードの表面にできた小さなくぼみ穴	
スラグ巻込み	被覆剤や溶融したスラグが，溶着金属又は母材との融合部に残った部分	
溶込み不良	溶接継手の溶け込んでいない部分	
融合不良	溶接面が十分に溶け合っていない部分	
溶接割れ	冷却や応力の影響で発生する不連続部。縦割れ，横割れなどさまざまな種類の割れがある。	

【練習問題の解答】

第1章
　（1）③　　（2）③　　（3）①　　（4）③

第2章
　（1）③　　（2）②　　（3）①　　（4）③　　（5）②

第3章
　（1）②　　（2）③　　（3）①　　（4）②　　（5）③

第4章
　（1）①　　（2）②　　（3）②　　（4）②　　（5）③

第5章
　（1）①　　（2）③　　（3）②

第6章
　（1）③　　（2）②　　（3）③　　（4）②　　（5）①

第7章
　（1）②　　（2）③　　（3）②

第8章
　（1）①　　（2）②　　（3）①　　（4）②　　（5）③

第9章
　（1）③　　（2）②　　（3）③　　（4）①　　（5）①

第10章
　（1）②　　（2）①　　（3）②

第11章
　（1）①　　（2）②　　（3）①　　（4）②　　（5）②

第12章
　（1）③　　（2）②　　（3）③　　（4）①　　（5）②

第13章
　（1）②　　（2）①　　（3）②　　（4）③　　（5）②

第14章
　（1）②　　（2）③　　（3）①　　（4）①　　（5）①

索　　引

あ行

アーク柱電圧	8
アークの負抵抗特性	8
アーク溶接ロボット	102
アークろう付	95
アセチライド	53, 238
アセチレン	52, 109, 238
圧力調整器	57
アプセット溶接	80
安全器	62
安全弁	54
アンダカット	201
１形切断器	109
陰極降下電圧	8
インジェクタ	60
Ａ形溶接器（ドイツ式）	60
鋭敏化	153
液化石油（LP）ガス	53
円弧補間	105
炎ろう付け	93
エンドタブ	198
オーステナイト系	145, 150
オーバラップ	202
黄銅	187
応力除去焼なまし	130
応力腐食割れ	153
オフラインピアシング法	119
オンラインピアシング法	119

か行

カーフ幅	118
回転変形	205
ガウジング	114
角変形	205
ガス圧接	84
ガス集合装置	56
ガス切断	5, 109
ガス切断面	116
ガス容器	54
ガス溶接装置	54
活性化ティグ溶接	32
可動鉄心形交流アーク溶接機	11
可溶合金栓	55
完全溶込み溶接	195
キーホール溶接	72
機械的締結（接合）法	1
逆火	62
逆ひずみ法	207
逆火防止器（乾式安全器）	63
逆流	62
近接効果	82
銀ろう	97, 188
くさび状加熱法	209
くぼみ（インデンテーション）	77
クリーニング作用	26
クリープ	138
グルーブ	194
グロビュール移行	36
クロム系ステンレス鋼	145
クロム炭化物	150
クロムニッケル系ステンレス鋼	145
高温ぜい化	150
高温割れ	202
高周波溶接	82
孔食	153
後進溶接	43
後退法	208
高炭素鋼	128
後熱	130
高能率溶接棒	156
交流ティグ溶接法	170
黒鉛（グラファイト）	158
コロナボンド	77

さ行

３形切断器	110
酸素	51
酸素アーク切断	6
三段当たり火口	111
残留応力	203
シートセパレーション	77
シーム溶接	80
シェフラーの組織図	154
磁気吹き	13
シグマ相ぜい化	149
自己制御作用	40
自動ガス切断機	111
ジュール熱	75
手動ガス切断器（切断吹管）	109
手動ガス溶接器（溶接吹管）	60
消耗電極方式	7, 35, 47
使用率	10
真ちゅう	187

親和力	19
垂下特性	9
垂下特性電源	40
水中切断	115
水封式安全器	62
スカーフィング	115
すきま腐食	153
ステンレス鋼	145
ストロングバック	199
スプレー移行	37, 47
スポット溶接用ロボット	102
すみ肉溶接	196
スラグ巻込み	202
スロット溶接	196
制御圧延鋼（TMCP鋼）	134
青銅	187
セス（SES）法	101
接触角	92
接触抵抗	76
セルフバーニング現象	122
線状加熱法	209
センシング機能	104
前進法	208
前進溶接	43
全面腐食	152
粗粒域	134

た行

対称法	208
耐食性	152
タック溶接	198
脱酸銅	187
縦収縮	204
タフピッチ銅	187
炭酸ガスレーザ	86
炭素含有量	126
断続すみ肉溶接	196
炭素鋼	125
炭素当量（Ceq）	134
短絡移行	181
チタン酸化物	181
中炭素鋼	128
鋳鉄	158
超音波圧接法	83
調質高張力鋼	132
直線補間	105
散り	77
突合せ溶接	196
ティーチング	102, 104

低温割れ	203
抵抗溶接	75
抵抗ろう付	95
ディップろう付	95
定電圧特性電源	40
点加熱法	209
電撃防止装置	14
電磁誘導作用	10
導管	59
特殊青銅	187
溶込み深さ	77
溶込不良	202
飛石法	208

な行

ナゲット	77
軟鋼	126
ニードルバルブ（針弁）	61
ぬれ性	92
熱影響部	134, 217
熱切断	5, 109

は行

バーンバック	40
HT（ハイテン）	132
パウダ切断	6
破壊試験	213
白銑化	158
爆発限界	52, 238
発火温度	52
パルス制御機能	28
パルス電流	47
パルスミグ溶接法	47
B形溶接器（フランス式）	60
ピーニング法	208
光ビームろう付	95
非消耗電極方式	25
ひずみ	203
非調質高張力鋼	132
ピックアップ	77
ピット	202
非破壊試験	218
ヒューム	22, 120, 227
疲労限度	216
ピンチ力	36
フェライト系	145, 149
不動態化	145, 152
部分溶込み溶接	195
プラグ（栓）溶接	196

溶接法

プラズマ切断	5, 117
フラックス	18, 96
フラックス入りワイヤ	35, 67, 128, 157
フラッシュ溶接	81
ブローホール	202
プロジェクション溶接	79
分解爆発	52, 238
ベース電流	28, 47
ベベル角	118
棒プラス	26
棒マイナス	26
棒焼け	156
ボンドフラックス	70

ま行

マイクロソルダリング	98
摩擦圧接	82
摩擦かくはん接合（FSW）	90
マルテンサイト系	145, 149
無酸素銅	187
無負荷電圧	9
漏れ磁束	11

や行

冶金的接合法	1

YAGレーザ	87
融合不良	202
誘導加熱ろう付	94
陽極降下電圧	8
溶体化処理	153
溶融フラックス	70
横収縮	204
予熱	130, 198
475℃ぜい化	149

ら行

粒界腐食	153
臨界電流	37, 47
レーザ切断	121
レーザ溶接	85
連続すみ肉溶接	196
ロールスポット溶接	80
ろう	96
漏電遮断器	17
炉内ろう付	93

わ行

ワーク精度	103

【出 典 一 覧】

JIS C 9300-1：2020　アーク溶接装置—第1部：アーク溶接電源（表2-1）
JIS C 9311：2011　交流アーク溶接電源用電撃防止装置（表2-4）
JIS G 3523：1980　被覆アーク溶接棒用心線（表2-6）
JIS G 4053：2023　機械構造用合金鋼鋼材（表11-9）
JIS G 4305：2021　冷間圧延ステンレス鋼板及び鋼帯（表11-16，11-17，11-18）
JIS H 4000：2022　アルミニウム及びアルミニウム合金の板及び条（表11-26，11-30）
JIS H 4600：2012　チタン及びチタン合金-板及び条（表11-38，11-39，11-40）
JIS H 5202：2010　アルミニウム合金鋳物（表11-27）
JIS H 5302：2006　アルミニウム合金ダイカスト（表11-28）
JIS Z 3001-1：2018　溶接用語—第1部：一般（図12-3）
JIS Z 3121：2013　突合せ溶接継手の引張試験方法（図13-1）
JIS Z 3122：2013　突合せ溶接継手の曲げ試験方法（図13-2，13-3）
JIS Z 3211：2008　軟鋼，高張力鋼及び低温用鋼用被覆アーク溶接棒（表2-7／図11-10）
JIS Z 3221：2021　ステンレス鋼被覆アーク溶接棒（表11-14）
JIS Z 3223：2010　モリブデン鋼及びクロムモリブデン鋼用被覆アーク溶接棒（表11-11，11-12，11-13／図11-11）
JIS Z 3231：2007　銅及び銅合金被覆アーク溶接棒（表11-49）
JIS Z 3233：2001　イナートガスアーク溶接並びにプラズマ切断及び溶接用タングステン電極（表3-3）
JIS Z 3252：2012　鋳鉄用被覆アーク溶接棒，ソリッドワイヤ，溶加棒及びフラックス入りワイヤ（表11-25）
JIS Z 3261：1998　銀ろう（表11-51）
JIS Z 3262：1998　銅及び銅合金ろう（表11-52）
JIS Z 3312：2009　軟鋼，高張力鋼及び低温用鋼用のマグ溶接及びミグ溶接ソリッドワイヤ（表4-2）
JIS Z 3341：2007　銅及び銅合金イナートガスアーク溶加棒及びソリッドワイヤ（表11-50）
JIS Z 3351：2012　炭素鋼及び低合金鋼用サブマージアーク溶接ソリッドワイヤ（表11-14，11-15）
JIS Z 3604：2016　アルミニウムのイナートガスアーク溶接作業標準（表11-31，11-32，11-34，11-35，11-36）
WES 3001：2012　溶接用高張力鋼板（表11-6）
WES 7102：2012　チタン及びチタン合金イナートガスアーク溶接作業標準（表11-42）
Q＆Aレーザ加工（ハイテク文庫②）　浦井直樹，西川和一，産報出版（図10-21，10-22）
絵とき「レーザ加工」基礎のきそ　新井武二，日刊工業新聞社（図9-5）
厚生労働省　職場の安全サイト［安全衛生キーワード］感電（表14-1）
最新溶接ハンドブック（昭和58年改訂版）　鈴木春義，山海堂，（表2-5）
新版 JISステンレス鋼溶接 受験の手引　日本溶接協会出版委員会編　産報出版（表11-19，11-20，11-21，11-23）
新版 接合技術総覧　産業技術サービスセンター（図9-18　図9-19）
新版 ティグ溶接法の基礎と実際　産報出版（図3-3）
新版 溶接・接合技術特論　産報出版（図2-5）
チタンの加工技術　（社）チタニウム協会編　日刊工業新聞社（表11-48）
プラズマ切断の基礎と実際　（社）日本溶接協会編，産報出版（図10-18，10-19，10-20）
溶接技術　1987.2月号　産報出版（表11-43）
溶接技術　1987.3月号　産報出版（表11-44，11-45，11-46，11-47／図11-21）
溶接技術　1988.6月号　産報出版（表10-5，10-6）

溶　接　法

溶接技術　2000.4月号　産報出版（表 11-37，11-41）
溶接技術　2001.6月号　産報出版（図 9-7）
溶接技術　2003.5月号　産報出版（図 9-8，9-9）
溶接技術　2004.11月号　産報出版（図 9-10）
溶接・接合技術　溶接学会編，産報出版（図 8-3，8-7，8-8，11-7，11-9，12-8）
溶接法の基礎（溶接全書 2）　荒田吉明，西口公之，産報出版（図 8-10，8-12）

株式会社日本光器製作所（図 14-2 左中）
三立電器工業株式会社（図 2-11）
山本光学株式会社（図 14-1，14-2 右）

【参 考 文 献】

新版 JIS 手溶接 受験の手引　日本溶接協会編　産報出版
新版 JIS 半自動溶接 受験の手引　日本溶接協会編　産報出版
新版 接合技術総覧　産業技術サービスセンター
新版 溶接・接合技術特論　産報出版
日本アルミニウム協会 Web サイト
溶接技術の基礎　産報出版
溶接実務入門　産報出版

委員一覧

昭和62年2月
〈作成委員〉
石井　英雄　職業訓練大学校（非常勤講師）
佐伯　正平　溶接技術コンサルタント
西田　隆法　職業訓練大学校
日向　輝彦　職業訓練大学校
宮本　　栄　職業訓練大学校
安田　克彦　職業訓練大学校

平成8年1月
〈監修委員〉
安田　克彦　職業能力開発大学校
〈改定委員〉
鈴木　　勝　武蔵野高等職業技術専門校
寺田　昌之　大阪職業能力開発短期大学校
富田　眞己　溶接工学振興会
日向　輝彦　職業能力開発大学校
森　　周蔵　職業能力開発大学校

平成15年2月
〈監修委員〉
藤井　信之　職業能力開発総合大学校
安田　克彦　職業能力開発総合大学校
〈作成委員〉
小川　康浩　埼玉県立川越高等技術専門校
冨田　眞己　財団法人 溶接接合工学振興会
森　　周蔵　職業能力開発総合大学校

平成25年2月
〈監修委員〉
桑野　亮一　職業能力開発総合大学校
藤井　信之　職業能力開発総合大学校
〈改定執筆委員〉
加賀江　崇　神奈川県立東部総合職業技術校
春山　典之　群馬県立高崎産業技術専門校
蛭川　達規　東京都立城南職業能力開発センター
　　　　　　大田校

（委員名は五十音順，所属は執筆当時のものです）

厚生労働省認定教材	
認 定 番 号	第59192号
認 定 年 月 日	昭和61年9月5日
改定承認年月日	令和7年3月31日
訓 練 の 種 類	普通職業訓練
訓 練 課 程 名	普通課程

溶接法　　©

平成8年1月20日　　初 版 発 行
平成25年2月28日　　改訂版発行
令和7年3月31日　　三訂版発行

　編集者　　独立行政法人　高齢・障害・求職者雇用支援機構
　　　　　　職業能力開発総合大学校 基盤整備センター

　発行者　　一般財団法人　職業訓練教材研究会

〒162-0052
東京都新宿区戸山1-15-10
電　話　03（3203）6235
Ｆ Ａ Ｘ　03（3204）4724

本書の内容を無断で複写，転載することは，著作権法上での例外を除き，禁じられています。また，本書を代行業者等の第三者に依頼してスキャンやデジタル化することは，著作権法上認められておりません。
なお，編者・発行者の許諾なくして，本教科書に関する自習書，解説書もしくはこれに類するものの発行を禁じます。